CATALOGUS FLORAE AUSTRIAE

Ein systematisches Verzeichnis der auf österreichischem Gebiet festgestellten Pflanzenarten

In Einzeldarstellungen herausgegeben
von der
Österreichischen Akademie der Wissenschaften

Schriftleitung

Karl Höfler
wirkl. Mitglied d. Österr Akad. d. Wiss.

Fritz Knoll
wirkl. Mitglied d. Österr. Akad. d. Wiss.

I. Teil:

Pteridophyten und Anthophyten (Farne und Blütenpflanzen)

von

Erwin Janchen

Heft 1

Wien 1956

In Kommission bei Springer-Verlag Wien
Druck: Christoph Reisser's Söhne, Wien V

ISBN-13: 978-3-211-86213-1 e-ISBN-13: 978-3-7091-5120-4
DOI: 10.1007/978-3-7091-5120-4

Vorwort.

Der vorliegende Teil des Catalogus florae Austriae soll eine geordnete Übersicht bieten über jene Farn- und Blütenpflanzen, die in Österreich entweder heimisch oder eingebürgert sind oder die öfters eingeschleppt bzw. verwildert vorkommen oder die in beachtlicher Weise als Nutzpflanzen gezogen werden. Zierpflanzen sind nur insofern berücksichtigt, als sie öfters verwildern oder gleichzeitig auch einen Nutzwert bieten. Bei jeder Pflanze ist in kurzer Form ihr Vorkommen in den einzelnen Bundesländern angegeben; in der Regel folgt eine Kennzeichnung ihrer hauptsächlichsten Standortsverhältnisse nebst Höhenverbreitung und Häufigkeit sowie (wenn nötig) Bodenunterlage. Ist die Bezeichnung eines Bundeslandes eingeklammert, so bedeutet dies, daß die Pflanze dort nur eingeschleppt oder verwildert vorkommt.

Außer den Pflanzen-Arten (Spezies) sind auch die wichtigeren Unterarten (Subspezies) angeführt, vor allem solche, die öfters auch als Arten bewertet worden sind. Dagegen sind Varietäten und Formen nur in wenigen Fällen genannt, und zwar dann, wenn sie häufig als Arten aufgefaßt wurden oder wenn sie als Nutzpflanzen größere Bedeutung haben.

Bastarde sind in der Regel am Schluß der betreffenden Gattung angeführt. Nur artgewordene Bastarde, Zwischenarten (z. B. von *Hieracium*) und Bastarde, die als Nutzpflanzen kultiviert werden, stehen innerhalb der Arten, und zwar nach der im System vorausgehenden Elternart. In der Bastardformel folgt die Anordnung der Elternarten weder dem Alphabet, wie es die Nomenklaturregeln empfehlen, noch auch dem Geschlecht (Mutter vor Vater), wie es bei vielen Züchtern üblich ist, sondern sie entspricht der hier eingehaltenen systematischen Reihenfolge der Arten. Wenn aber das Überwiegen der einen Elternart durch das Zeichen > angedeutet wird, dann ist der Deutlichkeit halber meist die überwiegende Elternart vorangestellt. Sind bei einem Bastard Bundesländer angeführt, so bedeutet dies nur, daß der Bastard in diesen Bundesländern nachweislich gefunden worden ist; damit ist nicht gesagt, daß er noch jetzt dort vorkommt oder daß er anderwärts nicht gleichfalls vorkommen kann.

Auf die wissenschaftliche Benennung der Pflanzen wurde besondere Sorgfalt verwendet. Die internationalen Nomenklaturregeln wurden fast durchgehends genau befolgt*).

---

*) Ausgesprochene Rechtschreibfehler der ursprünglichen Autoren wurden verbessert, so u. a. *Fagus sylvatica* in *Fagus silvatica*, *Amaranthus* in *Amarantus*, *Mesembryanthemum* in *Mesembrianthemum*. — Fehler, gleichgiltig, ob unabsichtlich entstanden oder absichtlich begangen, sollen verbessert, aber nicht beibehalten und verewigt werden. Dieser logische und ethische Grundsatz kann auch durch internationale Beschlüsse nicht umgestoßen werden. Dies betrifft die Auslegung des Artikels 82 des Nomenklatur-Kodex (Deutsche Fassung, 1954, S. 43), die mit dem in Artikel 3 ausgesprochenen Leitsatz (S. 11) schlecht vereinbar ist.

Synonyme wurden dort, wo es nötig oder wünschenswert erschien, in mäßiger Zahl aufgenommen. Eine nähere Begründung der giltigen Namen findet man im Bedarfsfall an den unter „Nom.:" angeführten Stellen aus Arbeiten Mansfelds, Neumayers oder des Verfassers, wofern kein anderer Autor namentlich angeführt ist.

Die deutschen Benennungen der Pflanzen folgen den Richtlinien, die der Verfasser in seiner Schrift „Deutsche Pflanzennamen" (Angewandte Pflanzensoziologie, Heft IV, S. 17—38, 1951) vertreten und in der „Kleinen Flora von Wien, Niederösterreich und Burgenland" (1953) angewendet hat.

Die systematische Anordnung der Familien folgt dem System von Richard Wettstein (Handbuch der Systematischen Botanik, 4. Aufl., 1935) mit einigen geringfügigen Abweichungen. Eine kurze Übersicht dieser Anordnung findet sich am Beginn des Catalogus.

Auch in der Benennung der Klassen habe ich mich an Wettstein gehalten; daher habe ich die im Nomenklatur-Kodex empfohlene (nicht vorgeschriebene!) Endung *-opsida* nicht angenommen.

Bei Anordnung der Gattungen innerhalb der Familien und bei Anordnung der Arten innerhalb der Gattungen sind nach Möglichkeit die neuesten systematischen Spezialarbeiten berücksichtigt; sie sind unter „Systematik" angeführt. Am Beginn jeder größeren Familie findet sich eine Übersicht ihrer Tribusse, am Beginn jeder größeren Gattung eine Übersicht ihrer Sektionen, allenfalls auch Subsektionen.

Der Catalogus zeigt den gegenwärtigen Stand der Kenntnisse hauptsächlich auf Grund des vorhandenen Schrifttums. Sowohl in systematischer Hinsicht als auch betreffs der Verbreitung der Pflanzen sind aber noch viele Fragen ungeklärt und viele Lücken auszufüllen. Diese Mängel empfand der Verfasser während seiner Arbeit nur allzu deutlich. Österreich ist in dieser Hinsicht noch immer ein dankbares Forschungsgebiet. Daher soll mit der Angabe, daß eine Pflanze in dem oder jenem Bundesland fehlt, meist nichts anderes gesagt sein, als daß sie dort noch nicht nachgewiesen worden ist.

Am wenigsten durchforscht ist wohl das Burgenland. Für dieses ließen sich sogar manche sonst weitverbreitete Arten nicht mit Sicherheit angeben; denn die alten Florenwerke von Borbás und Gombocz über das Eisenburger bzw. Ödenburger Komitat lassen oft nicht klar erkennen, ob eine Pflanze nur auf jetzt ungarischem oder auch auf jetzt burgenländischem Boden vorkommt, und die neuere Erforschung durch österreichische Floristen ist besonders im südlichen und mittleren Burgenland noch nicht sehr weit fortgeschritten. Demgemäß sind in dem vorliegenden Catalogus die Angaben über das Fehlen einer Pflanzenart im Burgenland mit Vorsicht aufzunehmen. Wenn für eine sonst weit verbreitete Art keine sichere Angabe aus dem Burgenland vorliegt, so ist sie mit „verbr. (fehlt Bgl)" bezeichnet, auch dann, wenn die Art nach pflanzengeographischen Gesichtspunkten vielleicht dort vorkommen könnte. Wenn dagegen Angaben aus dem Burgenland vorliegen, diese aber nicht ganz sicher erscheinen, dann steht „Bgl?".

Bei Ausarbeitung des vorliegenden Catalogus erfreute sich der Verfasser der bereitwilligen und höchst wertvollen Hilfe recht zahlreicher Mitarbeiter. Die Bearbeitung oder zum Teil wenigstens Durchsicht und Verbesserung kritischer Gattungen besorgten nachstehende bekannten Spezialforscher: Dozent Dr. Fritz Ehrendorfer (*Galium, Achillea*), Prof. Dr. Helmut Gams (*Sagina*), Prof. Dr. Wilhelm Möschl (*Cerastium*), Prof. Dr. Franz Petrak

(*Mentha, Cirsium*), Direktor Dozent Dr. Karl Heinz Rechinger (*Rumex, Salix*), Regierungsrat Karl Ronniger † (*Melampyrum, Rhinanthus, Thymus*), Dozent Dr. Wilhelm Rössler (*Scleranthus*), Prof. Dr. Werner Rothmaler (*Alchemilla, Aphanes*), Dozent Dr. Wolfgang Wettstein (*Populus*), Prof. Dr. Felix Widder (*Leontodon, Erigeron, Doronicum, Xanthium* u. a.). Für einige kritische Gattungen ist der bearbeitende Spezialforscher zur Zeit der Niederschrift dieses Vorwortes noch nicht gesichert. — Auskünfte über Vorkommen und Verbreitung der Pflanzen in den einzelnen Bundesländern erteilten dem Verfasser besonders folgende Herren: für das Burgenland: cand. phil. Erich Hübl (Perchtoldsdorf), Oberstaatsbibliothekar Dr. Otto Guglia (Wien) und Dozent Dr. Gustav Wendelberger (Wien); für Niederösterreich: Oberrechnungsrat Hans Metlesics (Wien) und Prof. Dr. Friedrich Rosenkranz (Perchtoldsdorf); für Oberösterreich: Prof. Dr. Josef Rohrhofer (Wels), Prof. Dr. Herbert Schmid (Linz), Dr. Gustav Stockhammer (Linz) und die Linzer Botanische Arbeitsgemeinschaft; für Steiermark: Prof. Dr. Felix Widder (Graz); für Kärnten: Prof. Fritz Turnowsky (Klagenfurt); für Salzburg: Direktor Franz Fischer (Elsbethen bei Salzburg) und Pfarrer Dr. Matthias Reiter (Puch bei Hallein); für Tirol: Prof. Dr. Helmut Gams (Innsbruck) und Oberregierungsrat Hermann Handel-Mazzetti; für Vorarlberg: Johann Schwimmer (Bregenz) und Prof. Dr. Christian Wimmer (Mödling bei Wien, früher Dornbirn). — Auskünfte über ausländische Forstpflanzen erhielt ich vor allem von den Herren: Oberforstrat Ing. Heinz Melzer (Mariabrunn), Prof. Dr. Max Schreiber (Wien), Ing. Hans Schwarz (Wien), Forstdirektor Ing. Hermann Sochor (Wien), Prof. Dr. Leo Tschermak (Wien), Dozent Dr. Wolfgang Wettstein (Mariabrunn) und mehreren anderen. — Auskünfte über sonstige kultivierte Nutzpflanzen erhielt ich besonders von den Herren: Oberinspektor Ing. Theodor Bader (Eisenstadt), Fachlehrer Franz Berger (Wien), Dr. Karl Entres (Wien), Dozent Dr. Hermann Germ (Wien), Samenimporteur Heinrich Jungbauer (Wien), Prof. Dr. Hermann Kaserer † (Wien), Direktor Dozent Dr. Erwin Mayr (Rinn bei Innsbruck), Regierungsrat Dr. Heinrich Ludwig Werneck-Willingrain (Linz). — Viele wichtige Auskünfte und Ratschläge auf fachlichem Gebiet erteilten mir vor allem die Herren Direktor Dr. K. H. Rechinger (Wien) und Professor Dr. Felix Widder (Graz). — Wertvolle Ratschläge für Verbesserungen erteilte mir bei Durchsicht des Manuskriptes mein Freund Dozent Dr. Gustav Wendelberger (Wien). — Allen genannten Mitarbeitern und Helfern spreche ich an dieser Stelle meinen wärmsten Dank aus. Ferner danke ich den Herren Direktor Prof. Dr. Lothar Geitler und Direktor Dozent Dr. Karl Heinz Rechinger für die bereitwillige Erlaubnis, die ihnen unterstehenden Büchereien ausgiebigst zu benützen. Mein besonderer Dank für ihre werktätige Förderung der Arbeit und ihren stets hilfsbereiten Rat gebührt den Herren Kommissionsmitgliedern in der Österreichischen Akademie der Wissenschaften: Hofrat Prof. Dr. Erich Tschermak-Seysenegg, Professor Dr. Karl Höfler und Prof. Dr. Fritz Knoll.

Wien, im Juni 1956.

Erwin Janchen

Es ist beabsichtigt, den die Farn- und Blütenpflanzen behandelnden ersten Teil des „Catalogus florae Austriae“ in vier Heften erscheinen zu lassen, mit folgender Stoffeinteilung:

1. Heft: Schriftenverzeichnis, Abkürzungen, Übersicht der Familien; *Pteridophyta*, *Gymnospermae*, *Apetalae*.
2. Heft: *Dialypetalae*.
3. Heft: *Sympetalae*.
4. Heft: *Monocotyledones;* Nachträge; Register.

Inhalt des ersten Heftes

Am Beginn jeder größeren Familie befindet sich eine systematische Übersicht der Gattungen.

Am Schluß jeder großen Gattung befindet sich ein alphabetisches Verzeichnis der Arten.

Schriftenverzeichnis

Dieses Schriftenverzeichnis enthält einerseits Quellen und Behelfe, die bei der Abfassung des vorliegenden Catalogus verwendet wurden, andererseits auch solche Druckschriften, die bei weiteren Forschungen und Arbeiten über die Farn- und Blütenpflanzen Österreichs nützlich sein können, so auch z. B. bei der Abfassung künftiger Landesfloren.

Bei jedem einzelnen Bundesland sind die zusammenfassenden Florenwerke (nebst wichtigen alten Lokalfloren) in zeitlicher Anordnung vorangestellt. (Für das Burgenland ist aus geschichtlichen Gründen eine Landesflora noch ausständig.) Dann folgen die übrigen Druckschriften, nach den Verfassern alphabetisch, innerhalb jedes Verfassers zeitlich geordnet. Es wurden dabei vor allem solche Arbeiten berücksichtigt, die nach der letzten zusammenfassenden Flora oder nach etwa 1895 erschienen sind. Restlose Vollständigkeit wurde nicht angestrebt. Ganz kurze Arbeiten von geringer Bedeutung wurden absichtlich weggelassen. Etwas wirklich Wichtiges dürfte kaum übersehen worden sein. Kleinere Arbeiten über kritische Gattungen, wie *Rubus, Rosa, Mentha, Hieracium,* wurden im allgemeinen nicht aufgenommen, da sie teils durch spätere zusammenfassende Werke überholt sind, teils den gegenwärtigen systematischen Ansichten nicht mehr entsprechen.

Die speziellen systematischen Werke über einzelne Familien und Gattungen sind nicht in diesem Verzeichnis, sondern an der betreffenden Stelle des Systems zu suchen.

Der Stoff des vorliegenden Schriftenverzeichnisses ist folgendermaßen gegliedert: Allgemeine systematische Werke; Nomenklatur; Mitteleuropa und Deutschland; Andere Nachbarländer Österreichs; Alpenpflanzen; Österreich (als ganzes); Burgenland; Niederösterreich und Wien; Oberösterreich; Steiermark; Kärnten; Salzburg; Tirol; Vorarlberg. Bei den allgemeinen und außerösterreichischen Werken wurde natürlich eine sehr enge Auswahl getroffen.

Aus Gründen der Raumersparnis wurden die Titel der häufigsten Zeitschriften stark gekürzt (ÖBZ = Österreichische Botanische Zeitschrift; VZBG = Verhandlungen der Zoologisch-Botanischen Gesellschaft in Wien) und wurden die römisch paginierten Seiten und die Abbildungen in der Regel weggelassen, ebenso stets auch das Format. Die vom Verfasser des Catalogus gemachten Zusätze sind durch eckige Klammern gekennzeichnet.

Wichtigste allgemein-systematische und arealkundliche Werke.

Engler A. und Prantl K., fortgesetzt von Engler A., Die natürlichen Pflanzenfamilien usw., [1. Auflage]. Leipzig 1887—1915.

Engler A., fortgeführt von Harms H., Mattfeld J., dann von Melchior H. und Werdermann E., Die natürlichen Pflanzenfamilien usw., 2. Auflage. Leipzig und Berlin. Seit 1924 im Erscheinen.

— fortgesetzt von Diels L., dann von Stubbe H. und Noack K., Das Pflanzenreich. Regni vegetabilis conspectus. Leipzig und Berlin. Seit 1900 im Erscheinen.

— Syllabus der Pflanzenfamilien usw. Elfte Aufl., bearbeitet von Diels L. Berlin 1936. 419 Seiten. [Dies ist die letzte Auflage, die in einem Band erschienen ist und auch die gesamten Blütenpflanzen enthält.]

— Syllabus der Pflanzenfamilien usw. Zwölfte, völlig neu gestaltete Auflage von Melchior H. und Werdermann E. Erster Band: Allgemeiner Teil, Bakterien bis Gymnospermen. Berlin 1954. 367 Seiten. [Die *Pteridophyta* sind von H. Reimers, die *Gymnospermae* von R. Pilger und H. Melchior bearbeitet. Die *Angiospermae* werden im zweiten Band folgen.]

Wettstein R. v., Handbuch der Systematischen Botanik. Vierte Aufl., herausgegeben von Wettstein F. v. Wien 1935. 1152 Seiten.
Hannig E. und Winkler Hubert, Die Pflanzenareale usw. Jena 1926—1940.
Meusel H., Vergleichende Arealkunde. 2 Bde. Berlin-Zehlendorf, 1943.

Die Bearbeitungen der Familien in der zweiten Auflage der „Natürlichen Pflanzenfamilien" und im „Pflanzenreich" wurden im vorliegenden Werke auch bei den einzelnen Familien angeführt. Die Bearbeitungen in den „Pflanzenarealen" sind fallweise bei den Gattungen oder bei den Familien genannt.

Nomenklatur.

International Code of Botanical Nomenclature, adopted by the Seventh International Botanical Congress, Stockholm, Juli 1950. Utrecht 1952. 228 Seiten. [Eine vollständige Sammlung der Regeln samt ihren Appendices nach dem Stande nach Juli 1950.]
Internationaler Code der Botanischen Nomenklatur, angenommen vom Siebenten Internationalen Botanischen Kongreß, Stockholm, Juli 1950. Deutsche Fassung, von G. M. Schultze. Berlin 1954. 184 Seiten. [Übersetzung des vorgenannten englischen Code.]
The Genève Conference on Botanical nomenclature and Genera plantarum January 1954. Report by F. A. Stafleu and J. Lanjouw. Utrecht 1954. 59 Seiten.
Stafleu F. A., Nomenclature at the Paris Congress (June—July 1954). Taxon, vol. 3, 1954, nr. 8: 217—244. [Vorläufiger Bericht über die Pariser Verhandlungen.]
Huitième Congrès international de Botanique, section Nomenclature. Taxon (Utrecht), vol. 4, 1955, nr. 6 et 7: 121—177. [Ausführlicher Bericht über die Pariser Beschlüsse.]
Vindt J., La nomenclature au VIIIe congrès international de Botanique. Bull. Soc. des sciences naturelles et physiques du Maroc, 35, 1955: 75—102. [Berechtigte und sehr beachtenswerte Kritik an mehreren vom Pariser Kongreß 1954 gefaßten Beschlüssen, die der Logik und den eigenen leitenden Grundsätzen der Regeln widerstreiten.]

Mansfeld R., Zur Nomenklatur der Farn- und Blütenpflanzen Deutschlands. I—XII. Repert. spec. nov., 44, 1938: 285—322; 45, 1938: 193—244; 46, 1939: 59—64, 97—121, 286—309; 47, 1939: 137—163, 263—287; 48, 1940: 257—267; 49, 1940: 41—51; 50, 1941: 65—68, 287—291; 52, 1943: 172—176.
— 1940 (1941), 1942, siehe Mitteleuropa und Deutschland.
Rothmaler W., Nomenklatorisches, meist aus dem westlichen Mittelmeergebiet. II—IV. Repert. spec. nov., 49, 1940: 272—281; 50, 1941: 68—78; 52, 1943: 176—178. [Enthält auch gar manches, was für die Flora von Mitteleuropa wichtig ist.]
Janchen E. und Neumayer H., Beiträge zur Benennung, Bewertung und Verbreitung der Farn- und Blütenpflanzen Deutschlands. [I], II u. III. ÖBZ, 91, 1942: 209—298; 93, 1944: 73—106, 222—225.
Hylander N., Nomenklatorische und systematische Studien über nordische Gefäßpflanzen. Uppsala Univers. Årsskrift, 1945, Nr. 7. 337 Seiten. [Betrifft großenteils auch die Gefäßpflanzen Mitteleuropas.]
Schwarz O., Beiträge zur Nomenklatur und Systematik der mitteleuropäischen Flora. Mitteil. Thüring. botan. Ges., 1, 1949: 82—119.
Janchen E., Beiträge zur Benennung, Verbreitung und Anordnung der Farn- und Blütenpflanzen Österreichs. I—IV. Phyton (Graz), 2, 1950: 57—76, 302—316; 3, 1951: 1—21; 5, 1953: 55—106.
Soó R. v., Systematisch-nomenklatorische Angaben und Bemerkungen zur Flora Ungarns. Acta biol. Acad. Sci. hung., 3, 1952: 221—245.
— Neue Arten und neue Namen in der Flora Ungarns. Acta botan. Acad. Sci. hung., 1, 1954: 223—231.
Mansfeld R., Bemerkungen zur Liste der Nomina generica conservanda. Taxon, 2, 1953: 187—190.

Mitteleuropa und Deutschland

Hegi G., Illustrierte Flora von Mittel-Europa usw. München 1906—1931.

— Illustrierte Flora von Mittel-Europa, 2. Aufl., Band I und II, neubearbeitet von Suessenguth K., München 1935 und 1939.

Ascherson P. und Graebner P., fortgesetzt von Graebner P. fil., Synopsis der mitteleuropäischen Flora. Leipzig 1896—1938. Unvollendet. Der erste Band ist 1912/13 in zweiter Auflage erschienen.

Kirchner O., Loew E. und Schröter C., fortgeführt von Wangerin W. und Schröter C., dann von Schmucker Th., Lebensgeschichte der Blütenpflanzen Mitteleuropas. Stuttgart 1906—1942. Unvollendet.

Koch W. D. J., Synopsis der Deutschen und Schweizer Flora. Dritte, neubearbeitete Auflage von Hallier E., fortgesetzt von Wohlfarth R., dann von Brand A. 3 Bände. Leipzig 1892, 1902, 1907.

Thomé, Flora von Deutschland, Österreich und der Schweiz. 2. Aufl. 4 Bände. Gera 1903, 1904, 1905, 1905. [Die Fortsetzung des Werkes bildet die mehrbändige Kryptogamenflora von W. Migula.]

Reichenbach L. et H. G. fil., Icones florae Germanicae et Helveticae, fortgesetzt von Beck-Mannagetta G. v. Leipzig und Gera. Die von Beck in den Jahren 1900—1912 herausgegebenen Bände XXII, XXIV und XXV behandeln mehrere wichtigere Familien der *Apetalae* und *Dialypetalae,* darunter die *Polygonaceae, Chenopodiaceae, Rosaceae* und *Leguminosae.*

Mansfeld R., Verzeichnis der Farn- und Blütenpflanzen des Deutschen Reiches. Berichte der Deutsch. Botan. Ges., Bd. 58 a, 1940 (Mai 1941), 323 Seiten. [Behandelt auch Österreich, Böhmen und Mähren.]

— Zur Nomenklatur im „Verzeichnis der Farn- und Blütenpflanzen des Deutschen Reiches". Ber. d. Deutsch. Botan. Ges., 60, 1942: 494—508.

Schmeil O. und Fitschen J., Flora von Deutschland. Ein Hilfsbuch zum Bestimmen der in Deutschland wildwachsenden und häufig angebauten Pflanzen. 57.—59. Aufl. Heidelberg 1949. 449 Seiten.

Oberdorfer E., Pflanzensoziologische Exkursionsflora für Südwestdeutschland und die angrenzenden Gebiete. Stuttgart/Ludwigsburg 1949. 411 Seiten.

Christiansen W., Neue kritische Flora von Schleswig-Holstein. 1953. 532 Seiten.

Rothmaler W., Exkursionsflora. Ein Pflanzenbestimmungsbuch für Schulen und Hochschulen [bes. der Deutschen Demokratischen Republik]. Berlin 1954. 366 Seiten.

Andere Nachbarländer Österreichs

Dostál J., Květena ČSR. Praha 1950. 2269 Seiten. [Ein illustrierter Bestimmungsschlüssel für die Farne und Blütenpflanzen der Tschechoslowakei mit ausführlichen Beschreibungen und mit eingehender Berücksichtigung auch der Unterarten, aber nicht der Bastarde.]

Soó R. (és Jávorka S.), A Magyar Növényvilág Kézikönyve. Magyarország vadontermő és termesztett növényeinek meghatározója, ökológiai és gazdasági útmutatója Jávorka Sándor flóraműzei alapján írta a magyar botanikusok munkaközösségével Soó Rezső. Budapest 1951. 2 Bände. 1120 Seiten.

Mayer E., Seznam praprotnic in cvetnic slovenskega ozemlja. Verzeichnis der Farn- und Blütenpflanzen des slowenischen Gebietes. Ljubljana [Laibach] 1952. 427 Seiten. [Systematisch und nomenklatorisch gründlich gearbeitete Florenliste mit Verbreitungsangaben, aber ohne Beschreibungen und Abbildungen.]

Ciferri R. et Giacomini V., Nomenclator florae Italicae seu Plantae vasculares in Italia sponte nascentes, advenae, aut saepius cultae. Pars prima: *Gymnospermae* et *Monocotyledones.* Ticini 1950. 196 Seiten.

Binz A., Schul- und Exkursionsflora der Schweiz. 7. Aufl. Basel 1953. 440 Seiten, ill. [Die Nomenklatur wurde von dem auf diesem Gebiet besonders maßgebenden Forscher Alfred Becherer in Genf überprüft.]

Thommen E., Taschenatlas der Schweizer Flora mit Berücksichtigung der ausländischen Nachbarschaft. 2. Aufl. Basel 1951. 309 Seiten.

Alpenpflanzen

Anonym. Kleiner Atlas der am häufigsten vorkommenden Alpenpflanzen. Leipzig (Nothung-Verlag), 1936. 96 Farbbilder mit Text.

Anonym, Naturkundliches Taschenbuch für Alpenwanderer. Herausgegeben vom Österreichischen Touristenklub. Wien 1937. 322 Seiten. [Der Hauptteil des Buches, Seite 72 bis 267, ist dem Pflanzenkleid gewidmet; er ist von 6 Fachleuten ausgearbeitet.]

Beck-Mannagetta G. v., Alpenblumen des Semmering-Gebietes. 3. Ausgabe. Wien 1933. 47 Seiten Text, mit 18 Farbtafeln und mit 4 Seiten Textverbesserungen [Nomenklaturberichtigungen] von E. Janchen.

Dalla Torre K. W. v., Anleitung zur Beobachtung und zum Bestimmen der Alpenpflanzen. (Anleitung zu wissenschaftlichen Beobachtungen auf Alpenreisen, Band II, S. 117—437.) Wien 1882.

— Die Alpenflora der österreichischen Alpenländer, Südbaierns und der Schweiz. München 1899. 271 Seiten.

— und Hartinger A., Atlas der Alpenflora. Herausgegeben vom D. und Oe. Alpenverein. Wien 1882. 4 Bände mit 504 Farbtafeln, gemalt von A. Hartinger. 1 Band Text (251 Seiten) von K. W. v. Dalla Torre. — Zweite Auflage, etwa 1899, redigiert von E. Palla.

Fenaroli L., Flora delle Alpi. Milano [Mailand] 1955. 408 Seiten, mit 58 Photos und 54 Farbtafeln.

Fischer F., Hauser F. Frh. v. und Oehninger C. J., Atlas der Alpenflora. 600 Abb. auf 100 Farbtafeln (gemalt teils von Fischer, teils von Hauser) mit 112 Seiten Text (von Oehninger). Münster i. W. (Verlag Oehninger) 1922—1926.

Francé R. H., Das kleine Buch der Alpenpflanzen. (Die deutsche Bergbücherei, Bd. 4.) Graz 1935. 93 Seiten, bebildert.

Gams H., Das Alter des alpinen Endemismus. Ber. d. Schweiz. Botan. Ges., 42, 1933: 467—483.

— Der tertiäre Grundstock der Alpenflora. Jahrbuch d. Ver. z. Schutze der Alpenpflanzen, 5, 1933: 7—37. (Mit Schriftenverzeichnis.)

— Der Einfluß der Eiszeiten auf die Lebewelt der Alpen. Jahrbuch d. Ver. z. Schutze der Alpenpflanzen u. -Tiere, 8, 1936: 7—29. (Mit Schriftenverzeichnis.)

— Die nacheiszeitliche Geschichte der Alpenflora. Jahrbuch d. Ver. z. Schutze der Alpenpflanzen u. -Tiere, 10, 1938: 9—34. (Mit Schriftenverzeichnis.)

Handel-Mazzetti Hermann Frh. v., Südtiroler Florenkinder in den Nordtiroler, Salzburger und Bayrischen Alpen. (Eine pflanzengeographische Studie.) Jahrbuch d. Ver. z. Schutze der Alpenpflanzen u. -Tiere, 10, 1938: 55—60.

Hartinger A. und Dalla Torre K. W. v., Atlas der Alpenflora, siehe unter Dalla Torre.

Hegi G., Alpenflora. Die verbreitetsten Alpenpflanzen von Bayern, Tirol und der Schweiz. München 1905. 68 Seiten Text, mit 30 Farbtafeln von G. Dunzinger.

— Alpenflora. Die verbreitetsten Alpenpflanzen von Bayern, Österreich und der Schweiz. 12. Auflage, neu bearbeitet von H. Merxmüller, München 1955. 96 Seiten Text, mit 250 Farbbildern auf 32 Tafeln und 34 Lichtbildern auf 8 Tafeln.

Hoffmann J., Alpen-Flora für Touristen und Pflanzenfreunde. Stuttgart 1902. 86 Seiten Text, mit 40 Farbtafeln von H. Friese.

Marzell H., Die Pflanzenwelt der Alpen. Ein Taschenbuch für Alpenwanderer. 2. Aufl. Stuttgart 1933. 117 Seiten Text, mit Schwarzbildern und Farbtafeln.

Merxmüller H., Alpenflora, siehe unter Hegi.

Mühlberger M. H. und Bertsch K., Alpenblumen. Ravensburg (Otto Maier-Verlag), 1954. 21 Bildtafeln, mit 35 Seiten Text.

Palla E., Zweite Auflage des „Atlas der Alpenflora", herausgegeben vom D. u. Oe. Alpenverein, siehe unter Dalla Torre und Hartinger.

Podhorsky J., Höchststeigende Blütenpflanzen. Jahrbuch d. Ver. z. Schutze d. Alpenpflanzen u. -Tiere, 11, 1939: 72—90.

Riefel C. und Machura L., Blumen und Blüten aus Bergland und Heide. Wien (Bundesverlag) 1955 u. 1956. 5 Mappen mit je 16 Farbtafeln nach Aquarellen von C. Riefel; Text von L. Machura. [Ein ansehnlicher Teil der Tafeln stellt Alpenpflanzen dar.]

Robert P. A., Alpenblumen. 36 Farbtafeln. Mit Einführung von C. S. Schroeter. Leipzig 1938.

Scharfetter R., Das Pflanzenleben der Ostalpen. Wien 1938. 419 Seiten, mit 73 Textbildern und 1 Vegetationskarte.

Schröter C. und Schröter L., Taschenflora des Alpenwanderers. 28. Auflage, bearbeitet von W. Lüdi. Zürich 1956. — Die vorausgegangene 27. Auflage hatte 52 Seiten Text, 24 Farbtafeln und 2 Schwarztafeln.
Seboth J. und Graf F., Die Alpenpflanzen. Prag 1879—1881. 4 Bände, mit 401 Farbtafeln von J. Seboth und 307 Seiten Text von F. Graf.
Waggerl K. H. und Lippmann-Pawłowski M., Die schönsten Alpenblumen. Frankfurt a. M. und St. Johann in Tirol 1955. 24 Farbtafeln, mit 24 Seiten Text. [Eine 2. Aufl. in Vorbereitung.]
Wünsche O., Die Alpenpflanzen. Eine Anleitung zu ihrer Kenntnis. Zwickau i. S. 1893. 244 Seiten. [Ein Bestimmungsbuch ohne Bilder.]

Österreich (als ganzes)

Schultes J. A., Oestreichs Flora. [1. Aufl.] Wien 1794. 2 Bände. 215 und 244 Seiten.
Host N. Th., Synopsis plantarum in Austria provinciisque adjacentibus sponte crescentium. Wien 1797. 667 Seiten.
Schultes J. A., Österreichs Flora. 2. Aufl. Wien 1814. 2 Bände. 700 und 652 Seiten.
Trattinnick L., Flora des österreichischen Kaiserthumes. Wien 1814—1822. 2 Bände: 143 und 82 Seiten, 200 Tafeln. Und 1 Ergänzungsband „Holzpflanzen": 24 Seiten und 21 Tafeln.
Host N. Th., Flora Austriaca. Wien 1827 und 1832. 2 Bände. 577 und 768 Seiten.
Maly J. C., Enumeratio plantarum phanerogamicarum imperii Austriaci universi. Wien 1848. 423 Seiten.
Lorinser G., Botanisches Exkursionsbuch für die deutsch-österreichischen Kronländer und das angrenzende Gebiet. [1. Aufl.] Wien 1854. 384 Seiten. — Fünf Auflagen. — 5. Aufl., von F. W. Lorinser. Wien 1883. 565 Seiten. — Neubearbeitung: siehe Fritsch K., Exkursionsflora.
Kerner A. v., Das Pflanzenleben der Donauländer. Innsbruck 1863. 348 Seiten.
Ettingshausen C. v., Photographisches Album der Flora Österreichs. Wien 1864. 319 Seiten, davon 173 ganzseitige Photobilder.
Kerner A. v., Schedae ad Floram exsiccatam Austro-Hungaricam. Wien 1881—1913. Die Teile I—VII (1881—1896) von Kerner selbst, die Teile VIII (1899) und IX (1902) von K. Fritsch, Teil X (1913) von R. v. Wettstein. [Buchausgabe der Schedae zu dem berühmten Exsikkatenwerk, das 4000 Nummern umfaßt.]
Willkomm M., Schulflora von Österreich. Wien 1888. 371 Seiten.
Schwaighofer A., Tabellen zur Bestimmung einheimischer Samenpflanzen und Gefäßsporenpflanzen. Für Anfänger usw. Seit 1887 zahlreiche Auflagen. [Behandelt nur eine Auswahl von Pflanzen.]
Darunter mit geändertem Titel:
— neu bearbeitet von Schwaighofer K. und F., Pflanzen der Heimat. Wien 1946. 266 Seiten.
Fritsch K., Exkursionsflora für Österreich (mit Ausschluß von Galizien, Bukowina und Dalmatien). [1. Aufl.] Wien 1897. 664 Seiten.
— Desgleichen, 2. Aufl. Wien 1909. 725 Seiten.
— Exkursionsflora für Österreich und die ehemals österreichischen Nachbargebiete. 3. Aufl. Wien 1922. 824 Seiten.
— Schulflora für die österreichischen Sudeten- und Alpenländer (mit Ausschluß des Küstenlandes). Wien 1900. 387 Seiten.
Heimerl A., Schulflora für Österreich (Alpen- und Sudetenländer, Küstenland südlich bis zum Gebiete von Triest). Wien 1903. 543 Seiten. — Zweite Aufl. 1912; dritte Aufl. 1923: 582 Seiten.
Vierhapper F. und Handel-Mazzetti Heinrich Frh. v., Exkursion in die Ostalpen. Führer zu den wissenschaftl. Exkursionen des II. internat. botan. Kongresses, Wien 1905. III. 162 Seiten.
Hayek A. v., Die pflanzengeographische Gliederung Österreich-Ungarns. VZBG, 57, 1907: (223)—(233).
Vierhapper F., Die Vegetation Österreichs. In: Haberlandt M., Deutschösterreich, sein Land und Volk und seine Kultur. Wien 1927: 43—60.
— Ergänzungen zu: Kerner A. v., Das Pflanzenleben der Donauländer. 2. Aufl. Innsbruck 1929. Seite 349—452.

Tschermak L., Die wichtigsten natürlichen Waldformen der Ostalpen und des heutigen Österreich. Wochenschrift Silva, 23, 1935: 393—398. 401—407, mit Karte.
— Zur Karte der Wuchsgebiete des österreichischen Waldes. Österr. Vierteljahresschrift für Forstwesen, 94, 1953: 29—33.
— Zur Höhenstufengliederung in den österreichischen Alpen. Österr. Vierteljahresschrift für Forstwesen, 95, 1954: 139—145.
Scharfetter R., Das Pflanzenleben der Ostalpen. Wien 1938. 419 Seiten.
Knapp R., Vegetationsaufnahmen von Wäldern der Alpenostrandgebiete, 1—6. Halle/Saale, 1944.
Rosenkranz F., Österreich — eine Brücke zwischen Ost und West, auch im pflanzengeographischen Sinne. Natur und Land, 33, 1947: 21—27.

Burgenland

Zusammengestellt unter Mitarbeit von Gustav Wendelberger (Wien) und Otto Guglia (Wien).

Siehe auch die niederösterreichischen Florenwerke (bes. Dolliner, Neilreich, Beck, Halácsy) und die ungarischen Florenwerke (bes. Jávorka und Soó), ferner das Schriftenverzeichnis von Wendelberger in: Burgenländische Heimatblätter, 11, 1949: 122—134 (bes. 127—131).

Altenburger L., Die Orchideen des westlichen Leithagebirges und der Wulkaebene. Burgenländische Heimatblätter, 7, 1938: 84—90.
Blattny T., siehe Fekete L.
Bojko H., Ein Beitrag zur Ökologie von *Cynodon dactylon* Pers. und *Astragalus exscapus* L. Sitzber. Akad. Wiss. Wien, m.-n. Kl., Abt. I. 1940, 1931: 675—692.
— Über eine *Cynodon dactylon*-Assoziation aus der Umgebung des Neusiedler-Sees. Beihefte Bot. Ctrbl., 50, 2. Abt. 1933: 207—225.
— Über die Pflanzengesellschaften im Burgenländischen Gebiete östlich vom Neusiedler-See. Burgenländische Heimatblätter, 1, 1932: 43—54.
— Die Vegetationsverhältnisse im Seewinkel. Versuch einer pflanzensoziologischen Monographie des Sand- und Salzsteppengebietes östlich vom Neusiedler See II. Beihefte Botan. Ctrbl., 51, 2. Abt., 1934: 600—747.
Borbás V. v., Referate über „West- und Mittel-Ungarn" bzw. „West-, Nord- und Mittel-Ungarn" in der stehenden Rubrik „Flora von Österreich-Ungarn" in ÖBZ, 41, 1891 bis 43, 1893. [Darin auch vereinzelte Angaben über das Burgenland.]
— Vasvármegye növényföldrajza és flórája. (Geographia atque enumeratio plantarum comitatus Castriferreï in Hungaria.) Szombathely 1887. 395 Seiten.
— Vasvármegye növénygeográfiai viszonyai (Geographia plantarum comitatus Castriferrei.) Editio 2. Magyarország Vármegyéi és Városai: Vasvármegye. Budapest 1897: 497—536.
Boros Á., Zur Verbreitung einiger seltener *Potamogeton*-Arten in Ungarn. Botan. Közlemények, 31, 1934: 156—158. [*P. helveticus* (G. Fischer) Baumann var. *balatonicus* Gams wächst auch im Burgenland.]
Braun H., Referate über „Ungarn" bzw. „West- und Mittel-Ungarn" in der stehenden Rubrik „Flora von Österreich-Ungarn" in ÖBZ, 39, 1889 bis 41, 1891. [Darin auch vereinzelte Angaben über das Burgenland.]
Dömötör S., La culture de la châtaigne dans le departement de Vas, in: Acta ethnographica Academiae scientiarum hungaricae, 2, 1951. Seiten 143—216. [Russisch mit französischer Zusammenfassung.]
Eggler, J., Vegetationsaufnahmen und Bodenuntersuchungen von den Serpentingebieten bei Kirchdorf in Steiermark und bei Bernstein im Burgenland. Mitteil. Naturw. Ver. f. Stmk., 84, 1954: 25—37.
Fay A., A magyar szikes növényzete (Die ungarischen Salzpflanzen). Vízügyi közlemények (Hydrobiologische Mitteilungen), Budapest, 13, 1936.
Fekete L. und Blattny T., Die Verbreitung der forstlich wichtigen Bäume und Sträucher im ungarischen Staate. Selmecbánya 1914 und 1913. 2 Bände. 845 und 150 Seiten. [Behandelt auch das Burgenland, S. 659—669.]
„Flora von Österreich-Ungarn". Stehende Rubrik in ÖBZ, 39, 1889 bis 43, 1893. Teil-Rubrik „Ungarn" bzw. „West-Ungarn" von H. Braun, später von V. v. Borbás. — 39, 1889: 346 (H. Braun); 40, 1890: 27—30, 66—68, 136—137, 243—246 (H. Braun);

41, 1891: 246—252, 421—424 (V. v. Borbás); 42, 1892: 141—146, 184—187, 216 bis 220, 286—289 (V. v. Borbás); 43, 1893: 66—70, 359—362 (V. v. Borbás).

Franz H., Relikte ursprünglicher Steppe im Nordburgenland. Burgenländische Heimatblätter, 6, 1937: 61—66.

Franz H., Höfler K. und Scherf E., Zur Biosoziologie des Salzlachengebietes am Ostufer des Neusiedlersees. VZBG, 86/87, 1936/1937 (1937): 297—364.

Fritsch K., Siebenter Beitrag zur Flora von Steiermark. Mitteil. d. Naturwiss. Ver. f. Stmk., 64/65, 1927/28 (1929): 29—78.

Gáyer Gy. (J.), Botanikai kirándulás Vasmegyében. [Botanischer Ausflug in das Eisenburger Komitat.] Magy. Botan. Lapok, 1, 1902: 313—314. [Betrifft nur burgenländisches Gebiet.]

— Új adatok Vasvármegye flórájához. Nova florae comitatus Castriferrei additamenta. [Neue Beiträge zur Flora des Eisenburger Komitates.] Magy. Botan. Lapok, 2, 1903: 208—209.

— Adatok Vasvármegye flórájához. Additamenta ad floram comitatus Vas. Magy. Botan. Lapok, 7, 1908: 289—290.

— Adatok Vasvármegye flórájához. Additamenta ad floram comitatus Castriferrei. Magy. Botan. Lapok, 12, 1913: 312—313.

— Dr. Waisbecker Antal. Emlékezés. Nachruf. Magy. Botan. Lapok, 15, 1916: 207 bis 213. Mit Schriftenverzeichnis von J. B. Kümmerle. [26 Arbeiten, die meisten auch auf das Burgenland bezüglich; 12 davon sind unter Waisbecker angeführt.]

— Der letzte Kastanien-Urwald in Ungarn usw. Mitteil. d. Deutsch. Dendrolog. Ges., 35, 1925: 111—116.

— Vasvármegye fejlődéstörténeti növényföldrajza és a praenorikumi flórasáv. Entwicklungsgeschichtliche Pflanzengeographie des Komitates Eisenburg und der pränorische Florengau. Vasvármegye és Szombathely város kulturegyesülete és a Vasvármegyei múzeum. Annales societatis culturalis comit. Castriferrei et civitatis Sabariae et musei comit. Castriferrei. Bd. 1, 1925 (1926): 1—44.

— Die Wälder und Bäume des alpinen Vorlandes in Westungarn. Mitteil. d. Deutsch. Dendrolog. Ges., 37, 1926 II (1927): 83—88.

— Clusius Károly (1526—1609) és Vasvármegye természetrajzi irodalma. Karl Clusius (1526—1609) und die naturwissenschaftliche Literatur des Komitates Eisenburg. Vasvármegye és Szombathely város kulturegyesülete és a Vasvármegyei múzeum. Bd. 2, 1926/27 (1927): 163—169 (ungarisch), 232—234 (deutsch).

— Új adatok Vasvármegye flórájához. Neue Beiträge zur Flora des Komitates Vas (Eisenburg). Ebenda, Bd. 2, 1926/27 (1927): 204—206, 248—255. [Enthält zahlreiche Angaben von Arten, die für das Komitat neu sind.]

— *Senecio serpentini*. Annales Musei comitatus Castriferrei, sectio hist.-natur., a. 1928 (1929): 17—22. [Näheres siehe unter *Senecio*.]

— A *Hemerocallis flava* újabb lelőhelye Vasmegyében. [Über ein neues Vorkommen von *Hemerocallis flava* im Gebiete des Komitates Eisenburg.] Annales Musei comitatus Castriferrei, sectio hist.-natur., a. 1928 (1929): 34.

— Die Pflanzenwelt der Nachbargebiete von Oststeiermark. Mitteil. d. Naturw. Ver. f. Stmk., 64/65, 1929: 150—177.

— Új adatok Vasvármegye flórájához, II. Neue Beiträge zur Flora des Komitates Vas (Eisenburg), II. Vasvármegye és Szombathely város kulturegyesülete és a Vasvármegyei múzeum. Annales Sabarienses. Bd. 3, 1929 (1930): 70—75.

— Új adatok Vasvármegye flórájához, III. Neue Beiträge zur Flora des Komitates Vas (Eisenburg), III. Annales Sabarienses, Folia Musealia, 1, 1932: 7—11.

Ginzberger A., Pflanzenwelt. In: Eitler-Barb-Kunnert, Burgenland-Führer, 2. Aufl. Eisenstadt 1936: 11—14.

Gombocz E., Sopron környékének edényes flórája. Die Gefäßpflanzenflora der Umgebung von Ödenburg. Növénytani Közlemények, 1, 1902: 33—37.

— Sopron vármegye Növényföldrajza és Flórája. Pflanzengeographie und Flora des Komitates Ödenburg. Mathem. és Természett. Közlem., 28 kötet, 4. szám. Budapest 1906, S. 401—579.

Guglia O., Zur Orchideenflora des Neusiedler See-Gebietes. Phyton (Graz), 2, 1950: 223—229.

Hayek A. v., Pflanzen von neuen Standorten. VZBG, 48, 1898: 685—686. [*Euphrasia tatarica* im N-Bgl.]

Hitschmann H., Eine Exkursion an den Neusiedlersee. ÖBZ, 8, 1858: 221—228.

Höfler K., siehe Franz H.

Kárpáti Z., Adatok Sopron vármegye flórájához. Beiträge zur Flora des Komitates Sopron [Ödenburg]. Annales Sabarienses Folia Musealia, 1, 1932: 4—6.
— Újabb adatok Sopron vármegye flórájához [I.]. Neue Beiträge zur Flora des Komitates Sopron. [I.] Magy. Botan. Lapok, 32, 1933: 105—106.
— Újabb adatok Sopron vármegye flórájához. II. Neue Beiträge zur Flora des Komitates Sopron. II. Vasi Szemle, Folia Sabariensia, 1, 2, 1934: 174—178.
— Gáyer Gyula adatai Sopron vármegye flórájához. Gy. Gáyers Beiträge zur Flora des Komitates Sopron. [Von Gáyer nicht veröffentlichte Fundortsangaben.] Vasi Szemle, Folia Savariensia, 2. Bd., Heft 3, 1935: 162—165.
Keißler K. v., Die Pflanzenwelt. Aus „Burgenland" (Westungarn), Festschrift, Wien 1920: 37—42. [Pflanzengeographische Schilderung des Burgenlandes.]
— Die Pflanzenwelt des Burgenlandes. Veröffentlichungen des Naturhistorischen Museums, Heft 1. Wien 1924. 16 Seiten.
Knapp R., Über steppenartige Trockenrasen im Marchfeld und am Neusiedlersee. Halle/Saale 1944. Als Manuskript vervielfältigt.
Kornhuber A., Botanische Ausflüge in die Sumpfniederung des „Wasen" (magyar. „Hanság"). VZBG, 35, 1885 (1886): 619—656.
Kühnelt W., siehe Stipek H.
Kümmerle J. B., siehe Gáyer 1916.
Mazek-Fialla K., siehe Stipek H.
Melzer H., Floristisches aus dem Neusiedlersee-Gebiet. Phyton, 4 1952: 105—108.
— Neues aus der Pflanzenwelt des Neusiedlersee-Gebietes. Natur und Land, 38, 1952: 43.
— Neues zur Flora des Neusiedler Seegebietes. Natur und Land, 38, 1952: 152—153.
— Floristisches aus Niederösterreich und dem Burgenlande. VZBG, 95, 1955 (1956): 104—106.
Neumayer H., Bericht über einen Ausflug ins Serpentingebiet des Burgenlandes. VZBG, 72, 1922 (1923): (165).
— Floristisches aus den Nordostalpen und deren Vorlanden. VZBG, 73, 1923 (1924): (211)—(222). [Betrifft Bgl, NÖ u. OÖ.]
— Floristisches aus Österreich einschließlich einiger angrenzender Gebiete I. VZBG, 79, 1929: 336—411.
Nevole J., Die Wald- und Steppenflora am Ostrande des Wiener Beckens, II. Das Leithagebirge. Verhandl. Naturforsch. Ver. Brünn, 70, 1939: 13—51. [Nicht durchwegs verläßlich.]
Niessl G. v., Ausflug in die Gegend des Neusiedler Sees. ÖBZ, 6, 1956: 377—379, 386—387, 393—394, 402—403.
Pauer A., Adalékok a köszegvidéki gesztenyések történetéhez. Beiträge zur Geschichte der Kastanienwälder der Umgebung von Köszeg (Güns). Vasvármegye és szombathely város kulturegyesülete és a vasvármegye museum. Annales societatis culturalis comit. Castriferrei et civit. Sabariae et musei comit. Castriferrei, II, 1926—1927 (1927): 197—203 (ungarisch) und 246—247 (deutsch). — Siehe auch *Castanea.*
Penz R., Das „Problem des Neusiedlersees" in seiner Bedeutung für Naturkunde und Naturschutz. Blätter für Naturkunde und Naturschutz, 19, 1932: 129—138.
— Ein Banngebiet am Neusiedler See. Blätter für Naturkunde und Naturschutz, 20, 1933: 25—26.
Pill K., Das Leithagebirge und seine Flora. Eisenstadt 1908. 88 Seiten.
— Die Flora des Leithagebirges und am Neusiedler See, 2. Aufl. Graz 1916. 136 Seiten.
Polák Karl, Recensio plantarum phanerogamarum in Comitatu Castriferrei Hungariae hucusque inventarum. Ofen 1839. 20 Seiten.
Rechinger K. pater, Standorte seltener Pflanzen aus Österreich. Allg. botan. Zeitschr., 19, 1913: 113—115, 129—132, 150—153, 167—168; 20, 1914: 17—23. [Betrifft teilw. auch das Bgl.]
— Neue Hybriden aus den Gattungen *Rumex* und *Cynoglossum.* Annal. Naturhist. Mus. Wien, 38, 1924 (1925): 150—152. [Aus dem Bgl.: *Rumex peisonis* Rechgr. = *R. paluster* × *R. Patientia.*]
— Floristische Beiträge. ÖBZ, 74, 1925: 131—139. [Aus dem Bgl. unter anderem: Bastarde von *Salix, Rumex, Euphorbia, Rorippa* und *Salvia.*]
— Über *Rumex pannonicus* Rech. usw. Repert. spec. nov., 22, 1926: 184—186. [Aus dem Bgl.: *Rumex confusus* Simk. = *R. crispus* × *R. Patientia.*]
— Zwei neue Hybriden. Repert. spec. nov., 22, 1926: 186—187. [Aus dem Bgl.: *Euphorbia peisonis* Rechgr. = *E. Cyparissias* × *E. salicifolia.*]
Rechinger K. H. fil., Floristisches aus der Umgebung des Neusiedler Sees. Jahrb. d. Heil- und Naturwiss. Ver. in Bratislava f. d. Jahr 1933. 35 Seiten.

R e p p G., Ökologische Untersuchungen im Halophytengebiet am Neusiedlersee. Jahrb. f. wiss. Bot., 88, 1939: 554—632.
S a u e r z o p f F., Orchideen der Heimat. Burgenländische Heimatblätter, 17/4, 1955: 147—151. [Behandelt die bisher im Bgl nachgewiesenen Orchideen.]
S c h e r f E., siehe F r a n z H.
S c h u b e r t W., Verzeichnis der Gefäßpflanzen, welche in der Umgegend Oberschützens gefunden wurden, in: Programm d. öff. evang. Schulanstalten in Oberschützen f. d. Schuljahr 1857—58. Wien 1858. S. 21—32.
S o ó R., Vasmegye szociológiai és floristikai növényföldrajzához. Zur soziologischen und floristischen Pflanzengeographie des Komitates Vas [Eisenburg] in Westungarn. Folia Sabariensia. Vasi Szemle, I/2, 1934: 105—134. — Ungarisch, mit deutscher Zusammenfassung.
— Die Arten und Formen der Gattung *Potamogeton* in der Flora des historischen Ungarns, I u. II. Repert. spec. nov. 45, 1938: 65—78, 244—256. [Betrifft auch das Bgl.]
— Nordische Pflanzenarten in der pannonischen Flora und Vegetation. Arch. Soc. 'Vanamo', Helsinki, 9, suppl., 1955: 337—350. [Burgenländische Fundorte werden angegeben für: *Drosera rotundifolia. Comarum palustre, Trichophorum alpinum, Eriophorum vaginatum* und (ausgestorben) *Scheuchzeria palustris.*]
S t i p e k H., K ü h n e l t W., M a z e k - F i a l l a K. und W i m m e r Ch., Das Ostufer des Neusiedler Sees. Heimat u. Schule, Wien, 3, 1935. 227 Seiten. (W i m m e r: S. 157—227.)
S t u r D., Verzeichnis der auf meinen Reisen durch Österreich, Ungarn, Salzburg usw. gesammelten Pflanzen. Sitzber. Akad. Wiss. Wien, m.-n. Kl., 20, 1856: 113—149.
S z o n t a g h N. de, Enumeratio plantarum phanerogamicarum... sponte crescentium copiosiusque cultarum territorii Soproniensis. VZBG, 14, 1864: 463—502.
T a t á r M., A pannoniai flóra endemikus fajai. Endemische Arten der pannonischen Florenprovinz. Acta Instituti paedagogici collegii Debreciniensis, Nr. 20. Debrecen 1938. 65 Seiten. [Von den Blütenpflanzen des Burgenlandes sind streng endemisch-pannonisch: *Suaeda pannonica, Sedum Hillebrandii* und *Puccinellia peisonis;* subendemisch-pannonisch: *Dianthus Pontederae, Melampyrum barbatum* und *Cirsium brachycephalum;* pannonische Vikaristen: *Thalictrum minus* subsp. *pseudominus, Astragalus* (*vesicarius* subsp.) *albidus, Aster Tripolium* subsp. *pannonicus, Aster* (*punctatus* subsp.) *canus* und *Potamogeton pectinatus* subsp. *balatonicus.*]
V a r g a L., Interessante Formationen von *Potamogeton pectinatus* L. im Fertő (Neusiedler See). Arbeiten d. Ungar. Biolog. Forschungsinst. Tihány, 4, 1931: 342—355. (Ungarisch.)
— Sonderbare Ringbildungen von *Potamogeton pectinatus* L. im Fertő (Neusiedler See). Revue d. ges. Hydrobiol. u. Hydrogr., 28, 1933: 285—294.
W a i s b e c k e r A., Köszeg- és vidékének edényes növényei. [Gefäßpflanzen von Güns und Umgebung.] 2. Aufl. Köszeg [Güns] 1891. 70 Seiten.
— Zur Flora des Eisenburger Comitats. [I.] ÖBZ, 41, 1891: 278—279, 298—300.
— Beiträge zur Flora des Eisenburger Comitates. [II.] ÖBZ, 43, 1893: 281—282, 317—319, 354—357.
— Beiträge zur Flora des Eisenburger Comitates. [III.] ÖBZ, 45, 1895: 109—111, 143—145.
— Beiträge zur Flora des Eisenburger Comitates. [IV.] ÖBZ, 47, 1897: 4—9.
— Beiträge zur Flora des Eisenburger Comitats. [V.] ÖBZ, 49, 1899: 60—67, 106—108, 186—190.
— Beiträge zur Flora des Eisenburger Comitats. [VI.] ÖBZ, 51, 1901: 125—132.
— Die Farne des Eisenburger Comitats in West-Ungarn. Magy. Botan. Lapok, 1, 1902: 144—147, 172—178, 207—210, 242—248.
— Neue Beiträge zur Flora des Eisenburger Comitats in West-Ungarn. [I.] Magy. Botan. Lapok, 2, 1903: 71—79.
— Neue Beiträge zur Flora des Eisenburger Comitats in West-Ungarn. [II.] Magy. Botan. Lapok, 3, 1904: 98—108.
— Neue Beiträge zur Flora des Comitats Vas [Eisenburg] in West-Ungarn. [III.] Magy. Botan. Lapok. 4, 1905: 66—78.
— Neue Beiträge zur Flora des Comitats Vas [Eisenburg] in West-Ungarn. [IV.] Magy. Botan. Lapok, 7, 1908: 51—60.
— Nachruf mit Schriftenverzeichnis, siehe G á y e r 1916.
W a l z R., Zur Flora des Leithagebirges. VZBG, 40, 1890: 549—570.
W e n d e l b e r g e r G., Die Salzpflanzengesellschaften des Neusiedler Sees. ÖBZ, 92, 1943: 124—144.
— Die Pflanzenwelt des Neusiedler Sees. Die Umwelt, 1, 1947: 240—245.

Wendelberger G., Die Salzpflanzen des pannonischen Raumes. Arb. a. d. Botan. Station in Hallstatt. 84 (Festschrift Martin Rikli), 1948, 6—13.
— Die pflanzengeographische Stellung der Salzfluren des Neusiedler Sees. Natur und Land, 33/34, 1948: 287—291.
— Eine neue Pflanze des Neusiedler Sees. Natur und Land, 36, 1949: 12—13. [*Najas marina.*]
— Botanische Kostbarkeiten des Neusiedler Sees. Burgenländische Heimatblätter, 11, 1949: 183—188.
— Die Salzpflanzen des Neusiedler Sees usw. Festschrift „25 Jahre Botanische Station in Hallstatt", Nr. 10, 1950. 29 Seiten.
— Zur Soziologie der kontinentalen Halophytenvegetation Mitteleuropas. Unter besonderer Berücksichtigung der Salzpflanzengesellschaften am Neusiedler See. Denkschr. Österr. Akad. Wiss., Wien, m.-n. Kl., 108, 1950. 180 Seiten.
— Steppen, Trockenrasen und Wälder des pannonischen Raumes. Angewandte Pflanzensoziologie, Festschrift Aichinger, 1954: 573—634.
— Die Restwälder der Parndorfer Platte im Nordburgenland. (Burgenländische Forschungen, Heft 29.) Eisenstadt 1955. 175 Seiten.
— Struktur und Geschichte der pannonischen Vegetation. Schriften des Vereines zur Verbreitung naturwissenschaftlicher Kenntnisse, 95, 1954/55 (1955): 61—86. [Mit Schriftenverzeichnis.]
Widder F., Diagnoses stirpium novarum, I—III. Phyton, 2, 1950: 223—229. [Aus dem Bgl: III. *Ornithogalum Boucheanum* × *comosum* Widd. = × *O. Gugliae* Widd., hybr. nov.]
Wierzbicki P., Flora Mosoniensis [Flora von Ungarisch-Altenburg]. 1820. Manuskript im Botan. Inst. d. Univ. Wien und im Mus. nat. Hung. in Budapest.
Wimmer Ch., Botanischer Ausflug an den Neusiedler See. In: Stipek, H. u. a. (1935), siehe dort.
— Pflanzengesellschaften und: Pflanzen- und tiergeographische Stellung des Burgenlandes usw. In: Burgenland-Atlas, 1941: 13—14.
— Grassteppen, Steppenheiden und Wälder im Bereiche des Neusiedlersees. Natur und Land, 33/34, 1948: 291—294.

Niederösterreich und Wien

Zusammengestellt unter Mitarbeit von Gustav Wendelberger (Wien).

A. Landesfloren und einige ältere Ortsfloren (zeitlich geordnet).

Kramer W. H., Elenchus vegetabilium et animalium per Austriam inferiorem observatorum etc. Wien 1756. 422 Seiten. [Die Pflanzen sind auf Seite 1—307 behandelt.]
Jacquin N. J., Enumeratio stirpium plerarumque, quae sponte crescunt in agro Vindobonensi montibusque confinibus. Wien 1762. 322 Seiten.
Crantz H. J., Stirpium Austriacarum fasciculi I—III. [Ed. 1.] Wien 1762, 1763, 1767. 56, 140 und 128 Seiten. [Behandelt nur Niederösterreich.]
— Stirpium Austriacarum partes I, II, fasciculi I—VI. Ed. 2. Wien 1769. 516 Seiten.
Jacquin N. J., Florae Austriacae sive plantarum selectarum in Austriae archiducatu sponte crescentium icones etc. Wien 1773—1778. 5 Bände: 500 Farbtafeln mit 303 Seiten Text.
Sauter A. E., Versuch einer Geographisch-Botanischen Schilderung der Umgebungen Wiens. Wien 1826. 50 Seiten. [Enthält auch eine Florenliste.]
Kreutzer C. J. [K. J.], Prodromus florae Vindobonensis. Wien 1840. 105 Seiten.
— Blüthen-Kalender und systematisch geordnete Aufzählung der Pflanzen in den Umgebungen Wiens. Wien 1840. 247 Seiten.
Dolliner G., Enumeratio plantarum phanerogamicarum in Austria inferiore crescentium. Wien 1842. 160 Seiten.
Neilreich A., Flora von Wien. Wien 1846. 706 Seiten.
Aichinger-Aichenhayn J. v., Botanischer Führer in und um Wien. Wien 1847. 524 und 136 Seiten.
Neilreich A., Nachtraege zur Flòra von Wien. Wien 1851. 339 Seiten.
Kreutzer K. J. (C. J.), Taschenbuch der Flora Wiens [1. Aufl.] Wien 1852. 528 Seiten.
— Blütenkalender und Herbarkatalog der in den Umgebungen von Wien wildwachsenden Pflanzen. 2. Aufl. Wien 1859. 100 Seiten.

Neilreich A., Flora von Nieder-Oesterreich. Wien 1859. CXXVIII und 1010 Seiten. [Enthält auch die Pteridophyten, die in den neueren Floren von Beck und von Halácsy nicht berücksichtigt sind.]

Kreutzer K. J. [C. J.], Taschenbuch der Flora Wiens. 2. Aufl. Wien 1864. 550 Seiten.

Neilreich A., Nachträge zur Flora von Nieder-Oesterreich. Wien 1866. VIII und 104 Seiten.

— Zweiter Nachtrag zur Flora von Nieder-Oesterreich. VZBG, 19, 1869: 245—298.

Bayer J. N., Botanisches Exkursionsbuch für das Erzherzogthum Oesterreich ob und unter der Enns. Wien 1869. 333 Seiten.

— Praterflora. Wien 1869. 104 Seiten.

Neilreich A., Die Veränderungen der Wiener Flora während der letzten zwanzig Jahre. VZBG, 20, 1870: 603—620.

Erdinger C., Verzeichnis der in der Umgebung von Krems vorkommenden Gefäß-Kryptogamen und phanerogamischen Gefäßpflanzen. Krems 1872. 64 Seiten.

Sigl U., Die Flora von Seitenstetten und Umgebung. Waidhofen a. d. Ibbs 1874. 92 Seiten.

Lorenz F., Botanischer Wegweiser in Wr.-Neustadt's Umgebungen. Wien 1879. 30 Seiten.

Halácsy E. v. und Braun H., Nachträge zur Flora von Nieder-Oesterreich. Wien 1882. 354 Seiten.

Dichtl A., Ergänzungen zu den „Nachträgen zur Flora von Nieder-Österreich". Deutsche botanische Monatsschrift, 1, 1883 bis 4, 1886, in 16 Teilen. Rund 36 Seiten.

Wiedermann L., Aus der Flora von Rappoltenkirchen und Umgebung. ÖBZ, 34, 1884: 88—91, 125—128.

Beck-Mannagetta G. v., Flora von Hernstein in Niederösterreich und der weiteren Umgebung. In: Becker M. A., Hernstein in Niederösterreich usw. Bd. 1, S. 175—464. Wien. Als Sonderdruck: 1884; im ganzen Band: 1886.

Bachinger A., Beiträge zur Flora von Horn. XV. Jahresber. d. n. ö. Landes-Realschule und Obergymn. Horn. 1887. 38 Seiten.

Beck-Mannagetta G. v., Flora von Nieder-Oesterreich. Wien 1890—1893. VI+X+74+1396 Seiten.

Halácsy E. v., Flora von Niederösterreich. Wien 1896. IX+631 Seiten.

Janchen E. und Wendelberger G., Kleine Flora von Wien, Niederösterreich und Burgenland. Wien 1953. 207 Seiten.

B. Neuere floristische Arbeiten

(nach Verfassern geordnet).

Abel O., Zwei für Niederösterreich neue hybride Orchideen. VZBG, 47, 1897.

Aichinger E., Forstlich-vegetationskundlicher Aufbau des vorderen Wienerwaldes. Arbeiten des Dr. Aichinger auf dem Gebiet der Vegetationskunde im Jahre 1936: 1—61.

Anger F., Einige interessante Pflanzenfunde aus Niederösterreich. VZBG, 47, 1897: 47.

Aust K., Botanische Exkursion auf die Hainburger Berge. VZBG, 64, 1914: (213). [*Sorbus graeca* K. Koch = *S. Aria* var. *cretica* Lindb., am Südhang des Braunsberges, als äußerster nordwestl. Vorposten.]

— Die *Festucae* des Kamptales. VZBG, 68, 1918: (239)—(240).

Beck-Mannagetta G. v., Flora v. NÖ, 1890—1893, siehe unter Landesfloren.

— Notizen zur Flora von Niederösterreich. VZBG, 44, 1894 (1895), Sitzb.: 43—45.

— Einige für die Flora von Niederösterreich neue und seltenere Pflanzen. VZBG, 46, 1896: 380—381. [S. 381: Beck weist nach, daß die von Josef Kerner für NÖ irrtümlich angegebene „*Poa caesia* Sm." bei der Kirche von Statzendorf in Wirklichkeit eine *Poa angustifolia* L. ist.]

— Botanische Exkursion ins Marchfeld am 30. Mai 1897. VZBG, 47, 1897: 274—277.

— Die Wachau. Eine pflanzengeographische Skizze aus Niederösterreich. Blätter des Vereines für Landeskunde von Niederösterreich, n. F., 32, 1898: 193—208.

— Alpenblumen des Semmeringgebietes. Wien 1898. 47 Seiten, 18 Farbtafeln.

— Plantae europaeae hactenus non indicatae. I. und II. Repert. spec. nov., 17, 1921: 449—451 und 18, 1922: 129—132. [1921: *Polygala amara* × *comosa* = *P. persimilis* Beck, Brühl bei Mödling.]

— Alpen-Blumen des Semmering-Gebietes. 3. Ausgabe, mit Textverbesserungen von E. Janchen. Wien 1933. 47 und 4 Seiten Text, mit 18 Farbtafeln.

Benesch F., Rax und Schneeberg. Zeitschr. d. D. u. Ö. Alpenvereins, 29, 1898: 197 bis 228.
— Der Ötscher. Zeitschr. d. D. u. Ö. Alpenvereins, 63, 1932: 221—241.
Bernfuss O., Die Eibe und ihr Vorkommen im kleinen Erlauftale. Wiener allg. Forst- u. Jagdzeitung, 51, 1933: 224.
Blümml E. K., Pflanzenfunde aus Nieder-Oesterreich. VZBG, 48, 1898: 687.
— Beiträge zur Flora von Niederösterreich. Allg. Botan. Zeitschr., 6, 1900: 24—25, 105—108.
Braun H., siehe Halácsy E. v., und Braun H., unter Landesfloren.
Cieslar A., Exkursion in das Sandsteingebiet des Wienerwaldes. Führer zu den wissenschaftlichen Exkursionen des II. internat. botanischen Kongresses, Wien 1905. Va: 1—5.
Degen A. v., Gáyer J. und Scheffer J., Die Flora ..... des östlichen Teiles des Marchfeldes. Magy. Botan. Lapok, 22, 1923 (1924): 1—116. [Enthält auch Angaben aus dem österreichischen Teil des Marchfeldes.]
Dörfler I., Über einen neuen Farn aus Niederösterreich. VZBG, 44, 1894 (1895), Sitzb.: 45. [*Asplenium Trichomanes* × *A. septentrionale*, intermediäre Form.]
— Über den Bastard *Anagallis arvensis* × *coerulea*. VZBG, 53, 1903: 563—564.
Ebner H., Die Schotterflora bei Wien. ÖBZ, 72, 1923: 322—335.
Ebner R., Floristische Beobachtungen in Niederösterreich. Blätter f. Naturkunde u. Naturschutz, 10, 1923: 39—40. [Behandelt *Impatiens Roylei, Solidago serotina* und *Silphium perfoliatum.*]
Ehn K., Die Vegetationsverhältnisse von Eggenburg. Unveröff. Dissertation d. phil. Fak. Univ. Wien, 1927.
Feldmann W., Über die Stockerauer Auen. Unveröff. Dissertation d. phil. Fak. Univ. Wien, 1925.
Fischer B., Höhengrenzen der Vegetation im Schneeberg-Rax-Gebiet. Geogr. Jahresber. aus Österreich, 16, 1933: 106—131.
Flatt v. Alföld C., Zur Geschichte der *Asperula Neilreichii* Beck. VZBG, 45, 1895: 353—355.
Fleischmann H. und Rechinger K., Über eine verschollene Orchidee Niederösterreichs. ÖBZ, 55, 1905: 267—271. [*Epipactis varians* Crantz = *E. sessilifolia* Peterm.]
Fritsch K. (C.), Über das Auftreten von *Cuscuta suaveolens* Ser. in Niederösterreich. VZBG, 43, 1893 (1894), Sitzb. 48—50.
— *Xanthium macrocarpum* DC. VZBG, 46, 1896: 448. [Bei Wiener-Neustadt. Heißt nach Widder *X. orientale* L.]
— Über eine im Wiener botanischen Garten auftretende Wanderpflanze: *Euphorbia humifusa*. VZBG, 48, 1898: 99.
— Bericht über die Excursion nach Hainburg am 30. April 1899. VZBG, 49, 1899: 312—313.
— Über das Vorkommen der *Lonicera alpigena* auf dem Anninger. VZBG, 51, 1901: 143—144. [Verwildert!]
— Floristische Notizen. II. *Erythronium Dens canis* L. in Niederösterreich. ÖBZ, 54, 1904: 240—241. [Im März 1903 bei Purkersdorf (Georgenberg) wenige Stücke gefunden, eingeschleppt, wieder verschwunden.]
— Floristische Notizen. VIII. Über *Rumex Heimerlii* Beck und einige andere angebliche Tripelbastarde aus der Gattung *Rumex*. ÖBZ, 67, 1918: 249—252.
Fuchs J., Die Donauauen bei Strengberg. Unveröffentlichte Matura-Arbeit des Gymnasiums Seitenstetten.
Gams H., Kurze Übersicht über die Pflanzendecke der Umgebung von Lunz. Die Natur, Zeitschr. d. Österr. Lehrervereines für Naturkunde, 5, 1929: 25—32, 49—55, 73—80.
Gáyer Gy. (J.), Supplementum Florae Posoniensis. Magy. Botan. Lapok, 16, 1917: 38—76. [Beitrag zur Flora der Umgebung von Preßburg. Enthält auch zahlreiche Fundortsangaben aus den Hainburger Bergen.]
— Über kritische und interessante Pflanzen aus der Gegend von Preßburg. VZBG, 68, 1918: (97)—(98). [*Asplenium Ruta muraria* × *A. Trichomanes* am Fuß des Hundsheimer Berges bei Hainburg.]
Gilli A., Revision einiger *Rubus*-Formen der Umgebung Wiens. VZBG, 80, 1930: 67—69.
— Floristisches aus dem Wienerwalde. VZBG, 81, 1931: (38)—(40).
— *Galium hercynicum* und *Euphrasia nemorosa* — neu für Österreich. VZBG, 93, 1953: 110—111.
Ginzberger A., Die Ausbreitung von *Impatiens Roylei* Walpers in Niederösterreich. VZBG, 52, 1902: 715—716.

G i n z b e r g e r A., Über *Helianthus serotinus* Tausch. VZBG, 53, 1903: 86—87. [Als Gartenflüchtling am Weidlingbach bei Klosterneuburg.]
— Exkursion in die Donau-Auen unterhalb Wiens. Führer zu den wissenschaftl. Exkursionen des II. internat. botan. Kongresses, Wien 1905. V c: 13—15.
— Bericht über die Exkursion zu den pflanzengeographischen Reservationen bei Nikolsburg und Ottenthal (am 22. Mai 1913). VZBG, 63, 1913: (143)—(149).
— Von den pflanzengeographischen Reservationen in Niederösterreich. Blätter für Naturkunde und Naturschutz, 2, 1915: 56—57.
— Ein Standort der gefeldertrindigen Buche in Niederösterreich. Naturw. Zeitschr. f. Forst- u. Landwirtschaft, 18, 1920: 40—41. [*Fagus silvatica* L. var. *quercoides* Pers.]
— Tier- und Pflanzenleben der Straßen und Plätze Wiens (Vortrag). Monatsbl. d. Vereins f. Landeskunde von Niederösterreich, 21, 1922: 2—4.
G i n z b e r g e r A. und R e c h i n g e r C., Der Ellender Wald. Eine floristische Skizze. VZBG, 52, 1902: 40—45.
H a g e n K., Weibliche Pyramidenpappeln in Wien. Blätter für Naturkunde u. Naturschutz, 22, 1935: 38—39.
— Bedeutsame Bäume in Wien. Die Natur, Zeitschr. d. österr. Lehrervereines f. Naturkunde, 13, 1937: 40—41.
— Wiener Maulbeerbäume. Blätter für Naturkunde u. Naturschutz, 25, 1938: 131—132.
— Lebende Zeugen der Wiener Ortsgeschichte. Blätter für Naturkunde u. Naturschutz, 28, 1941: 115—117. [Alte Silberpappeln, Maulbeerbäume und Weinstöcke.]
H a l á c s y E. v., Österreichische Brombeeren. VZBG, 41, 1891, Abh.: 197—294.
— Flora v. NÖ, 1896, siehe unter Landesfloren.
— Einige um Rappoltenkirchen gesammelte *Rubus*-Arten. VZBG, 47, 1897: 648.
H a l á c s y E. v. und B r a u n H., Nachträge, 1882, siehe unter Landesfloren.
H a n d e l - M a z z e t t i Heinrich Frh. v., Nachtrag zur Flora von Seitenstetten und Umgebung. ÖBZ, 52, 1902: 381—389. [Vgl. S i g l U., 1874, unter Landesfloren usw.]
— Floristische Notizen. VZBG, 52, 1902: 409—411. [Betrifft NÖ, OÖ, St, Kt und Sb.]
— Pflanzenbastarde aus Niederösterreich. VZBG, 53, 1903: 358—360. [Behandelt *Salix glaucovillosa, Viola Braunii* und *Carex Crepini.*]
— Über *Salix glaucovillosa*. VZBG, 54, 1904: 132—133. [= *S. incana* × *nigricans*, nicht *S. incana* × *glabra.*]
— Pflanzen von neuen Standorten aus Niederösterreich. VZBG, 54, 1904: 619—620.
— Über *Ranunculus Cassubicus* L. in Niederösterreich. VZBG, 54, 1904: 633—634.
H a r i n g J., Floristische Funde aus der Umgebung von Stockerau in Niederösterreich. [I], II. u. III. VZBG, 37, 1887, Abh.: 51—68; 38, 1888, Abh.: 507—528; 58, 1908: 1—19.
H a r t m a n n F., Die niederösterreichischen Donauauen als forstlicher Standort. Zentralbl. f. d. ges. Forst- und Holzwirtsch., Wien, 70, 1947: 1—38.
— — Von der Versteppung der Donauauen. Natur und Land, 35, 1948: 29—32.
H a y e k A. v., Pflanzen von neuen Standorten. VZBG, 48, 1898: 685—686. [Hauptsächlich Funde aus NÖ, nur wenige aus St, Sb und Bgl.]
— Exkursion in das Kalkgebiet bei Mödling und in die Brühl. Führer zu den wissenschaftlichen Exkursionen des II. internat. botan. Kongresses, Wien 1905. V b: 7—11.
— Exkursion auf den Wiener Schneeberg. Führer zu den wissenschaftl. Exkursionen des II. internat. botan. Kongresses, Wien 1905. VI. 11 Seiten.
H e r z m a n s k y S., Zur Flora des Bisamberges. Blätter f. Naturkunde u. Naturschutz, 7, 1920: 21—23.
— Die Pflanzenwelt des Bisamberges. „Der Tullner Gau", I/4, 1926: 5—6.
H i m m e l b a u r W., Über die Grenze des pannonischen Florengebietes bei Znaim und Retz. VZBG, 72, 1922: (162)—(164).
— und S t u m m e E., mit Beiträgen von S t u m m e r A. und O b o r n y A., Vorarbeiten zu einer pflanzengeographischen Karte Österreichs. XII. Die Vegetationsverhältnisse von Retz und Znaim. Abhandl. ZBG, Bd. XIV, Heft 2. Wien 1923. 146 Seiten.
H ü b l P., Beiträge zur Flora Badens. [I.] Verein „Niederösterreichische Landesfreunde", 1929. 30 Seiten.
— Beiträge zur Flora Badens. [II.] Blätter f. Naturkunde u. Naturschutz, 17, 1930: 49 bis 55, 65—71.
— Interessante Pflanzen aus Niederösterreich, Salzburg, Steiermark, Kärnten und Dalmatien. VZBG, 82, 1932: (22)—(26).
J a n c h e n E., Die Enziane Niederösterreichs. Natur u. Land, 33/34, 1947: 201—205.
— und W e n d e l b e r g e r G., Kleine Flora usw., 1953, siehe unter Landesfloren.

Keller L., Neue Standorte von Pflanzen in Niederösterreich. VZBG, 51, 1901: 387—388, 748—749. [Eingeschleppt: *Consolida orientalis, Centaurea spinulosa* und *Phalaris canariensis.*]
— Seltenere Pflanzen aus Niederösterreich und Tirol. VZBG, 53, 1903: 360—361.
— Über neue Pflanzenfunde in Niederösterreich. VZBG, 54, 1904: 620—621.
— Bemerkenswerte floristische Funde. VZBG, 56, 1906: 360—363. [Betrifft NÖ und Kt.]
Khek E., Ein botanischer Tagesausflug nach Rappoltenkirchen an der Westgrenze des Wienerwaldes. Allg. Botan. Zeitschr., 3, 1897: 7—8. [Darin *Cirsium Wiedemanni* Khek = *C. rivulare* × > *pannonicum.*]
— Die Cirsien des Herbars Dr. Dürrnberger. Allg. Botan. Zeitschr., 15, 1909: 1—4. [Darin *Cirsium Dürrnbergeri* Khek = *C. arvense* × *C. palustre.*]
— Ein neuer *Cirsium*-Tripel-Bastard und seine mutmaßliche Ausgangspflanze. ÖBZ, 68, 1919: 229—232. [*C. austriacum* Khek = *C. Erisithales* × *pannonicum* × *oleraceum,* Nordabhang des Wienerwaldes nördl. v. Preßbaum.]
Kirchheimer F., Über das Vorkommen der wilden Weinrebe in Niederösterreich und Mähren. Zeitschr. f. Botanik, 43, 1955: 279—307.
Knapp R., Über die Vegetation auf Serpentin im Gurhofgraben bei Aggsbach (Wachau). Halle/Saale, 1944. 8 Seiten.
— Die Trockenrasen und Felsfluren der Hainburger Berge. Halle/Saale, 1944. 15 Seiten.
— Über die Berglauch-Felsflur (Allio-Sempervivetum) in den Alpen-Ostrand-Gebieten. Halle/Saale, 1944. 8 Seiten. [Betrifft NÖ, St, Kt.]
Koffler M., Die Veränderungen der Gefäßpflanzenflora der Türkenschanze seit der Mitte des vorigen Jahrhunderts. VZBG, 81, 1931: 23—45.
Kretschmer L., Die Pflanzengesellschaften auf Serpentin im Gurhofgraben bei Melk. VZBG, 80, 1930: 163—208.
Lämmermayr L., *Asplenium adulterinum* Milde, neu für die Flora von Niederösterreich. Nebst Bemerkungen über die Farnflora auf Magnesit und Serpentin. Mitteil. Naturw. Ver. f. Stmk., 67, 1930: 90—103.
Lang K., Eine Dorfflora im Weinviertel. Die Natur, Zeitschr. d. österr. Lehrervereines f. Naturkunde, 5, 1929: 129—131.
Langer F., Die Ortsflora [von Melk]. Die Natur, Zeitschr. d. österr. Lehrervereines f. Naturkunde, 11, 1935: 41—43.
Langer J., Wer kennt den Bisamberg? Blätter f. Naturkunde u. Naturschutz, 27, 1940: 49—52.
Lauber A., Der Staatzer Berg — eines unserer schönsten Naturdenkmäler. Natur u. Land, 36, 1950: 69.
— Blütenpracht am Ufer der March. Natur u. Land, 36, 1950: 187—188.
Leeder F., Beiträge zur Flora des oberen Mürztales in Steiermark und Niederösterreich. VZBG, 58, 1908: 418—431.
Leeder K., Rax und Schneeberg, die Hausberge Wiens. Österr. Vierteljahresschr. f. Forstwesen, 1, 1932: 1—16.
Leitner R., Die St.-Pöltner Heide. Eine pflanzengeographische Studie. Unveröff. Diss. d. philos. Fak. Univ. Wien, 1926.
Linsbauer L., Über das Vorkommen von *Botrychium rutaefolium* A. Br. in Niederösterreich. ÖBZ, 54, 1904: 332—333.
Lischkarz K., Pflanzensoziologische Untersuchungen im Dunkelsteiner Wald. Unveröff. Diss. d. philos. Fak. Univ. Wien, 1928.
Litschauer V., Ein Beitrag zur Flora Nieder-Österreichs. ÖBZ, 54, 1904: 396—398.
Machura L., Ein Beitrag zur Kenntnis des Rothwaldes. Blätter für Naturkunde und Naturschutz, 29, 1942: 93—103.
— Aus dem Naturschutzgebiet Rothwald. Ebenda, 31, 1944: 50—67.
— Urwald unserer Heimat. Umwelt, Zeitschr. d. Biolog. Station Wilhelminenberg, 1947: 102—105.
— Ein Urwald — in Niederösterreich! Natur u. Land, 38, 1952: 49—56.
Mariani A., Ein Wiener Fabrikshof als Lebensgemeinschaft. Blätter f. Naturkunde u. Naturschutz, 22, 1935: 104—106.
Melzer H., Floristisches aus Niederösterreich und dem Burgenlande. VZBG, 95, 1955 (1956): 104—106.
Mitis H. v., Das Altwasser. Blätter f. Naturkunde u. Naturschutz, 24, 1937: 122—126. [Altwässer des Wiener Praters.]
Morton F., Die Tümpelflora Niederösterreichs. Blätter für Naturkunde u. Naturschutz, 4, 1917: 89—96.

Morton F., Naturdenkmäler im Bannkreis Wiens. Blätter f. Naturkunde u. Naturschutz, 8, 1921: 2—6.
— Die Pflanzengesellschaften des nördlichen Wienerwaldes. I und II. Mitteil. d. Deutsch. Dendrolog. Ges., 54, 1941: 15—43 und 63—72.
Müllner M. F., Über zwei für Niederösterreich neue Eichenhybriden. VZBG, 44, 1894, Sitzb.: 4—6. [*Quercus Robur* × *sessiliflora* und *Qu. Robur* × *pubescens*.]
Murr J., Nachtrag zur Flora von Ober- und Niederösterreich. Allg. Botan. Zeitschr., 4, 1898: 80—81, 96—97.
Neckham F., Boden, Pflanzen und Tiere eines Ziegelteiches auf dem Laaerberge [bei Wien]. Die Natur, Zeitschr. d. österr. Lehrervereines f. Naturkunde, 11, 1935: 7—15.
Neilreich A., siehe unter Landesfloren.
Neubauer H. F., Über das Vorkommen einiger Orchideen in der Umgebung von Wördern. Unsere Heimat, n. F., 10, 1937: 113—123.
Neumayer H., Floristisches aus Niederösterreich. I—IV. VZBG, 69, 1919: 293—296; 70, 1920: (184)—(194); 72, 1922: (60)—(65); 72, 1922: (165)—(172).
— Über *Spiraea media* auf dem Gösing bei Stixenstein. VZBG, 72, 1922: (69).
— Floristisches aus den Nordostalpen und deren Vorlanden. I. VZBG, 73, 1923 (1924): (211)—(222). [Betrifft Bgl, NÖ u. OÖ.]
— Floristisches aus Österreich, einschließlich einiger angrenzender Gebiete. I. VZGB, 79, 1929: 336—411.
— Versuch einer geobotanischen Gliederung der Flyschzone des Wienerwaldes auf Grund der Beschaffenheit des Gesteines. VZBG, 81, 1931: 1—4.
Nevole J., Vorarbeiten zu einer pflanzengeographischen Karte Österreichs. II. Vegetationsverhältnisse des Ötscher- und Dürrensteingebietes in Niederösterreich. Abhandl. ZBG, Bd. III, Heft 1. Wien 1905. 45 Seiten. [Enthält einige Irrtümer.]
— Die Wald- und Steppenflora am Ostrande des Wiener Beckens. I. Die Hainburger Berge in Niederösterreich. Hainburg 1934. 48 Seiten.
— Die Wald- und Steppenflora am Ostrande des Wiener Beckens. II. Das Leithagebirge. Verhandl. Naturforsch. Ver. Brünn, 70, 1939: 13—51. [Nicht durchwegs verläßlich.]
— Beitrag zur Kenntnis der pflanzengeographischen Verhältnisse des Weinviertels in Niederdonau. Verhandl. Naturforsch. Ver. Brünn, 73, 1942: 152—175.
Oborny A., siehe Himmelbaur W., 1923.
Onno M., Die Pflanzenwelt von Schönbrunn. Die Natur, Zeitschr. d. österr. Lehrervereines f. Naturkunde, 7, 1931: 64—66.
— Zum Vorkommen von *Epipactis sessilifolia* im Wienerwalde. Blätter f. Naturkunde u. Naturschutz, 22, 1933: 89.
— Die Schwarzföhre im Lainzer Tiergarten bei Wien. ÖBZ, 85, 1936: 116—125. [Ist nicht ursprünglich!]
— Über das Vorkommen von *Lathyrus montanus* Bernh. in Niederösterreich. ÖBZ, 85, 1936: 229—231.
— und Werner L., Eibe des Ybbstales, 1939, siehe Werner L.
— Über einige alte Wiener Naturgärten und ihre Pflanzenwelt. Blätter f. Naturkunde u. Naturschutz, 27, 1940: 89—93.
— Über einige Reste der ursprünglichen Pflanzendecke im westlichen Wiener Stadtgebiet. Ber. Deutsch. Botan. Ges., 38, 1940: 230—236.
— Vegetationsreste und ursprüngliche Pflanzendecke des westlichen Wiener Stadtgebietes. Repert. spec. nov., Beihefte, Bd. 126, 1941: 53—127.
— Vegetationsstudien aus dem Wiener Becken. Schwadorfer und Rauchenwarter Holz. Mitteil. d. Deutsch. Dendrolog. Ges., 55, 1942: 139—156.
— Vom Schwadorfer Holz. Blätter f. Naturkunde u. Naturschutz, 29, 1942: 77—79.
— Über die Narzisse in den Ostalpen. Natur u. Land, 33/34, 1948: 233—234.
— Die Gefäßpflanzenvegetation am Mauerbach und seinen Zuflüssen. Aus: „Wetter und Leben“, Sonderheft II: Beiträge zur Limnologie der Wienerwaldbäche, Wien 1953: 129—135.
— Forstlich-pflanzensoziologische Betrachtungen über das Revier Klauswald in Niederösterreich. Ber. d. Deutsch. Botan. Ges., 68, 1955: 345—351.
Paris H., Narzissenherrlichkeit am Lunzersee. Blätter f. Naturkunde u. Naturschutz, 21, 1934: 66—69.
Passecker F., Beiträge zur Flora des südöstlichen Waldviertels, mit besonderer Berücksichtigung des Gebietes um Rosenburg (Kamptal). VZBG, 82, 1932: 51—81.
Penz R., Floristisches aus der Gegend von Herzogenburg. Blätter für Naturkunde u. Naturschutz, 15, 1928: 132—133.

Penz R., Beitrag zur Wiener Straßenpflasterflora. Blätter für Naturkunde u. Naturschutz, 21, 1934: 33—36.
— Pflanzengeographische Skizzen aus den niederösterreichischen Juraklippen. Unsere Heimat, Wien, 7, 1934: 67—77.
Petrak F., *Cirsii* generis hybridae et varietates novae. Repert. spec. nov., 5, 1908: 329—333. [Aus Niederösterreich (Klosterneuburg und Ebergassing) fünf neue Bastarde.]
Pill K., Leithagebirge, 1908 u. 1916, siehe Burgenland.
Pircher E., Die Flora des Audorfes. Die Natur, Zeitschr. d. österr. Lehrervereines f. Naturkunde, 6, 1930: 51—53; 7, 1931: 13—15.
Pölzl J., Übersicht über die Farn- und Blütenpflanzen der politischen Bezirke Gmünd, Waidhofen und Zwettl. (Unveröffentlichtes Manuskript von 58 Maschinschriftseiten Umfang, verwahrt im Archiv für Heimat- und Lokalgeschichte Gmünd, NÖ.)
Progner A., Die Flora des Gerichtsbezirkes Melk sowie des Jauerling und seines südlichen Gebietes. (Anhang zu Linde F. X., Die Donaureise von Linz nach Wien mit besonderer Berücksichtigung von Melk und der Flora des Bezirkes.) Wien 1873. 31 Seiten.
Rassmann M., Interessante Pflanzenfunde in Nieder-Oesterreich. VZBG, 48, 1898: 171—172.
— Neue Pflanzenstandorte für Nieder-Oesterreich. VZBG, 48, 1898: 687.
— Einige interessante Pflanzengäste aus der Wiener Gegend. VZBG, 52, 1902: 588—589.
Raßmann M., Die Geschichte der Türkenschanzflora in den letzten 50 Jahren. Blätter f. Naturkunde u. Naturschutz, 9, 1922: 42—47.
— Fremdlinge in der heimischen Pflanzenwelt. Ebenda, 10, 1923: 37—38.
— Eine Pflanzeninsel im Häusermeer der Inneren Stadt [Wien]. Ebenda, 13, 1926: 77—81.
— Üppiger Pflanzenwuchs auf einem Bauplatz in der Inneren Stadt [Wien]. Ebenda, 17, 1900: 100—103.
Rechinger K. (C.) pater, Beiträge zur Flora von Österreich. ÖBZ, 41, 1891: 338—340. [Enthält viele Bastarde aus Niederösterreich.]
— Über einige seltene Pflanzen. VZBG, 52, 1902: 150—152. [*Lythrum scabrum* Simk. = =*L. Salicaria* × *L. virgatum* und *Cuscuta Cesatiana* Bertol. in NÖ.]
— und Fleischmann H., 1905, siehe Fleischmann H.
— Die Weinstöcke in den Donauauen (Prater) bei Wien. Die Weinlaube. Zeitschr. f. Weinbau u. Kellerwirtsch., Jahrg. 38, 1906, Nr. 40: 473—475.
— Standorte seltenerer Pflanzen aus Österreich. Allg. Botan. Zeitschr., 19, 1913: 113—115, 129—132, 150—153, 167—168; 20, 1914: 17—23.
— Drei neue *Rumex*-Formen. ÖBZ, 72, 1923: 429.
— Neue Hybriden aus den Gattungen *Rumex* und *Cynoglossum*. Annal. Naturhist. Mus. Wien, 38, 1924 (1925): 150—152. [Aus NÖ (Marchfeld): *Cynoglossum austriacum* Rechgr. = *C. hungaricum* × *C. officinale* und *Rumex leptophyllus* Murb. et Rechgr. = = *R. fennicus* × *R. obtusifolius silvester* (Samen).]
— Floristische Beiträge. ÖBZ, 74, 1925: 131—139. [Betrifft NÖ, St und Bgl. Aus NÖ Bastarde von *Rumex* (zahlreich), ferner von *Salix, Alnus, Rorippa, Euphorbia, Lythrum, Cynoglossum, Salvia, Calamintha, Lycopus, Verbascum, Dipsacus, Arctium, Potamogeton, Juncus*.]
— Über *Rumex pannonicus* Rech. usw. Repert. spec. nov., 22, 1926: 184—186. [*R. obtusifolius (silvester?)* × *R. Patientia*, NÖ, Moosbrunn u. Velm.]
— Zwei neue Hybriden. Repert. spec. nov., 22, 1926: 186—187. [*Onobrychis versurarum* Rechgr. = *O. arenaria* × *viciaefolia*, NÖ, Oberleis bei Ernstbrunn.]
Rechinger K. H. fil., Kritische Beiträge zur Flora der Ostalpen. Repert. spec. nov., 53, 1944: 114—126. [Betrifft NÖ, OÖ, St, Kt, Sb u. Ti.]
— Notizen zur Adventiv- und Ruderalflora von Wien. ÖBZ, 97, 1950: 114—123.
Redinger K., Studien zur Ökologie der Moorschlenken. Physikalisch-chemische und biologische Beobachtungen auf den Lunzer Hochmooren. Beihefte Botan. Ctrbl., 52, Abt. B, 1934: 231—309. [Auch die Blütenpflanzen der Moore werden genannt.]
Ronniger K., Floristische Mitteilungen. VZBG, 57, 1907: (22)—(24). [Neu für NÖ: *Euphorbia acuminata*.]
— Floristische Mitteilungen. VZBG, 69, 1919: (204)—(206). [Betrifft NÖ und OÖ. Aus NÖ u. a.: *Pinus engadinensis* (Wechsel, Kampstein, Gemeindealpe), *Picea alpestris* (Kampstein), *Trifolium medium* × *rubens* (Pfaffstätten), *Asperula rupicola* Jord. (Hohe Wand und Hohe Mandling).]
— Floristische Mitteilungen. VZBG, 70, 1920: (57)—(60). [Betrifft NÖ, OÖ, St u. Kt.]

Ronniger K., Ein neuer *Galium*-Bastard aus Niederösterreich. ÖBZ, 71, 1922: 49—50. [*G. schneebergense* Ronn. = *G. anisophyllum* Vill. × *G. meliodorum* Beck, Wiener Schneeberg, nächst dem Hotel Hochschneeberg.]

— Zwei bemerkenswerte floristische Funde. VZBG, 72, 1922: (108). [Betrifft NÖ u. OÖ. Neu für NÖ: *Crataemespilus grandiflora* (Sm.) Camus = *Mespilus germanica* × *Crataegus monogyna,* bei Kritzendorf.]

— Interessante Pflanzen aus Österreich. VZBG, 82, 1922: (18)—(19). [Betrifft NÖ, OÖ, St u. Sb.]

Rosenkranz Alfred, Neue Edelkastanienstandorte. Blätter für Naturkunde u. Naturschutz, 11, 1924: 148—149.

— Von der Stechpalme. Ebenda, 12, 1925: 35.

— Floristisches aus dem westlichen Niederösterreich. Ebenda, 19, 1932: 90—92. [Behandelt die Gegenden von Kaumberg, von Traisen und von Burg Hartenstein a. d. Kleinen Krems.]

Rosenkranz Friedrich, Die Edelkastanie in Niederösterreich. Blätter f. Naturkunde u. Naturschutz, 8, 1921: 68—72.

— Floristische Eindringlinge in Niederösterreich. [I.] Blätter f. Naturkunde u. Naturschutz, 10, 1923: 22—24. [Behandelt *Impatiens parviflora, Impatiens Roylei, Lathyrus Aphaca* und *Matricaria discoidea.*]

— Die Edelkastanie in Niederösterreich. [I.] ÖBZ, 72, 1923: 377—393.

— Über ein eigenartiges Vorkommen der Schwarzföhre (*Pinus nigra*) in Niederösterreich. ÖBZ, 73, 1924: 110—116. [Bei Hollenburg a. d. Donau, vielleicht ursprünglich, nordwestlichster Vorposten.]

— Floristische Eindringlinge in Niederösterreich. [II.] Blätter f. Naturkunde u. Naturschutz, 11, 1924: 82—86. [Behandelt *Elodea, Rudbeckia, Galinsoga, Erechthites* sowie die amerikanischen Arten von *Solidago* und *Erigeron.*]

— Die Esche im Wienerwald. Blätter für Naturkunde u. Naturschutz, 12, 1925: 4—5.

— Die Edelkastanie in Niederösterreich. II. ÖBZ, 74, 1925: 217—224.

— Eibe und Stechpalme in Niederösterreich. Blätter f. Naturkunde u. Naturschutz, 12, 1925: 146—147.

— Die Edelkastanie in Niederösterreich. Ebenda: 147—148.

— Die Esche (*Fraxinus excelsior*) auf den Bergen des Wienerwaldes. ÖBZ, 77, 1928: 280—284.

— Der Anninger. Eine botanische Wanderung. Führer für Lehrwanderungen und Schülerreisen, Heft 7. Wien 1929. 24 Seiten.

— Der Bisamberg und seine Umgebung. Führer für Lehrwanderungen und Schülerreisen, Heft 11. Deutscher Verlag f. Jugend u. Volk, Wien 1931. 61 Seiten.

— Die Pflanzen des Wienerwaldes. Blätter f. Naturkunde u. Naturschutz, 18, 1931: 97—107.

— Beiträge zur Kenntnis der Verbreitung atlantischer Florenelemente in Niederösterreich. ÖBZ, 82, 1933: 213—225.

— Die Eibe in Niederösterreich. ÖBZ, 83, 1934: 29—48.

— Ein Beitrag zur pflanzengeographischen Gliederung des niederösterreichischen Waldviertels. ÖBZ, 83, 1934: 273—283.

— Versuch einer Entwicklungsgeschichte der Flora Niederösterreichs seit dem Tertiär. Blätter für Naturkunde u. Naturschutz, 21, 1934: 50—55.

— Von der Schwarzföhre in Niederösterreich und ihrer wirtschaftlichen Nutzung. Blätter für Naturkunde u. Naturschutz, 23, 1936: 67—70.

— Verbreitung, Geschichte und wirtschaftliche Nutzung der Schwarzföhre (*Pinus nigra*) in Niederösterreich. Die Natur, Zeitschr. d. österr. Lehrervereines f. Naturkunde, 12, 1936: 73—81.

— Die drei niederösterreichischen Seidelbastarten. Die Natur usw., 13, 1937: 1—4.

— Die Perchtoldsdorfer Heide. Blätter f. Naturkde. usw., 24, 1937: 22—25.

— Ein Streifzug durch „Österreichisch-Marokko" [das Flugsandgebiet des Marchfeldes]. Die Natur usw., 13, 1937: 97—105.

— Vegetationszeit und Verbreitung der Rotbuche (*Fagus silvatica*) in Niederösterreich. Die Natur usw., 13, 1937: 121—124.

— Verbreitung und Blütezeit des Schneeglöckchens in Niederösterreich. Blätter f. Naturkde. usw., 25, 1938: 53—55.

— Verbreitung und Blütezeit der Stengellosen Schlüsselblume im ehemaligen Niederösterreich. Blätter f. Naturkde. usw., 27, 1940: 61—65.

— Der Rohrwald. Blätter f. Naturkde. usw., 31, 1944: 33—38.

— Die jahreszeitliche Entwicklung der Heideflora. (I.), (II) und (III). Natur und Land, 37, 1951: 96—97; 39, 1953: 16—17; 39, 1953: 39.

Rosenkranz Friedrich, Vom Naturschutzgebiet „Perchtoldsdorfer Heide". Natur und Land, 39, 1953: 64—65.
— Die Farnpflanzen Niederösterreichs. Österreichischer Lehrerverein für Naturkunde, Botanische Nachrichten. 1953. 20 Seiten.
— „Die Steppen" Niederösterreichs. Österreichischer Lehrerverein für Naturkunde, Botanische Nachrichten. 1954. 12 Seiten.
— Das Naturschutzgebiet Perchtoldsdorfer Heide im Jahr 1954. Natur und Land, 41, 1955: 64—66.
Sauberer A., Aus der unteren Lobau. Blätter f. Naturkunde u. Naturschutz, 26, 1939: 82—88.
— Die Vegetationsverhältnisse der unteren Lobau. Niederdonau, Natur und Kultur, 17. Heft. Wien 1942. 55 Seiten.
Scheffer J., siehe Degen.
Schreiner L., Fauna und Flora in den Ziegelteichen des Wiener- und Laaerberges. Blätter f. Naturkunde u. Naturschutz, 22, 1935: 109.
Schwippel K., Die Flora des Badener Berges. (Badener Bücherei III.) Baden 1893; 2. Aufl., 1895. Letzte Aufl. 1925. 16 Seiten.
Steindl J., Steppenroller im südlichen Wiener Becken. Blätter f. Naturkunde u. Naturschutz, 29, 1942: 139—141.
Strauß F., Die Lobau. Führer für Lehrwanderungen und Schülerreisen. Wien 1935. 47 Seiten.
— Verkarstung und Besiedlung durch Pflanzen. Blätter f. Naturkunde u. Naturschutz, 25, 1938: 122—124. [Behandelt den Bisamberg bei Wien.]
Stumme E., siehe Himmelbaur W., 1923.
Stummer A., siehe Himmelbaur W., 1923.
Tatár M., A pannoniai flóra endemikus fajai. Endemische Arten der pannonischen Florenprovinz. Acta Instituti paedagogici collegii Debreciniensis, Nr. 20. Debrecen 1938. 65 Seiten. [Von den Blütenpflanzen Niederösterreichs sind streng endemisch-pannonisch: *Suaeda pannonica* und *Dianthus serotinus;* subendemisch-pannonisch: *Dianthus Pontederae, Melampyrum barbatum* und *Cirsium brachycephalum;* pannonische Vikaristen: *Thalictrum minus* subsp. *pseudominus, Astragalus* (*vesicarius* subsp.) *albidus, Onosma arenaria* subsp. *tuberculata, Aster Tripolium* subsp. *pannonicus* und *Aster* (*punctatus* subsp.) *canus.*]
Tauber M., Die Schwarzföhrenwälder. Unveröff. Diss. d. philos. Fak. Univ. Wien, 1925.
Teyber A., *Oenothera Heiniana* A. Teyber (*Oe. muricata* × *Oe. biennis*). VZBG, 46, 1896: 469. [An der Donau bei Wien.]
— Neue Pflanzenstandorte aus Niederösterreich. VZBG, 47, 1897 (1898): 643—644. [Darin die Erstauffindung von *Corynephorus canescens* in NÖ.]
— Neue Pflanzenstandorte aus Niederösterreich. VZBG, 48, 1898: 674—675. [Darin: *Gypsophila paniculata* L. var. *adenopoda* Borb. et Wohlfarth bei Lassee und *Rorippa barbaraeoides* (= *R. amphibia* × *R. silvestris*) bei Angern a. d. March.]
— Beitrag zur Flora Niederösterreichs. VZBG, 50, 1900: 552—555. [Darin: *Verbascum pseudo-phlomoides* Teyber = *V. phlomoides* × *V. Lychnitis, Centaurea Hayekiana* Teyber = *C. stenolepis* Kern. × *C. extranea* G. Beck (d. i. *C. Jacea* × *nigrescens*), und *Arctium vindobonense* Teyber = *A. Lappa* × *A. minus.*]
— Beitrag zur Flora Niederösterreichs. VZBG, 51, 1901: 786—788. [Darin: *Verbascum angulosum* Teyber = *V. nigrum* × *V. speciosum* (Mayerling) und *Centaurea Matziana* Teyber = *C. angustifolia* × *C. rhenana.*]
— Interessante floristische Funde in Niederösterreich. VZBG, 52, 1902: 590—594.
— Neues aus der Flora Niederösterreichs. VZBG, 53, 1903: 564—565.
— Beitrag zur Flora Niederösterreichs. VZBG, 55, 1905: 13—17.
— Einige interessante floristische Funde aus Niederösterreich. VZBG, 56, 1906: 70—76.
— Für die Flora Niederösterreichs neue und interessante Phanerogamen. VZBG, 57, 1907: (16)—(21).
— Neue Phanerogamen der Flora Niederösterreichs. VZBG, 58, 1908: (8)—(14).
— Über interessante Pflanzen aus Niederösterreich und Dalmatien. VZBG, 59, 1909: (60)—(68).
— Beitrag zur Flora Österreichs. VZBG, 60, 1910: 252—262. [Behandelt hauptsächlich NÖ.]
— Neues aus der Flora Niederösterreichs. VZBG, 61, 1911: (104)—(108).
— Beitrag zur Flora Niederösterreichs und Dalmatiens. ÖBZ, 62, 1912: 62—65.
— Beitrag zur Flora Österreichs. ÖBZ, 63, 1913: 21—29, 486—493. [Betrifft Niederösterreich und Dalmatien.]

Tschermak L., Die Verbreitung der Rotbuche in Österreich usw. Mitteil. a. d. forstl. Versuchswesen Österreichs, Heft 41, Wien 1929: 1—121. [Der Abschnitt über Niederösterreich und Wien umfaßt Seite 37—52.]
— Die natürlich vorkommenden Holzarten am Ostrand der Alpen in Niederösterreich. Österr. Vierteljahresschr. f. Forstwesen, Wien, 81, 1931, 57—81.
— Die im Wienerwald ursprünglich natürlich vorkommenden Holzarten. Wiener Allg. Forst- und Jagdzeitung, 49, 1931: 71—72 u. 78—79.
— Die natürliche Holzartenverbreitung (mit besonderer Berücksichtigung der Lärche) und die ökologischen Bedingungen im Waldviertel und im Dunkelsteiner Wald. Centralbl. f. d. ges. Forstwesen, Wien, 58, 1932: 73—106.
— Die Schwarzkiefer in Niederösterreich. Die Landwirtschaft, Wien, 1932, Nr. 5: 110—112.
— Die Eiche in Niederösterreich. Die Landwirtschaft, Wien, 1933, Nr. 2: 27—30.
— Die natürliche Verbreitung der Lärche in den Ostalpen. Mitteil a. d. forst. Versuchswesen in Österreich, 43. Heft, 1935: 1—361. [Der Abschnitt über Niederösterreich umfaßt Seite 46—68.]
— Gliederung des Waldes der Reichsgaue Wien und Niederdonau in natürliche Wuchsbezirke. Centralbl. f. d. ges. Forstwesen, Wien, 66, 1940: 25—35.
Uhlmann J., Die Pflanzengesellschaften auf dem Westabhang des Bisamberges und ihre Abhängigkeit von der Bodengestalt. Unveröff. Diss. d. philos. Fak. Univ. Wien, 1938.
Vetter J., Zwei neue *Carex*-Bastarde aus Tirol und neue Standorte. VZBG, 57, 1907: (234)—(244). [Neue Standorte aus NÖ: Seite (241)—(244).]
— Beiträge zur Flora von Niederösterreich, Tirol und Kärnten. VZBG, 58, 1908: (190)—(197).
— Neue Pflanzenhybriden, neue Formen und neue Standorte. VZBG, 65, 1915: (146)—(168). [Betrifft NÖ, St, Kt, Ti u. Vb. Besonders *Festuca:* (148)—(155).]
— Neue *Festuca*-Hybriden. VZBG, 66, 1916 (1917): (123)—(133). [Alle in NÖ.]
— Neue *Festuca*-Hybriden, neue Standorte. VZBG, 67, 1917: (171)—(187). [Betrifft hauptsächlich NÖ, nur wenig St.]
— Neue Pflanzenfunde aus Niederösterreich und Tirol. VZBG, 72, 1922: 110—121.
Vierhapper F. (junior), Neue Pflanzenstandorte aus Niederösterreich und Salzburg. VZBG, 52, 1902: 72—73.
— Neue Pflanzen-Hybriden. 1.*Danthonia breviaristata* Beck (*Danthonia calycina* Vill. × × *Sieglingia decumbens* [L.] Bernh.). ÖBZ, 53, 1903: 225—231, 275—280.
— Floristische Mitteilungen. VZBG, 64, 1914: (70)—(76). [Betrifft NÖ (Waldviertel und Voralpen), St (Raxalpe) und Sb (Lungau). *Polystichum Luerssenii* (Dörfl.) Vierh. (*P. lobatum* × *P. Braunii*) aus der Aspanger Klause.]
— Vegetationsskizzen aus dem nordwestlichen Waldviertel. VZBG, 66, 1916 (1917): (134)—(137).
— Die weiteren Aufgaben der floristischen Durchforschung Niederösterreichs. Blätter f. Naturkunde u. Naturschutz, 9, 1922: 17—28.
— Die Grenzen der pannonischen Vegetation in Niederösterreich (Vortrag). Monatsblätter des Vereines f. Landeskunde von Niederösterreich, 21, 1922: 33—34.
— Die Pflanzendecke Niederösterreichs. (Heimatkunde von Niederösterreich, Heft 6.) Wien 1923. 63 Seiten.
— Die Pflanzendecke des Waldviertels. In: „Das Waldviertel“, 1925: 77—115.
— Über die Gliederung und Geschichte der Pflanzendecke des niederösterreichischen Alpenlandes. „Aus der Ostmark“, Festschrift d. D. u. Ö. Alpenvereins, 1927: 136—153.
Wagner H., Die Trockenrasengesellschaften am Alpenostrand. Denkschr. Akad. Wiss. Wien, m.-n. Kl., 104: 1—81. Wien 1941.
— Naturschutz und Kulturmaßnahmen in der „feuchten Ebene“ des Wiener Beckens. Natur und Land, 34, 1947: 87—94.
— Das Molinietum coeruleae (Pfeifengraswiese) im Wiener Becken. Vegetatio, Acta geobotanica, 2, 1949 (1950): 128—165.
— Die Vegetationsverhältnisse der Donauniederung des Machlandes. 5. Mitteilg. des Bundesversuchsinstitutes für Kulturtechnik in Petzenkirchen, NÖ. Wien 1950. 32 Seiten.
Walz R., Zur Flora des Leithagebirges. VZBG, 40, 1890: 549—570.
Wendelberger G., Veränderungen in der Pflanzenwelt des Wiener Praters. Blätter f. Naturkunde u. Naturschutz, 23, 1936: 150—152.
— Zur Verbreitung von *Najas marina* L. in Niederösterreich. Arbeiten der Botan. Station in Hallstatt. Nr. 86. Festschrift Karl Ronniger, 1949. 2 Seiten.

W e n d e l b e r g e r G., Das neue Naturschutzgebiet des ÖNB [d. i. Österreichischen Naturschutzbundes] in Moosbrunn. Natur u. Land, 38, 1952: 40—41.
— Die Trockenrasen im Naturschutzgebiet auf der Perchtoldsdorfer Heide bei Wien. Angewandte Pflanzensoziologie, Heft 9. Wien 1953. 52 Seiten.
— Steppen, Trockenrasen und Wälder des pannonischen Raumes. Angewandte Pflanzensoziologie, Festschrift Aichinger, 1954: 575—634.
W e n d e l b e r g e r - Z e l i n k a E., Die Vegetation der Donauauen bei Wallsee. Eine soziologische Studie aus dem Machland. Schriftenreihe der OÖ. Landesbaudirektion, Nr. 11, Wels 1952. 196 Seiten. — Siehe auch Z e l i n k a E.
W e r n e c k - W i l l i n g r a i n H. L. v., Die naturgesetzlichen Grundlagen des Pflanzen- und Waldbaues in Niederösterreich. (Forschungen zur Landeskunde von Niederösterreich, Bd. 7.) Wien 1953. 332 Seiten.
— Der Formenkreis der bodenständigen Wildnuß in Ober- und Niederösterreich. VZBG, 93, 1953: 112—119.
W e r n e r L. und O n n o M., Über einige Eibenvorkommen in der Umgebung des Ybbstales (Niederdonau). Zentralbl. f. d. ges. Forstwesen, 65, 1939: 138—154.
W e t t s t e i n Fritz v., Floristische Mitteilungen aus den Alpen. ÖBZ, 68, 1919: 293 bis 296. [Darin auch: *Pinguicula hybrida* Fr. Wettst. = *P. vulgaris* × *P. alpina*, von Moosbrunn, NÖ.]
W i l h e l m K., Über ein neues Vorkommen von *Najas marina* L. in Niederösterreich. VZBG, 59, 1909: (57)—(59). [„Alte Donau" bei Wien.]
W i t l a c z i l E., Praterbuch. Ein Führer zur Beobachtung des Naturlebens. Wien 1897. 147 Seiten. — Zweite Aufl. Wien 1926. 154 Seiten.
W o l f e r t A., Zur Vegetationsform der Ufer, Sümpfe und Wässer der niederösterreichisch-ungarischen March. VZBG, 65, 1915: 47—69.
Z e d e r b a u e r E., Exkursion in die niederösterreichischen Alpen und in das Donautal. Führer zu den wissenschaftl. Exkursionen des II. internat. Botan. Kongresses, Wien 1905. IV. 16 Seiten.
Z e l i n k a E., Ein seltener Fund in einem Auweiher bei Wallsee. Natur u. Land, 36, 1950: 104—105. [*Hottonia palustris* L.]
— 1952, siehe W e n d e l b e r g e r - Z e l i n k a E.
Z e r m a n n Ch. A., Beitrag zur Flora von Melk. I., II. u. III. Teil. Jahresberichte des Stiftsgymnasiums Melk, 1893, 1894 u. 1895.
— Flora von Melk. Ebenda, 1897—1899.

Oberösterreich

Zusammengestellt unter Mitarbeit von Herbert S c h m i d (Linz).

A. L a n d e s f l o r e n u n d e i n i g e ä l t e r e O r t s f l o r e n.

S a i l e r F. S., Die Flora Oberösterreichs. Linz 1841. 2 Bände. I: XLVIII u. 348 S.; II: XLIV u. 361 S.
— Flora der Linzer Gegend und des oberen und unteren Mühlviertels in Oberösterreich. Linz 1844. 54 Seiten.
B r i t t i n g e r Ch., Flora von Ober-Oesterreich. VZBG, 12, 1862, Abh.: 977—1140.
H o f s t ä d t e r G., Vegetations-Verhältnisse von Kremsmünster und Umgebung. Jahresbericht des Obergymnasiums Kremsmünster. Linz 1862. 34 Seiten. [Behandelt 755 Arten.]
B a y e r J. N., Botanisches Exkursionsbuch für das Erzherzogthum Oesterreich ob und unter der Enns. Wien 1869. 333 Seiten.
D u f t s c h m i d J., Die Flora von Oberösterreich. Linz 1870 ff., 1876 ff., 1883, 1885. 4 Bände: 354 S., 246 S., 455 S., 346 S.
Ungenannt [R a u s c h e r R. u. a.], Aufzählung der in der Umgebung von Linz wildwachsenden oder im Freien gebauten blütentragenden Gefäß-Pflanzen, herausgegeben vom Vereine für Naturkunde in Österreich ob der Enns. 1. Abteilung, im 2. Jahresber. d. Ver. f. Naturk. in Österr. ob der Enns, Linz 1871, 43 Seiten; 2. Abt., im 3. Jahresber. usw., Linz 1872, 83 Seiten.
M i k J., Beitrag zu einer Phanerogamenflora von Freistadt. Freistadt 1871. 128 Seiten.
Ungenannt, Enumeratio der um Wels in Oberösterreich wildwachsenden Gefäßpflanzen und ihrer Standorte. Bearbeitet von einigen Freunden der Pflanzenkunde. Wien 1871. Faksimiledruck 1942, 81 Seiten. Mit Bemerkungen von J. R o h r h o f e r, 14 Seiten.
P o e t s c h J. S. und S c h i e d e r m a y e r K. (C.) B., Systematische Aufzählung der im Erzherzogthume Oesterreich ob der Enns bisher beobachteten samenlosen Pflanzen

(Kryptogamen). Wien 1872. 384 Seiten [Enthält auf Seite 366—378 die Pteridophyten, welche bei Duftschmid nicht behandelt sind.]

Schiedermayer C. B., Nachträge zu vorstehendem Werk. Wien 1894. 216 Seiten. [Die Pteridophyten sind auf Seite 197—206 behandelt.]

Guppenberger L., Anleitung zur Bestimmung der Arten der in Kremsmünster und Umgebung wildwachsenden und allgemein kultivirten Pflanzen. Linz 1874. 182 Seiten

Wastler F., Die phanerogamen Gefäßpflanzen des Vegetationsgebietes von Linz. Jahresb. d. Oberrealschule Linz, 1878: 1—64; 1881: 1—60.

Schwab F., Floristische Verhältnisse von St. Florian in Oberösterreich. XIII. Jahresber. d. Ver. f. Naturkunde Linz, 1883: 1—58.

Dörfler I., Berichte über Oberösterreich in der stehenden Rubrik „Flora von Österreich-Ungarn" in ÖBZ, 39, 1889 bis 42, 1892. — Näheres siehe unten.

Ritzberger E., Prodromus einer Flora von Oberösterreich. 34.—37. Jahresbericht d. Vereins f. Naturkunde in Österreich ob der Enns. Linz 1905—1908. I. Teil: 363 Seiten; II. Teil: 202 Seiten. [Unvollständig. Nur die Pteridophyten, Gymnospermen, Monokotyledonen, Apetalen und der Beginn der Dialypetalen (Nymphaeaceen, Ceratophyllaceen).]

B. Neuere floristische Arbeiten.

Abel O., Über einige Ophrydeen. VZBG, 48, 1898: 306—311. [Behandelt *Ophrys arachnites* nova forma *orgyifera* und *Ophrys arachnitiformis* Gren. et Phil. = *O. aranifera* × *arachnites,* beide aus der Umgebung von Wels.]

Baschant R., Ruderalflächen und deren Pflanzen in und um Linz. Naturkundliches Jahrbuch der Stadt Linz 1955: 253—261.

Berndl R., Beiträge zur Flora des Kasbergs (1743 m). Botanische Studien auf einer Wanderung von Grünau über den Kasberg nach Steyrling. I. u. II. Teil. 64. u. 65. Jahresbericht des Museum Francisco-Carolinum. Linz 1906 u. 1907. 30 S. bzw. 48 S.

— Die alpine Flora im Tießenbachtal bei Scharnstein. In: 37. Jahresbericht des Vereines für Naturkunde in Österreich ob der Enns. Linz 1908. 36 Seiten.

Dalla Torre K. W. v., Ein kleiner, historisch-kritischer Beitrag zur Flora von Oberösterreich. VZBG, 49, 1899: 430—431.

Dörfler I., Zur Flora von Ober-Oesterreich. ÖBZ, 39, 1889: 155—156, 232—233, 272 bis 275; 40, 1890: 239—242, 457—461; 41, 1891: 242—246; 42, 1892: 281—285. — Siehe auch unter Landesfloren.

— Beitrag zur Flora von Oberösterreich. VZBG, 40, 1890, Abh. 591—610.

Duftschmid J., siehe unter Landesfloren.

Dürrnberger A., Weitere Beiträge zur Rosenflora von Oberösterreich. Jahrb. d. Mus. Franc. Carol. Linz, 1893: 1—64.

Gams H., Das Ibmer Moos. Jahrbuch des Oberösterreichischen Musealvereines, 92, Linz 1947: 289—338. — Ergänzungen und Berichtigungen dazu. Ebenda, 94, Linz 1949: 259—260.

Gams H. und Morton F. v., siehe Morton 1925.

Handel-Mazzetti Heinrich, Floristische Notizen. VZBG, 52, 1902: 409—411. [Betrifft NÖ, OÖ, St, Kt, Sb.]

Haselberger M., siehe Wiesbaur J. B.

Hayek A. v., Pflanzen aus Oberösterreich. VZBG, 49, 1899: 267—268.

Herget F., Die Vegetationsverhältnisse des Damberges bei Steyr. 35. Jahresbericht der k. k. Staats-Oberrealschule in Steyr. 1905. Seite 3—41.

— Die Vegetations-Verhältnisse einiger oberösterreichischer Kalkberge, die von Steyr aus häufig besucht werden. 40. Jahresbericht der k. k. Staats-Oberrealschule in Steyr. 1910. Seite 3—37.

Hinterhuber R., Die Flora des Schafberges bei St. Wolfgang. Jahrb. d. Mus. Franc. Carol. Linz, 1878: 1—8.

Hintröcker J., Schloß Neuhaus mit seiner nächsten Umgebung usw. Jahrb. d. Mus. Franc. Carol. Linz, 1863: 91—116. [Davon 8 Seiten botanischen Inhaltes.]

Hödl C., Beiträge zur Erforschung der Flora von Stadt Steyr und Umgebung. VIII. Jahresbericht d. Vereines für Naturkunde Linz, 1877. 17 Seiten.

Hormuzaki C., Conspectus specierum et varietatum generis *Rubus* L. circum Ischl (Austria superiore) hucusque observatorum. Memoriile secţ. ştiint. Acad. Roman., ser. III, tom. 2, 1925: 273—316.

Hufnagl H., Der geologische Untergrund als Komponente des forstlichen Standorts. Jahrbuch des o. ö. Musealvereines Linz. 93. Bd., 1948: 275—283. [Als pflanzensoziologische Studie auch botanisch wertvoll.]
— Die Waldstufenkartierung in Oberösterreich. Zentralbl. f. d. gesamte Forstwesen, 73, 1954, Heft 3: 132—148.
— Die Waldtypen am Nordhang des Toten Gebirges und ihre Stellung im Entwicklungsgang. Angewandte Pflanzensoziologie, Festschrift Aichinger, 1954: 881—900.
Keller L., Beiträge zur Umgebungsflora von Windisch-Garsten. VZBG, 48, 1898: 312—319.
Kriechbaum E., Innviertler Landschaften. 1. Das Ibmer Moor. Braunau a. Inn 1935. 16 Seiten.
Lämmermayr L., Kreidenluke im Kleinen Priel bei Hinterstoder (Oberösterreich). In: Die grüne Pflanzenwelt der Höhlen, I. Teil. Denkschr. Akad. Wiss. Wien, m.-n. Kl., 87, 1911, Seite 12—13.
Leeder Fr., Eine bemerkenswerte Form von *Euphorbia amygdaloides*. Repert. spec. nov., 35, 1934: 106. [forma *aestivalis* Leeder, Windisch-Garsten, OÖ.]
Morton F. v., Über die Auffindung einer Höhlenform der gemeinen Hirschzunge (*Phyllitis scolopendrium* [L.] Newman) im Dachsteingebiete. Botan. Jahrb. f. Syst., 55, Beiblatt Nr. 121, 1917: 1—6. [forma *cavernarum* Schiffner et Morton.]
— Beiträge zur Höhlenflora von Oberösterreich. 80. Jahresbericht des Oberösterreichischen Musealvereines, Linz 1924: 295—302.
— und Gams H., Höhlenpflanzen. Speläologische Monographien, Bd. 5, 1925. 227 Seiten, reich bebildert*).
— Ökologie der assimilierenden Höhlenpflanzen. Fortschr. d. naturwiss. Forschg., Wien, 12, Heft 3, 1926: 153—234*).
— Pflanzengeographische Skizzen. Botan. Archiv, 15, 1926: 293—298. [Behandelt vor allem Wälder und eine Wiese bei Hallstatt.]
— Beiträge zur Kenntnis der Flora des oberösterreichischen Salzkammergutes. ÖBZ, 75, 1926: 229—231.
— Beiträge zur Soziologie ostalpiner Wälder. I. Die Waldtypen am Nordhange des Dachsteinstockes. Botan. Archiv, 19, 1927: 361—379.
— Pflanzensoziologische Aufnahmen aus Oberösterreich. Botan. Archiv. 24, 1929: 444 bis 457. [Die 13 Aufnahmen stammen größtenteils aus dem Dachsteingebiet.]
— Pflanzensoziologische Untersuchungen im Gebiete des Dachsteinmassivs, Sarsteins und Höllengebirges. Repert. spec. nov., Beihefte, Bd. 71, 1933: 1—33.
— Eine submerse Dauerform von *Potamogeton natans* im Hallstätter See. Archiv f. Hydrobiol., 25, 1933: 66—67.
— Quellen in Hallstatt und ihre Pflanzengesellschaften. 1. bis 4. Mitt. Archiv f. Hydrobiol., 38, 1941: 98—105; 38, 1941: 454—458; 39, 1942: 353—361; 42, 1949: 369—373. [Es werden auch alle an jeder Quelle vorkommenden Blütenpflanzen berücksichtigt.]
— Weitere Beiträge zur Pflanzengeographie des Dachsteingebietes. Mitteil. d. Deutsch. Dendrolog. Ges., 55, 1942: 124—138.
— Südexponierte Hänge am Altausseer- und Wolfgangsee usw. Arbeiten a. d. Botan. Station in Hallstatt, Nr. 67, 1947. 13 Seiten.
— Hochgipfelfloren aus dem Dachsteingebiet. Ebenda, Nr. 68, 1947. 5 Seiten.
— Wiesen im Salzkammergut. 1. und 2. Mitt. Ebenda, Nr. 71 u. Nr. 76. 1947. 10 und 8 Seiten.
— Alpine Pflanzengesellschaften auf Kalkschutt; Schneebodengesellschaften; alpine Wiesen- und Zwergstrauchgesellschaften. Ebenda, Nr. 72, 1947. 23 Seiten.
— Über das Vorkommen von *Juniperus Sabina* L. im Salzkammergut. Ebenda, Nr. 77, 1947; Nr. 86, 1948; Nr. 96, 1950. [Siehe auch 1941 und 1952.]
— Bemerkenswerte Pflanzenfunde im Salzkammergut usw. Ebenda, Nr. 62, 1948; Nr. 88, 1949; Nr. 110, 1950; 4 u. 4 u. 3 Seiten.
— Über das Vorkommen von *Euphorbia austriaca* Kerner im Salzkammergute. Ebenda, Nr. 112, 1950. 6 Seiten.
— *Isopyrum thalictroides* L. im Salzkammergute. Ebenda, Nr. 114, 1950. 2 Seiten.
— *Juniperus Sabina* L. im Salzkammergut. Jahrb. d. Oberösterr. Musealvereines, Linz, 97, 1952: 215—222.

*) Zahlreiche kleinere Arbeiten Mortons über Höhlenpflanzen aus den Jahren 1925 bis 1929 und eine aus 1948 wurden aus Raumrücksichten in das vorliegende Verzeichnis nicht mit aufgenommen.

Morton F. v., Der *Taxus*-Bestand in Solbach bei Goisern. Arbeiten aus der Botan. Station in Hallstatt, Nr. 134, 1952. 2 Seiten.
— Die Pflanzengesellschaften an den Ufern des Traunsees. I. u. II. Teil. Arbeiten a. d. Botan. Station in Hallstatt, Nr. 136 und Nr. 144. 1952 und 1954. 35 und 130 Seiten.
— Bemerkenswerte Pflanzenfunde im Salzkammergute in den Jahren 1951 und 1952. Arbeiten a. d. Botan. Station in Hallstatt, Nr. 138. 1952. 5 Seiten.
— Die Auffindung von *Telekia speciosa* (Schreb.) Baumg. im Dachsteingebirge. Jahrb. d. Oberösterr. Musealvereines, Linz, 98, 1953: 241—244. [Der Standort ist ursprünglich!]
— Das Vorkommen von *Myosotis palustris* L. forma *submerse-florens* mihi im Traunsee (Oberösterreich). Archiv für Hydrobiologie, 49, 1954: 335—348.
— Über das Vorkommen der *Iris sibirica* im Salzkammergute. Angewandte Pflanzensoziologie, Festschrift Aichinger, 1954: 667—673.
Murr J., Zur Ruderalflora von Oberösterreich. Deutsche botan. Monatsschr., 12, 1894: 63—67.
— Zur Ruderalflora von Oberösterreich. II. Allg. Botan. Zeitschr., 1895: 140.
— Beiträge zur Flora von Oberösterreich. Deutsche botan. Monatsschr., 15, 1897: 45—48.
— Zwei seltene Formen aus Oberösterreich. Deutsche botan. Monatsschr., 15, 1897: 199—200.
— Nachtrag zur Flora von Ober- und Niederösterreich. Allg. Botan. Zeitschr., 4, 1898: 80—81, 96—97.
— Die Piloselloiden Oberösterreichs. ÖBZ, 48, 1898: 258—265, 343—346, 397—404.
— Einiges Neue aus Steiermark, Tirol und Oberösterreich. Allg. Botan. Zeitschr., 5, 1899, 23—24, 41—42, 58—61.
— Die hybriden Cirsien Oberösterreichs. Allg. Botan. Zeitschr., 5, 1899: 105—109.
Neumayer H., Floristisches aus den Nordostalpen und deren Vorlanden. VZBG, 73, 1923 (1924): (211)—(222). [Betrifft Bgl, NÖ und OÖ.]
— Floristisches aus Österreich usw., VZBG, 79, 1929: 336—411.
Oborny A., Zur Flora von Ober-Oesterreich. ÖBZ, 39, 1889: 273.
Onno M., Ein Flachmoor als Lebensgemeinschaft. Blätter für Naturkunde u. Naturschutz, 23, 1936: 133—135. [Behandelt das Irrsee-Flachmoor. Vgl. Steinbach H.]
Pehersdorfer A., Beitrag zur Rosenflora im Gebiete des Mittellaufes der Enns in Oberösterreich. Deutsche botan. Monatschr., 15, 1897: 171—173.
— Die Orchideen des Bezirkes Steyr in Oberösterreich und seiner Umgebung. Deutsche botan. Monatschr., 21, 1903: 143—146.
— Kleine Auslese der interessantesten Pflanzen aus der Flora von Steyr usw. Der Alpenbote. Steyr 1907. 21 Seiten.
Poetsch S., siehe unter Landesfloren.
Rauscher R., 1871, siehe unter Landesfloren.
Rechinger K. pater, Standorte seltenerer Pflanzen aus Österreich. Allg. Botan. Zeitschr., 19, 1913: 113—115, 129—132, 150—153, 167—168; 20, 1914: 17—23. [Betrifft NÖ, OÖ, Kt und Bgl.]
Rechinger K. H. fil., Kritische Beiträge zur Flora der Ostalpen. Repert. spec. nov., 53, 1944: 114—126. [Betrifft NÖ, OÖ, St, Kt, Sb und Ti.]
Ritzberger E., siehe unter Landesfloren.
Rohrhofer J., Der Buchsbaum im oberösterreichischen Ennstal. ÖBZ, 83, 1934: 1—16.
— Die Schachblume in Oberösterreich ausgerottet. Blätter f. Naturkde. u. Naturschutz, 21, 1934: 100.
— Vernichtung von Mannstreu auf der Welser Heide. Blätter f. Naturkde. u. Naturschutz, 21, 1934: 102—103.
— Vorkommen der rostroten Alpenrose im oberösterreichischen Kalkgebirge. Blätter f. Naturkde. u. Naturschutz, 23, 1936: 116.
— Die Eichenmistel kommt auch in Oberdonau vor. Blätter f. Naturkde. u. Naturschutz, 26, 1939: 60—61. [Bei Pasching südwestl. v. Linz.]
— Der Siebenstern (*Trientalis europaea* L.) in den oberösterreichischen Kalkalpen. Natur und Land, 33/34, 1947: 144—147.
— siehe auch: Ungenannt, Enumeratio usw., unter Landesfloren.
Ronniger K., Floristische Mitteilungen. VZBG, 69, 1919: (204)—(206). [Betrifft NÖ u. OÖ. Aus OÖ: *Festuca stenantha* (Traunstein) u. a.]
— Floristische Mitteilungen. VZBG, 70, 1920: (57)—(60). [Betrifft NÖ, OÖ, St, Kt.]
— Zwei bemerkenswerte floristische Funde. VZBG, 72, 1922: (108). [Betrifft NÖ u. OÖ. Neu für OÖ: *Sorbus Mougeoti* subsp. *austriaca* (Beck) C. Schneid. vom Traunstein.]

Ronniger K., Floristische Mitteilungen aus dem Salzkammergute. VZBG, 73, 1923 (1924): (211) bis (222).
— Interessante Pflanzen aus Österreich. VZBG, 82, 1932: (18)—(19). [Betrifft NÖ, OÖ, St und Sb.]
Ruttner A., Die Pflanzenwelt des Großraumes von Linz vor 100 Jahren. 1. Teil. Naturkundliches Jahrbuch der Stadt Linz, 1955: 127—169.
— Desgl., 2. Teil. Ebenda, 1956: 157—220.
Schiedermayer K. B., siehe Poetsch S., unter Landesfloren.
Schott A., Die Torfmoorflora des oberen Greinerwaldes. Allg. Botan. Zeitschr., 1896: 148—150, 167—169.
Spreitzenhofer G. C., Botanische Erinnerungen an Mondsee. ÖBZ, 20, 1870: 55—58. [Bei Mondsee u. a. *Epipactis palustris*. Betrifft sonst hauptsächlich den Schafberg, also salzburgisches Gebiet.]
Steinbach H., Die Vegetationsverhältnisse des Irrseebeckens. Jahrbuch d. Oberösterr. Musealvereines, 83, 1930: 247—338.
Steininger H., Flora der Bodenwies [Berg südwestl. von Klein-Reifling]. Ein Beitrag zur Flora von Oberösterreich. ÖBZ, 31, 1881: 138—141, 181—187.
— Eine Exkursion auf den Pyrgas. ÖBZ, 32, 1882: 85—89.
Sterneck J. v., *Alectorolophus patulus* n. sp. ÖBZ, 47, 1897: 433—436. [Die spätblühende Rasse von *Rhinanthus Alectorolophus*.]
Stockhammer G., Das Überschwemmungsgebiet Kronau bei Enns, Oberösterreich. Eine pflanzensoziologische Studie. Naturkundliches Jahrbuch der Stadt Linz, 1955: 227—251, bebildert.
Topitz A., Oberösterreichische Menthen. In: 37. Jahresbericht des Vereines f. Naturkde. in Österreich ob der Enns. Linz 1908. 40 Seiten.
Tschermak L., Gliederung des Waldes von Salzburg und Oberdonau in natürliche Wuchsbezirke. Centralbl. f. d. gesamte Forstwesen, 66, 1940: 73—87.
Ullepitsch J., Der Dreisesselberg. ÖBZ, 32, 1882: 225—229.
Urban E., Über einige Vorkommnisse in der Gegend von Freistadt in botanischer, zoologischer und geologischer Hinsicht. VI. Jahresbericht d. Vereines f. Naturkunde Linz, 1875: 53—54.
— Phaenologische Notizen aus Freistadt in Ober-Oesterreich, Jahr 1876. VIII. Jahresbericht d. Ver. f. Naturkunde Linz, 1877: 1—16.
Vierhapper F. senior, Prodromus einer Flora des Innkreises in Oberösterreich. I. bis V. Teil. Jahresberichte des k. k. Staatsgymnasiums in Ried, 1885—1889. 37 + 35 + 37 + 30 + 31 Seiten.
Vierhapper F. junior, Zur Flora von Ober-Oesterreich. ÖBZ, 39, 1889: 342.
— Pflanzen aus Oberösterreich. VZBG, 49, 1899: 267—268.
Wagner H., Die Flachufer des Traunsees. Eine pflanzensoziologische Studie aus dem Salzkammergut. Natur und Land, 40, 1954: 101—102.
Watzl B., Beiträge zur Kenntnis der Flora des Attergaues. VZBG, 86/87, 1936/37 (1937): 148—176.
— Beiträge zur Kenntnis der Flora des Höllengebirges. VZBG, 90/91, 1940/41 (1944): 34—65.
Wendelberger-Zelinka E., Die Vegetation der Donauauen bei Wallsee. Eine soziologische Studie aus dem Machland. Schriftenreihe der OÖ. Landesbaudirektion, Nr. 11. Wels 1952. 196 Seiten.
Werneck-Willingrain H. L. v., Die naturgesetzlichen Grundlagen der Land- und Forstwirtschaft in Oberösterreich. Versuch einer Pflanzengeographie und Ökologie. Jahrbuch d. Oberösterr. Musealvereines, 86, Linz 1935: 165—440.
— Der Kleeteufel (*Orobanche minor* Sm.) in Oberösterreich usw. Neuheiten auf dem Gebiete des Pflanzenschutzes, Wien, 29, 1936: 226—227.
— Der Formenkreis der *Avena strigosa* Schreb. in Oberösterreich. — Arbeiten aus der Botan. Station in Hallstatt, Nr. 84 (Festschrift Martin Rikli), 1948: 31—32.
— Die senfblättrige Zackenschote (*Bunias Erucago* L.) als bodenständiges Ackerunkraut in Oberösterreich. Arbeiten der Botan. Station in Hallstatt, Nr. 86, Festschrift Karl Ronniger, 1949. 2 Seiten.
— Das Verbreitungsgebiet des europäischen Erdbrotes (*Cyclamen europaeum* L.) in Oberösterreich. Arbeiten a. d. Botan. Station in Hallstatt Nr. 104. Festschrift „25 Jahre Botanische Station usw.“, 1950, Nr. 14. 2 Seiten.
— Die Formenkreise der bodenständigen Wildnuß in Ober- und Niederösterreich. VZBG, 93, 1953: 112—119.

Wiesbaur J. B., Zwei für Oberösterreich neue Veilchen. ÖBZ, 27, 1877: 149—153.
— Zur Verbreitung der *Veronica agrestis* in Oberösterreich. Deutsche Botan. Monatsschrift, 6, 1888: 127—128.
— Das Vorkommen des echten Ackerehrenpreises (*Veronica agrestis* L.) in Oberösterreich. In: 21. Jahresbericht d. Vereines für Naturkunde in Österreich ob der Enns. Linz 1892. 31 Seiten. [Eingehende Besprechung des ganzen Verwandtschaftskreises.]
— und Haselberger M., Beiträge zur Rosenflora von Oberösterreich, Salzburg und Böhmen. 49. Bericht über das Museum Francisco-Carolinum, Linz 1891: I—VI und 1—40.

Die Jahrbücher des o. ö. Musealvereines enthalten in den Tätigkeitsberichten der botanischen Arbeitsgemeinschaft häufig Mitteilungen über Neufunde von Pflanzen in Oberösterreich.

Steiermark

A. Landesfloren und einige ältere Ortsfloren.

Sartori F., Specimen nomenclatoris plantarum phanerogamicarum in Styria sponte crescentium. Viennae 1808. 107 Seiten.
Gebhard J. N., Verzeichnis der auf meinen Reisen durch und in der Steiermark selbst beobachteten Pflanzen. Grätz 1821. 308 Seiten.
Maly J. K., Flora Styriaca. Grätz 1838. 159 Seiten.
— Flora von Steiermark. Wien 1868. 303 Seiten.
Weymayr Th., Die Gefäßpflanzen der Umgebung von Graz. Jahresber. d. Ober-Gymn. Graz, 1867: 1—49.
— Nachträge dazu. Jahresber. d. Ober-Gymn. Graz, 1868: 27—29.
Murmann O. A., Beiträge zur Pflanzengeographie der Steiermark. Wien 1874. 224 Seiten.
Strobl G., Flora von Admont. Wien 1881 u. 1882 (Jahresberichte des Gynasiums Melk). 78 und 96 Seiten.
Hayek A. v., Flora von Steiermark. I. Berlin 1908—1911. 1271 Seiten. II/1. Berlin 1911 bis 1914. 865 Seiten. [Unvollendet. — Es fehlen die Monokotyledonen. Das Manuskript dazu aus dem Nachlasse des Verfassers befindet sich gegenwärtig im Druck.]
Siehe auch: Hayek, Literatur usw. 1896 bis 1901 (1903), ferner 1911 ff.

B. Neuere floristische Arbeiten.

Andreánszky G. v., Ein Bastard zwischen *Veronica alpina* L. und *V. bellidioides* L. aus den Ostalpen (*V. sekkauensis*). Borbásia, 1, 1939: 105—107. [Älterer Name: *V. mixta* Klášterský.]
— Bemerkungen zur Flora der Ostalpen. Botan. Közlemények, 38, 1941: 38—47. [Betrifft St u. Kt (Sekkauer Zinken, Zirbitzkogel, Koralpe).]
Beck G. v., *Pinguicula norica,* eine neue Art aus den Ostalpen. ÖBZ, 62, 1912: 41—47. [Pyrghas-Gatterl zw. Admont u. Spital a. Pyhrn, St, nahe der OÖ-Grenze.]
Dolenz V. und Fritsch K., Bericht über die floristische Erforschung von Steiermark im Jahre 1909. Mitteil. Naturw. Ver. f. Stmk., 46, 1909 (1910): 479—482. — Desgleichen im Jahre 1910. Ebenda, 47, 1910 (1911): 380—389.
Dörfler I., Über Farbenspielarten von Gentianen. VZBG, 47, 1897: 112—113. [Behandelt bes. *Gentiana pannonica* Scop. var. *Ronnigeri* Dörfler aus Obersteiermark.]
Eberwein R. und Hayek A. v., Vorarbeiten zu einer pflanzengeographischen Karte Österreichs. I. Die Vegetationsverhältnisse von Schladming in Obersteiermark. Abhandl. ZBG, Bd. II, Heft 3. Wien 1904. 28 Seiten.
Eckmüllner O. und Schwarz G., Die Waldstufen in der Steiermark. Angewandte Pflanzensoziologie, Festschrift Aichinger, 1954: 802—823.
Eggler J., Die Pflanzengesellschaften der Umgebung von Graz. Repert. spec. nov., Beihefte, Band 73, 1933. 216 Seiten.
— Bericht ... über die Verbreitung von *Erythronium dens canis* L., *Castanea sativa* Mill. und *Primula vulgaris* Huds. Mitteil. Naturw. Ver. f. Stmk., 66, 1929 (1930): 96—103.
— Arealtypen in der Flora und Vegetation der Umgebung von Graz. Mitteil. Naturw. Ver. f. Stmk., 71, 1934 (1935): 18—32.
— In Graz und Umgebung gepflanzte Nadelhölzer. Mitteil. Naturw. Ver. f. Stmk., 75, 1939: 17—30.

Eggler J., Flaumeichenbestände bei Graz. Beihefte Botan. Ctrbl., 61, Abt. B, 1941: 261—316.
— Walduntersuchungen in Mittelsteiermark (Eichen- und Föhren-Mischwälder). Mitteil. Naturw. Ver. f. Stmk., 79/80, 1951: 8—101.
— Die Pflanzendecke des Schöckels. Herausgeg. v. Landesmus. Joanneum, Graz, 1952. 78 Seiten, mit 11 Vegetationstabellen usw.
— Vegetationsaufnahmen und Bodenuntersuchungen von den Serpentingebieten bei Kirchdorf in Steiermark und bei Bernstein im Burgenland. Mitteil. Naturw. Ver. f. Stmk., 84, 1954: 25—37.
— Ein Beitrag zur Serpentinvegetation in der Gulsen bei Kraubath in Obersteiermark. Mitteil. Naturwiss. Ver. f. Stmk., 85, 1955: 27—72.
Favarger L. und Rechinger K., Vorarbeiten zu einer pflanzengeographischen Karte Österreichs. III. Die Vegetationsverhältnisse von Aussee in Obersteiermark. Abhandl. ZBG, Bd. III, Heft 2. Wien 1905. 35 Seiten.
Franz H. und Klimesch J., Das Pürgschachenmoor im steirischen Ennstal. Natur und Land, 33/34, 1947: 128—136.
Freyn J., Zur Flora von Ober-Steiermark. ÖBZ, 48, 1898: 178—182, 224—226, 247—251, 307—313.
— Weitere Beiträge zur Flora von Steiermark. ÖBZ, 50, 1900: 320—337, 370—380, 401 bis 408, 426—447.
Fritsch K., Floristische Notizen. I. *Phacelia tanacetifolia* Benth. in Kärnten und Steiermark. ÖBZ, 53, 1903: 405—406.
— Notizen über Phanerogamen der steiermärkischen Flora. II. Die Hopfenbuche, ihre Nomenklatur und ihre Verbreitung in Steiermark. Mitteil. Naturw. Ver. f. Stmk., 41, 1904 (1905): 102—107.
— Notizen über Phanerogamen der steiermärkischen Flora. III. *Crepis montana* (L.) Tausch. Mitteil. Naturw. Ver. f. Stmk., 43, 1906 (1907): 302—306.
— Über die in Steiermark vorkommenden Arten und Hybriden der Gattung *Cirsium*. Mitteil. Naturw. Ver. f. Stmk., 43, 1906 (1907): 404—410. [Neu: *C. stiriacum* Fritsch = *C. pauciflorum* × *C. rivulare*.]
— Besprechung von A. v. Hayek, Flora stiriaca exsiccata, Liefg. 7—10. Mitt. Naturw. Ver. f. Stmk., 44, 1907: 290—293. [Darin die Neubeschreibung von *Cochlearia excelsa* J. Zahlbr. und *Polygala subamara* Fritsch.]
— Notizen über Phanerogamen der steiermärkischen Flora. IV. *Symphytum officinale* × *tuberosum*. Mitteil. Naturw. Ver. f. Stmk., 47, 1910: 11—17.
— Floristische Notizen. V. *Rubus Petri*, nov. sp. ÖBZ, 60, 1910: 310—312.
— und Dolenz (1910 u. 1911), siehe Dolenz V.
— Floristische Notizen. VI. Die Verbreitung von *Erythronium dens canis* L. in Obersteiermark. ÖBZ, 63, 1913: 371—372.
— Bericht über die floristische Erforschung von Steiermark im Jahre 1916. Mitteil. Naturw. Ver. f. Stmk., 53, 1916: XXIII—XXV.
— Notizen über Phanerogamen der steiermärkischen Flora. V. *Hierochloë australis* (Schrad.) R. et Sch. Mitteil. Naturw. Ver. f. Stmk., 55, 1919: 121—125.
— Beiträge zur Flora von Steiermark. [I.] ÖBZ, 69, 1920: 225—230.
— Beiträge zur Flora von Steiermark. II. ÖBZ, 70, 1921: 96—101.
— Beiträge zur Flora von Steiermark. III. ÖBZ, 71, 1922: 200—206.
— Beiträge zur Flora von Steiermark. IV. ÖBZ, 72, 1923: 339—346.
— Beiträge zur Flora von Steiermark. V. ÖBZ, 74, 1925: 224—233.
— Beiträge zur Flora von Steiermark. VI. ÖBZ, 75, 1926: 214—229.
— Siebenter Beitrag zur Flora von Steiermark. Mitteil. Naturw. Ver. f. Stmk., 64/65, 1929: 29—78.
— Achter Beitrag zur Flora von Steiermark. Ebenda, 66, 1929: 72—95.
— Neunter Beitrag zur Flora von Steiermark. Ebenda, 67, 1930: 96—103.
— Zehnter Beitrag zur Flora von Steiermark. Ebenda, 68, 1931 (1932): 28—50.
— Elfter Beitrag zur Flora von Steiermark. Ebenda. 70, 1933: 61—75.
Gáyer Gy., Zwei neue Pflanzen der steirischen Flora. Magy. Botan. Lapok, 25, 1926 (1927): 82. [Darunter *Phyteuma Degeni* Gáyer = *Ph. spicatum* × *Ph. Zahlbruckneri*, Koralpe.]
— *Saussurea hybrida* (*discolor* × *pygmaea*). Magy. Botan. Lapok, 27, 1928: 94—97. [*S. hybrida* Degen et Gáyer, Eisenerzer Reichenstein.]
— Phytographische Notizen. *Salix herbacea* × *serpyllifolia*. Magy. Botan. Lapok, 31, 1932: 45—46. [*S. Festii* Gáyer, auf Preber und Trübeck in NWSt.]
Gebhard J. N., siehe unter Landesfloren.

G ö h l e r t F., Die Flora über Eisenkarbonat. Edaphische und ökologische Untersuchungen am steirischen Erzberg. Biologia generalis, 4, 1928: 333—336.
H a m b u r g e r I., Zur Adventivflora von Graz. Unveröffentl. Diss. d. Univ. Graz, 1948.
H a n d e l - M a z z e t t i Heinrich, Floristische Notizen. VZBG, 52, 1902: 409—411. [Betrifft NÖ, OÖ, St, Kt, Sb.]
H a y e k A. v., Flora von Steiermark, siehe unter Landesfloren.
— Ein Beitrag zur Flora von Nordost-Steiermark. ÖBZ, 49, 1899: 102—105.
— Beiträge zur Flora von Steiermark. [I.] ÖBZ, 51, 1901: 241—253, 295—303, 355—359, 384—396, 440—445, 467—473.
— Beiträge zur Flora von Steiermark. II. ÖBZ, 52, 1902: 408—413, 437—442, 477—489.
— Exkursion auf die Schneealpe. VZBG, 52, 1902: 588.
— Über das Vorkommen von *Avena planiculmis* Schrad. in Steiermark. Mitteil. Naturw. Ver. f. Stmk., 39, 1902 (1903): LXXIX—LXXXI.
— Beiträge zur Flora von Steiermark. III. ÖBZ, 53, 1903: 199—205, 294—299, 366—370, 406—413, 445—456.
— Über das Vorkommen von *Botrychium Virginianum* (L.) Sw. in Steiermark. VZBG, 53, 1903: 82—83.
— Literatur zur Flora von Steiermark aus den Jahren 1894 bis 1901. Mitteil. Naturw. Ver. f. Stmk., 40, 1903 (1904): LXXX—CX.
— Die *Festuca*-Arten des Herbarium Maly. Mitteil. Naturw. Ver. f. Stmk., 40, 1903 (1904): 213—220.
— Die Potentillen Steiermarks. Mitteil. Naturw. Ver. f. Stmk., 41, 1904 (1905): 143—187.
— und E b e r w e i n (1904), siehe E b e r w e i n R.
— Schedae ad Floram stiriacam exsiccatam. 1.—26. Liefg. (Nr. 1—1282). Wien 1904—1912.
— Plantae novae Stiriacae. Repert. spec. nov., 2, 1906: 142—144. [*Gentiana norica* forma *anisiaca* Nevole, *Petasites Rechingeri* Hayek (= *P. albus* × *hybridus*), *Rubus durimontanus* Sabransky (= *R. bifrons* × *macrophyllus*), *Melampyrum vulgatum* forma *paradoxum* O. Dahl.]
— Über zwei für Steiermark neue Gentianen. ÖBZ, 56, 1906: 162—164. [*Gentiana ambigua* Hayek = *G. verna* × *G. brachyphylla*, Giglachseen bei Schladming. *G. tergestina* nur auf jugoslawischem Boden.]
— Über einen neuen *Cirsium*-Bastard aus Steiermark. VZBG, 57, 1907: (14)—(16). [*C. Stroblii* Hayek = *C. pauciflorum* × *C. spinosissimum*, Bösenstein bei Trieben.]
— Exkursion auf den Hochschwab vom 27.—29. Juni 1909. VZBG, 59, 1909: (321)—(324).
— Literatur zur Flora von Steiermark. Mitteil. Naturw. Ver. f. Stmk., 47, 1910 (1911): 432—435. — Desgleichen, 48, 1911 (1912): 299—302; 51, 1914 (1915): 161—172.
— Die Geschichte der Erforschung der Flora von Steiermark. Mitteil. Naturw. Ver. f. Stmk., 48, 1911 (1912): 289—298.
— Vorlage interessanter Pflanzen aus Steiermark. VZBG, 62, 1912: (200)—(201). [Darunter *Lathyrus heterophyllus*, Puxberg bei Teufenbach, neu für St.]
— Zwei interessante Cirsien-Bastarde. VZBG, 63, 1913: (72)—(74). [*Cirsium paradoxum* Hayek = *C. pauciflorum* × ? *C. oleraceum*, bei Trieben.]
— Floristische Mitteilungen. VZBG, 72, 1922: (69). [Betrifft die *Aconitum*-Arten Nord-Steiermarks.]
— Pflanzengeographie von Steiermark. Mitteil. Naturw. Ver. f. Stmk., 59 B. Graz 1923. 208 Seiten.
H o f f e r M., siehe L ä m m e r m a y r L. und H o f f e r M. (1922).
H o f m a n n E., *Corydalis solida* aus der Lurhöhle, Steiermark. Speläolog. Jahrbuch. 7 bis 9, 1926—1928 (1928): 68—71.
H ö p f l i n g e r F., Die Pflanzengesellschaften des Grimminggebietes. Unveröff. Diss. d. Univ. Graz, 1940.
H ü b l P., Interessante Pflanzen aus Niederösterreich, Salzburg, Steiermark, Kärnten und Dalmatien. VZBG, 82, 1932: (22)—(26).
K h e k E., Seltene Cirsienbastarde aus Steiermark. Allg. Botan. Zeitschr., 14, 1908: 33 bis 36. [Besonders eingehend besprochen wird *Cirsium Scopolii* E. Khek = *C. Erisithales* × *pauciflorum*, an mehreren Stellen gefunden.]
K i n z e l F., siehe K o e g e l e r K. und K i n z e l F.
K l i m e s c h J., siehe F r a n z H.
K n a p p R., Über die Berglauch-Felsflur (Allio-Sempervivetum) in den Alpen-Ostrand-Gebieten. Halle/Saale, 1944. 8 Seiten. [Betrifft NÖ, St, Kt.]
K o e g e l e r K., Mittelmeer-Flora in Graz. Mitteil. Naturw. Ver. f. Stmk., 77/78, 1949: 93—100. [Auch als Sonderdruck mit eigener Paginierung (S. 1—8) erschienen.]

K o e g e l e r K., Zweiter Beitrag zur Flora von Steiermark. Mitteil. Naturw. Ver. f. Stmk., 79/80, 1951: 133—144.
— Die pflanzengeographische Gliederung der Steiermark. Jahrbuch der naturwissenschaftl. Abteilungen am Joanneum, Graz, Heft 2, 1953: 1—58.
— Botanik — einmal anders. Die Strauß-Glockenblume als Eisenzeiger (1. Teil). Nachrichtenbl. d. Österr. Alpenver., Sekt. Graz, 1 (3), 1949: 3.
— Die pflanzengeographische Gliederung der Steiermark. Abteilung für Zoologie und Botanik am Landesmuseum Joanneum, Graz. Heft 2, 1953 (Jänner 1954). 63 Seiten.
K o e g e l e r K. und K i n z e l F., Die Alluvionen der Steiermark. I. Die Mur- und Drautal-Landschaft. Naturgeschichtliche Lehrwanderungen in der Heimat, Heft II. Graz 1934. 91 Seiten.
K r a š a n F., Aus der Flora von Steiermark. Schlüssel zum Bestimmen der Arten aus den Gattungen *Saxifraga, Gentiana, Potentilla, Primula* und *Viola*. 25. Jahresbericht des Zweiten Staatsgymnasiums in Graz, 1894: 3—27. [Auch als Sonderdruck mit gleicher Paginierung im Selbstverlag des Verfassers.]
— Überblick der Vegetationsverhältnisse von Steiermark. Mittheil. Naturw. Ver. f. Stmk., 32, 1895 (1896): 45—90.
— Aus der Flora von Steiermark. Beitrag zur Kenntnis der Pflanzenwelt des Kronlandes. Graz (Leykam), 1896. 157 Seiten.
— Bemerkungen über „gemeine" Pflanzenarten der steirischen Flora. Mittheil. Naturw. Ver. f. Stmk., 33, 1896 (1897): LXXVIII—LXXXIV.
— Ergänzungen und Berichtigungen zu älteren Angaben über das Vorkommen steirischer Pflanzenarten. Mittheil. Naturw. Ver. f. Stmk., 36, 1899 (1900), Abh.: 3—18.
— II. Beitrag zur Flora von Obersteiermark. Mittheil. Naturw. Ver. f. Stmk., 37, 1900 (1901): 296—309.
L ä m m e r m a y r L., *Erythronium Dens canis* L. und *Primula vulgaris* Huds. in Obersteiermark. ÖBZ, 58, 1908: 284.
— Beiträge zur Kenntnis der Verbreitung und Standortsökologie einiger Pflanzen Steiermarks. ÖBZ, 66, 1916: 326—336.
— Bemerkenswerte neue Pflanzenstandorte aus Steiermark. ÖBZ, 67, 1918: 124—126.
— Floristisches aus Steiermark. [I.] ÖBZ, 67, 1918: 383—388.
— Die grüne Vegetation steirischer Höhlen. Mitteil. Naturw. Ver. f. Stmk., 54, 1918: 53—88.
— Botanische Betrachtungen aus Steiermark. ÖBZ, 69, 1920: 207—212.
— und H o f f e r M., Steiermark. (Junks Naturführer.) Berlin 1922. 405 Seiten.
— Studien über die Verbreitung thermophiler Pflanzen im Murgaue in ihrer Abhängigkeit von klimatischen, edaphischen und historischen Faktoren. Sitzber. Akad. Wiss. Wien, m.-n. Kl., Abt. I, 133, 1924: 213—255.
— Neue bemerkenswerte Pflanzenfunde in mittelsteirischen Höhlen. Speläologisches Jahrbuch, 5/6, 1924/25: 127—140.
— Untersuchungen über die lichtklimatischen Verhältnisse im Gebiete des Zirbitzkogels und über den Lichtgenuß der Zirbe. ÖBZ, 74, 1925: 15—26. [Hier die erste Besprechung der Leg-Zirben des Zirbitzkogels.]
— Die Pflanzendecke der Steiermark in Bildern von einst und jetzt. (Heimatkunde der Steiermark, Heft 8.) Wien 1926. 45 Seiten, bebildert.
— Materialien zur Systematik und Ökologie der Serpentinflora. I. Neue Beiträge zur Kenntnis der Flora steirischer Serpentine. Sitzber. Akad. Wiss. Wien, m.-n. Kl., Abt. I, 135, 1926: 369—407.
— Materialien zur Systematik und Ökologie der Serpentinflora. II. Das Problem der „Serpentinpflanzen". Eine kritische ökologische Studie. Sitzber. Akad. Wiss. Wien, m.-n. Kl., Abt. I, 136, 1927: 25—69.
— Weitere Beiträge zur Flora der Magnesit- und Serpentinböden. Sitzber. Akad. Wiss. Wien, m.-n. Kl., Abt. I, 137, 1928: 55—99.
— Vierter Beitrag zur Ökologie der Flora auf Serpentin- und Magnesitböden. Sitzber. Akad. Wiss. Wien, m.-n. Kl., Abt. I, 137, 1928: 825—859.
— Beobachtungen über Höhengrenzen von Pflanzen in der Umgebung von Graz. I, II u. III. ÖBZ, 78, 1929: 335—341; 81, 1932: 47—55; 83, 1934: 23—28.
— Neue floristische Ergebnisse der Begehung steirischer Magnesit- und Serpentinlager. VZBG, 80, 1930: 83—93.
— Vergleichende Studien über die Pflanzendecke oststeirischer Basalte und Basalttuffe. I. Teil. Sitzber. Akad. Wiss. Wien, m.-n. Kl., Abt. I, 139, 1930: 567—599. — II. Teil. Ebenda, 141, 1932: 271—284. — III. Teil. Ebenda, 142, 1933: 1—17.

L ä m m e r m a y r L., Der Lichtgenuß von *Juniperus communis* und die Wacholdergärtchen des Schöckels bei Graz. ÖBZ, 81, 1932: 207—217.
— Neue Beobachtungen und Untersuchungen an den Legzirben des Zirbitzkogels. ÖBZ, 82, 1933: 197—206.
— Bericht über floristische Begehung zweier steirischer Magnesitlager. VZBG, 83, 1933: 202—210.
— Querschnitte durch den Boden, die Pflanzendecke und Tierwelt von Graz. Naturgeschichtliche Lehrwanderungen in der Heimat, Heft I. Graz 1933. 103 Seiten.
— Übereinstimmungen und Unterschiede in der Pflanzendecke über Serpentin und Magnesit. Mitteil. Naturw. Ver. f. Stmk., 71, 1934 (1935): 41—62. [Bezieht sich in erster Linie auf Steiermark.]
— Notizen zur Flora über Gips, Dolomit, Phyllit und Magnesit in Steiermark. Mitteil. Naturw. Ver. f. Stmk., 72, 1935 (1936): 27—38.
— Der Schöckel (Boden und Pflanzendecke). Naturgeschichtliche Lehrwanderungen in der Heimat, Heft 3. Graz 1936. 65 Seiten.
— Ökologisch-Floristisches aus dem Quercetum lanuginosae bei Graz. Mitteil. Naturw. Ver. f. Stmk., 73, 1936 (1937): 44—60.
— Ergänzungen zur Flora Steiermarks. Mitteil. Naturw. Ver. f. Stmk., 74, 1937: 21—37.
— Zur Morphologie und Ökologie der Grünerle bei Graz. Mitteil. Naturw. Ver. f. Stmk., 75, 1939: 67—83.
— Die Verbreitung atlantischer Florenelemente in der Steiermark in ihrer Abhängigkeit von den ökologischen Faktoren. Sitzber. Akad. Wiss. Wien, m.-n. Kl., Abt. I, 149, 1940: 183—210.
— Flaumeichenbestände bei Graz. Beihefte Bot. Ctrbl., 61, Abt. B, 1941: 261—316.
— Bericht über die floristische Begehung steirischer Magnesit- und Serpentinlagerstätten. Sitzber. Akad. Wiss. Wien, m.-n. Kl., Abt. I, 151, 1942: 79—86.
— Ergänzungen zur Verbreitung atlantischer Florenelemente in der Steiermark. Sitzber. Akad. Wiss. Wien, m.-n. Kl., Abt. I, 151, 1942: 87—101.
— Floristisches aus Steiermark. [II.]*) ÖBZ, 91, 1942: 41—48.
— Floristisches aus Steiermark. III. ÖBZ, 93, 1944: 148—162.
L e e d e r F., Beiträge zur Flora des oberen Mürztales in Steiermark und Niederösterreich. VZBG, 58, 1908: 418—431.
M a c h u r a L., Das Johnsbachtal im Gesäuse. Blätter für Naturkunde u. Naturschutz, 30, 1943: 25—29.
M a l y J. K., siehe unter Landesfloren.
M e l z e r H., Zur Adventivflora der Steiermark. I u. II. Mitteil. Naturw. Ver. f. Stmk., 84, 1954: 103—120; 85, 1955: 113—123.
M e t l e s i c s H., Der Gaishorn-See. Blätter für Naturkde. u. Naturschutz, 27, 1940: 101—103.
M o r t o n F. v., Die Zirbenwälder auf dem Stoderzinken. Mitteil. d. Deutsch. Dendrolog. Ges., 53, 1940: 188—197.
— Die *Juniperus Sabina*-Bestände bei Pürgg. Mitteil. d. Deutsch. Dendrolog. Ges., 53, 1940: 223—228.
— Südexponierte Hänge am Altausseer- und Wolfgangsee usw. Arbeiten a. d. Botan. Station in Hallstatt, Nr. 67, 1947. 13 Seiten.
—**) Über das Vorkommen der *Iris sibirica* im Salzkammergute. Angewandte Pflanzensoziologie, Festschrift Aichinger, 1954: 667—673. [Behandelt auch Vorkommen im Ennstal.]
M u r m a n n O. A., siehe unter Landesfloren.
M u r r J., Einiges Neue aus Steiermark, Tirol und Oberösterreich. Allg. Botan. Zeitschr., 5, 1899: 23—24, 41—42, 58—61. [Darin *Erigeron Khekii* Murr, bei Mautern in NSt.]
N e u m a y e r H., Floristisches aus Niederösterreich usw., 1929. — Siehe Niederösterreich.
— Floristische Mitteilungen. VZBG, 59, 1909: (316)—(317).
— Einige bemerkenswerte Funde aus Einöd bei Neumarkt in Steiermark. VZBG, 63, 1913: (69).
— Floristisches aus Österreich usw. VZBG, 79, 1929: 336—411.
N e v o l e J., Floristische Notizen aus Obersteiermark. Mitteil. Naturw. Ver. f. Stmk., 42, 1905 (1906): CXLIX—CLII.

*) [I.], siehe 1918.

**) Einige andere Arbeiten M o r t o n s, die das Grenzgebiet von Oberösterreich und Steiermark betreffen, sind nur bei Oberösterreich angeführt.

Nevole J., Über einige interessante Pflanzen aus Steiermark und ein Herbar aus dem 17. Jahrhundert. VZBG, 58, 1908: (96)—(99).
— Vorarbeiten zu einer pflanzengeographischen Karte Österreichs. V. Das Hochschwabgebiet in Obersteiermark. Abhandl. ZBG, Bd. IV, Heft 4. Jena 1908. 42 Seiten.
— Verbreitungsgrenzen einiger Pflanzen in den Ostalpen. II. Ostnorische Zentralalpen. Mitteil. Naturw. Ver. f. Stmk., 47, 1910: 89—100.
— Ein Beitrag zur Verbreitung der Zirbe in Steiermark. ÖBZ, 61, 1911: 427—429.
— Vorarbeiten zu einer pflanzengeographischen Karte Österreichs. VIII. Die Vegetationsverhältnisse der Eisenerzer Alpen. Abhandl. ZBG, Bd. VII, Heft 2. Wien 1913. 35 Seiten.
— Ein Eibenbestand in Steiermark. ÖBZ, 75, 1926: 166—167.
— Flora der Serpentinberge in Steiermark (Österreich). Acta soc. sci. nat. Moravicae, tom. III, fasc. 4, 1926: 59—82.
— Beitrag zur Flora des Hochschwabes in Steiermark. Mitteil. Naturw. Ver. f. Stmk., 73, 1936 (1937): 141—144.
Palla E., Beiträge zur Flora von Steiermark. Mittheil. Naturw. Ver. f. Stmk., 34, 1897 (1898): LXXXIX—XCVII.
— Eine für Steiermark neue alpine *Carex*. ÖBZ, 63, 1913: 63—64. [*Carex foetida* All., am Zirbitzkogel.]
Pehr F., Floristisches von der Hebalpe an der kärntnerisch-steirischen Grenze. Mitteil. Naturw. Ver. f. Stmk., 62, 1926: 50—54.
Pensch A., Zur Geschichte der steirischen Wälder. Centralbl. f. d. ges. Forstwesen, 1927: S. 232 ff.
Pernhoffer G. v., Verzeichnis der in der Umgebung von Seckau in Ober-Steiermark wachsenden Phanerogamen und Gefäßkryptogamen, einschließlich der wichtigeren cultivierten Arten. VZBG, 46, 1896: 384—425.
Petrovitsch F., Botanisch-geologische Wanderung in den steirischen Kalk- und Zentralalpen. Jahrbuch d. Ver. z. Schutze d. Alpenpflanzen u. -Tiere, 10, 1938: 93—102.
— Botanische Wanderung in den steirischen Kalkalpen. Flora des Polsters. Jahrbuch d. Ver. z. Schutze d. Alpenpflanzen u. -Tiere, 14, 1942: 54—62.
Präsens J., Flora des Grätzer Schloßberges, oder: Aufzählung von 328 daselbst als wildwachsend aufgefundenen Pflanzenarten. Grätz 1843. Sonderdruck der Seiten XXIX bis XXXVI aus: Der Fremde in Gratz oder der Gratzer in der Heimat. 3. Aufl. Gratz 1843.
Preissmann E., Beiträge zur Flora von Steiermark. Mittheil. Naturw. Ver. f. Stmk., 32, 1895 (1896): 91—118; 33, 1896 (1897): 166—181.
— Über die steirischen *Sorbus*-Arten und deren Verbreitung. Mitteil. Naturw. Ver. f. Stmk., 39, 1902 (1903): 341—356.
Prohaska K., Beiträge zur Flora von Steiermark. I. Mitteil. Naturw. Ver. f. Stmk., 35, 1898 (1899), Abh.: 170—189.
Rechinger K. (C.) pater, Über *Cirsium Gerhardtii* Sch. Bip. (*C. eriophorum* × *lanceolatum*). Allg. Botan. Zeitschr., 9, 1903: 64—65. [In St (Spital am Semmering), neu für Österreich.]
— und Favarger L. (1905), siehe Favarger L.
— K. und L., Beiträge zur Flora von Ober- und Mittel-Steiermark. [I.] Mitteil. Naturw. Ver. f. Stmk., 42, 1905 (1906): 142—169.
— K. und L., Beiträge zur Flora von Steiermark. [II.] Mitteil. Naturw. Ver. f. Stmk., 46, 1909 (1910): 38—44.
— K., Über die ältesten botanischen Nachrichten aus dem steiermärkischen Oberlande. Mitteil. Naturw. Ver. f. Stmk., 49, 1912, 201—205.
— Beiträge zur Flora von Obersteiermark. III. ÖBZ, 72, 1923: 347—349.
— Floristische Beiträge. ÖBZ, 74, 1925: 131—139. [Betrifft NÖ, St, Bgl. Aus St (Ausseer Gegend) zahlreiche *Salix*-Bastarde, ferner Bastarde von *Rumex, Sorbus, Epilobium, Primula, Verbascum, Potamogeton.*]
Rechinger K. H. fil., Kritische Beiträge zur Flora der Ostalpen. Repert. spec. nov., 53, 1944: 114—126. [Betrifft NÖ, OÖ, St, Kt, Sb und Ti.]
Reiter H., Botanische Wanderungen um die Wundschuher Teiche: Weitendorf—Wundschuh. Mitteil. Naturw. Ver. f. Stmk., 75, 1919: 188—214.
Ronniger K., Floristische Mitteilungen. VZBG, 70, 1920: (57)—(60). [Betrifft NÖ, OÖ, St, Kt.]
— Interessante Pflanzen aus Österreich. VZBG, 82, 1932: (18)—(19). [Betrifft NÖ, OÖ, St, Sb.]
— Botanische Exkursion auf die Koralpe. VZBG, 83, 1933: (2)—(5).

S a b r a n s k y H., Beiträge zur Flora der Oststeiermark. [I.] VZBG, 54, 1904: 537—556.
— Beiträge zur Flora der Oststeiermark. II. VZBG, 58, 1908: 69—89.
— Über *Stellaria graminea* L. ÖBZ, 60, 1910: 376—378.
— Beiträge zur Flora der Oststeiermark. III. VZBG, 63, 1913: 265—293.
S c h a r f e t t e r R., Beiträge zur Kenntnis subalpiner Pflanzenformationen. ÖBZ, 67, 1918: 1—14, 63—96. [Betrifft die Gegend von Flattnitz an der steirisch-kärntnerischen Grenze.]
— Die Murauen bei Graz. Mitteil. Naturw. Ver. f. Stmk., 54, 1918: 179—223.
— Die Vegetation der Turracher Höhe. ÖBZ, 70, 1921: 77—91. [Betrifft Kt und St.]
— Die Pflanzenwelt der Umgebung von Bad Gleichenberg. „Bad Gleichenberg", 2. Jahrg., Graz 1934, Nr. 7: 3—6.
— Erläuterungen zur Vegetationskarte der Steiermark. Mitteil. Naturw. Ver. f. Stmk., 84, 1954: 121—158. [Zu der im „Steiermark-Atlas" 1953 erschienenen „Vegetationskarte der Steiermark".]
S c h e i b e n p f l u g H., Die Legzirbe. Blätter für Naturkunde und Naturschutz, 23, 1936: 128—132. [Vgl. L ä m m e r m a y r, ÖBZ, 1933.]
S c h i t t e n g r u b e r K., Vegetationsstudien im Seckauer Zinken- und Hochreichart-Gebiet. Unveröff. Dissertation d. Univ. Graz, 1934.
S c h ö n w i e s e H., Forstwirtschaftliche Fragen in der Steiermark. Das Joanneum, 5, 1941: 97—106.
S c h u l z - D ö p f n e r G., Die Eibe. Blätter für Naturkunde und Naturschutz, 15. 1928: 29—36. [Enthält auch ausführliche Angaben über das Vorkommen der Eibe in St.]
— Die Stechpalme. Ein Natur- und Stammesdenkmal in einer Alemannensiedlung des steirischen Wechselgaues. Heimat, Vorarlberger Monatshefte, 11, 1930: 42—51.
S c h w a r z J., Namensverzeichnis zu Karl F r i t s c h s Beiträgen zur Flora von Steiermark. Graz 1936. 24 Seiten.
S t r o b l G., siehe unter Landesfloren.
T s c h e r m a k L., Gliederung des Waldes von Kärnten und Steiermark in natürliche Wuchsbezirke. Centralbl. f. d. gesamte Forstwesen. 66, 1940: 60—67.
V e t t e r J., Neue *Festuca*-Hybriden, neue Standorte. VZBG, 67, 1917 (1918): (171)—(187). [Neue *Festuca*-Standorte in St auf Seite (186) und (187).]
— Neue Standorte aus Tirol, Kärnten und Steiermark. VZBG, 73, 1923 (1924): (132).
V i e r h a p p e r F., Floristische Mitteilungen. VZBG, 64, 1914: (70)—(76). [Betrifft NÖ, St (Raxalpe) und Sb (Lungau). *Draba Kotschyi* Stur und *Potentilla Amthoris* Huter (*P. Crantzii* × *P. Brauneana*) auf dem Plateau der Raxalpe in St, nahe der NÖ-Grenze.]
W a g n e r H., Der Moorrand-Bürstlingrasen, eine räumlich-ökologische Kontaktgesellschaft. Angewandte Pflanzensoziologie, Festschrift Aichinger, 1954: 674—683. [Betrifft Ennstaler Moore.]
W e i s s l G., *Geum vernum* (Raf.) T. et G. als Adventivpflanze in Graz Phyton 1, 1949: 301.
W i d d e r F. J., Eine neue Pflanze der Ostalpen — *Doronicum cataractarum* usw. Repert. spec. nov., 22, 1926 (1925): 113—184.
— Zur Kenntnis der *Anemone styriaca* und ihres Bastardes mit *Anemone nigricans*. Repert. spec. nov., 35, 1934: 49—96.
— Adventivfloristische Mitteilungen. I. (*Campanula rhomboidalis* L.) Mitteil. Naturw. Ver. f. Stmk., 74, 1937: 157—163.
— Veränderungen in der Pflanzendecke der Koralpe innerhalb eines Vierteljahrhunderts. Jahrbuch 1955 des Vereins zum Schutze der Alpenpflanzen und -Tiere: 77—88.
Z u m p f e H., Vorarbeiten zu einer pflanzengeographischen Karte Österreichs. XIII. Obersteirische Moore. Abhandl. ZBG, Bd. XV, Heft 2. Wien 1929. 100 Seiten.

Kärnten

Zusammengestellt unter Mitarbeit von Fritz T u r n o w s k y (Klagenfurt).

A. L a n d e s f l o r e n.

J o s c h E., Die Flora von Kärnten. Klagenfurt 1853. (Aus dem Jahrbuche des Naturhistorischen Museums in Kärnten.) 132 Seiten.
P a c h e r D. und J a b o r n e g g M. Frh. v., Flora von Kärnten. (Aus Jahrb. d. Naturhist. Landesmuseums von Kärnten. XIV—XIX, 1880—1888.) 3 Bände. I (1881): 258 Seiten; II (1884): 353 Seiten; III (1887): 420 Seiten.
P a c h e r D., Nachträge zur Flora von Kärnten. (Aus Jahrb. d. Naturhist. Landesmuseums von Kärnten, XIX, 1888, XXII, 1893 u. XXIII, 1895.) Klagenfurt 1894. 236 Seiten.

B. Neuere floristische Arbeiten.

Siehe auch das Literaturverzeichnis von Sabidussi, 1908.

Aichinger E., Über die Fragmente des illyrischen Laubmischwaldes und die Föhrenwälder in den Karawanken. Carinthia II. 119/120, 1930: 24—36.
— Fichtenwald, Latschenbestand und Bürstlingrasen im Karawankengebiet und ihre almwirtschaftliche Bedeutung. Carinthia II. Sonderheft 1, 1930: 57—77.
— und Siegrist R., Das Alnetum incanae der Auenwälder an der Drau in Kärnten. Forstwiss. Ztrbl., 52, 1930: 793—809.
— Höhenstufenumkehr der Vegetation durch Frostlöcher der montanen Stufe in den Karawanken. Forstarchiv, 1932: 20—26.
— Vegetationskunde der Karawanken. (Pflanzensoziologie, Bd. 2.) Jena 1933. 329 Seiten.
— Einige südliche Florenelemente in Kärnten. Carinthia II, 125 (45), 1935: 95—96.
— Lehrwanderungen in das Bergsturzgebiet der Schütt am Südfuß der Villacher Alpe. Angewandte Pflanzensoziologie, Heft IV, 1951: 67—118.
— Die Zwergstrauchheiden als Vegetationsentwicklungstypen. Angewandte Pflanzensoziologie, Hefte XII, XIII und XIV, 1956 (im Druck). [Behandelt in 15 Kapiteln, die sich großenteils auf Kärnten beziehen, die Heiden der folgenden tonangebenden Zwergsträucher: *Calluna vulgaris, Erica carnea; — Rhododendron hirsutum, Rhododendron intermedium, Rhododendron ferrugineum, Rhodothamnus Chamaecistus, Loiseleuria procumbens; — Arctostaphylos Uva-ursi, Arctous alpina, Vaccinium Vitis-idaea, Vaccinium uliginosum, Vaccinium Myrtillus, Empetrum hermaphroditum, Globularia cordifolia, Dryas octopetala.*]
Alverny A., Note sur la flore estivale des Hohe Tauern (Autriche). Bull. Soc. Bot. France, 43, 1896: 673—681. [Liste der im Sommer 1896 in der Umgebung von Heiligenblut gesammelten Pflanzen.]
Andreánszky G. Baron, Bemerkungen zur Flora der Ostalpen. Botan. Közlemények, 38, 1941: 38—47. [Betrifft St und Kt (Dobratsch, Karawanken).]
Beck (-Mannagetta) G. v., Vegetationsstudien in den Ostalpen III. Die pontische Flora in Kärnten usw. Sitzber. Akad. Wiss. Wien, m.-n. Kl., Abt. I, 122, 1913: 157—367.
— Beiträge zur Flora von Kärnten. Carinthia II, 109/110 (29/30), 1921: 9—24.
— *Orobancheae* novae. Repert. spec. nov., 18, 1922: 33—40. [Aus Kärnten: *Orobanche minor* Sutt. forma *albens* Beck, St. Leonhard bei Villach, mit dem Typus.]
Benz R. Frh. v., Die Gattung *Hieracium*. Carinthia II, 92 (12), 1902: 12—22. [Hieracienfunde aus Kärnten. Siehe Benz 1912.]
— Beiträge zur Kärntner Flora. Carinthia II, 92 (12), 1902: 177—182.
— Die Gattung *Viola* [in Kärnten]. Carinthia II, 93 (13), 1903: 180—189.
— *Viola Zahnii* Benz (*V. alpestris* [DC.] Wittr. × *arvensis* Murr.). ÖBZ, 53, 1903: 376.
— *Viola Villaquensis*. ÖBZ, 55, 1905: 25—27. [*V. montana* × *V. rupestris* var. *arenaria*, bei Villach.]
— Ein nordischer Veilchenbastard in Kärnten. Carinthia II, 95 (15), 1905: 73—75. [Bezieht sich auf den in der vorstehenden Arbeit genannten Bastard, der in Skandinavien häufig gefunden wurde.]
— Verbreitung der Habichtskräuter in Kärnten. Carinthia II, 102 (22), 1912: 47—72, 156—175. [Mit Schriftenverzeichnis.]
— Schwarzkiefer [in Kärnten]. Carinthia II, 103 (23), 1913: 85—88.
— Neuer Fundort der *Waldsteinia ternata* (Steph.) Fritsch in Kärnten. Carinthia II, 104 (24), 1914: 52—54.
— *Pinus nigra* in den Gailtaler Alpen. Carinthia II, 105 (25), 1915: 24—25.
— Einige Bürger der Kärntner Flora aus fremden Florenreichen stammend. Carinthia II, 108 (28), 1918: 54—57.
— Neue Pflanzenfunde bei Klagenfurt. Carinthia II, 109/110 (29/30), 1921: 24—25.
— Vorarbeiten zu einer pflanzengeographischen Karte Österreichs. XI. Die Vegetationsverhältnisse der Lavanttaler Alpen. Abhandl. ZBG, Bd. XIII, Heft 2. Wien 1922. 210 Seiten.
Biebl R., Über die Pflanzendecke des Großglockners. Photographie und Forschung, 1936, Heft 5: 153—160, mit 11 Pflanzenaufnahmen. [Behandelt die Florenelemente der alpinen Pflanzenwelt, deren Entstehungsgeschichte, Herkunft, Wanderungen, Reliktstandorte usw.]
Bornmüller J., Ein kleiner Beitrag zur Kenntnis der Hieracienflora von Villach (Kärnten). Repert. spec. nov., 52, 1943: 262—267. [Nach Bestimmungen von K. H. Zahn.]

Braun-Blanquet G. et J., Recherches Phytogéographiques sur le Massiv du Groß-Glockner (Hohe Tauern). Rév. géogr. alpine, 19, 1931, Nr. 3. (Comm. SIGMA, Nr. 3.) Montpellier 1931. 65 Seiten.
Dalla Torre K. W. v., Florenbericht (über Phanerogamen), Ber. Deutsch. Botan. Ges., 26a, 1908 (ersch. 1909), 2*—201*.
Derganc L., Geographische Verbreitung der *Viola Zoysii* Wulfen. Allg. Botan. Zeitschr., 15, 1909: 152—155, 167—171.
Drobny J. [und Sabidussi H.], Pflanzenfremdlinge bei Spittal a. d. Drau. Carinthia II, 114/115 (34/35), 1925: 57—58. [Behandelt: *Artemisia scoparia* WK., *Xanthium italicum* Mor., *Sisymbrium Sinapistrum* Cr., *Euphorbia nutans* Lag., *Euph. maculata* L., *Potentilla norvegica* L., *Amarantus albus* L., *Melandryum noctiflorum* (L.) Fries.]
Eggler J., Vegetationsaufnahmen alpiner Rasengesellschaften in Oberkärnten und Osttirol. Carinthia II, 64, 1954: 99—105.
Engler A., Ein neuer Saxifragen-Bastard. (*Saxifraga cuneïfolia* × *rotundifolia*.) Botan. Jahrb. f. Syst., 57, 1922, Beiblatt Nr. 127: 63. [*S. Mattfeldii* Engl., im Gartnerkofelgebiet v. J. Mattfeld aufgefunden.]
Findenegg I., Das Problem der *Wulfenia carinthiaca*. Carinthia II, 145 (65), 1955: 102—112.
Fleischmann H., Ein neuer *Cirsium*-Bastard. Annal. Naturhist. Hofmus. Wien, 27, 1913: 149—151. [*C. carinthiacum* Fleischm. = *C. carniolicum* × *C. oleraceum*, Süd-Kärnten, ohne nähere Fundortsangabe, von M. F. Müllner entdeckt.]
Friedel H., Boden- und Vegetationsentwicklung am Pasterzenufer. Carinthia II, 123/124 (43/44), 1934: 29—41.
— Beobachtungen an den Schutthalden der Karawanken. Carinthia II, 125 (45), 1935: 21—33.
— Die gefährdete Gamsgrube am Glocknerfuße. Blätter f. Naturkunde u. Naturschutz, 22, 1935: 34—36.
— Das Drama von Gras und Sand am Pasterzenufer. Natur u. Land, 37, 1951: 124—132.
Fritsch K., Zur Flora von Kärnten. In der stehenden Rubrik „Flora von Österreich-Ungarn". ÖBZ, 39, 1889: 449—450; 40, 1890: 283; 41, 1891: 35—36, 288—289; 42, 1892: 33—34; 43, 1893: 105—107; 44, 1894: 77—78, 113—114, 152—155; 45, 1895: 194—199, 237—242.
— Floristische Notizen. I. *Phacelia tanacetifolia* Benth. in Kärnten und Steiermark. ÖBZ, 53, 1903: 405—406.
— Floristische Notizen. IX. *Betula humilis* Schrk. in Kärnten. ÖBZ, 73, 1924: 116—118.
Gams H., Die Gamsgrube, ein bedrohtes Kleinod im Glocknergebiet. Nachrichtenbl. f. Naturschutz, 12, 1935: 78.
— Das Pflanzenleben des Großglockner-Gebietes. Zeitschr. d. D. u. Ö. Alpenvereins, 66, 1935: 157—176.
— Beiträge zur pflanzengeographischen Karte Österreichs. I. Die Vegetation des Großglocknergebietes. Abhandl. ZBG, Bd. XVI, Heft 2. Wien 1936. 79 Seiten. [Betrifft Kt, Sb u. OTi.]
— Die Gamsgrube an der Pasterze, das merkwürdigste „Hintergrasl" der Alpen. Natur u. Land, 37, 1951: 119—124.
— Die biogeographische Stellung der Pasterzenlandschaft. Carinthia II, 142 (62), 1953: 27—35.
Gilli A., Bemerkenswerte Pflanzenfunde aus Kärnten. Carinthia II, 131 (51), 1941: 70—73.
— Die Ursache des Reliktcharakters von *Colchicum Bulbocodium* Ker-Gawler (*Bulbocodium vernum* L.) in den Ostalpen. Carinthia II, 143 (63), 1953: 26—40.
Ginzberger A., Wieder einmal *Wulfenia carinthiaca*. Beobachtungen über ihr Vorkommen — Notwendigkeit ihres Schutzes. Carinthia II, 114/115 (34/35), 1925: 115—119.
Glantschnig Th., Floristische Neuheiten und Seltenheiten in Kärnten. Carinthia II, 121/122 (41/42), 1932: 17—19.
— Beitrag zur Flora des oberen Draugebietes. Carinthia II, 123/124 (43/44), 1934: 51—55.
— Beitrag zur Flora des oberen Drautales. Carinthia II, 126 (46), 1936: 36—38.
— Die Flora der offenen Formationen der Kreuzeckgruppe (mit besonderer Berücksichtigung der kalkliebenden Arten). Carinthia II, 128 (48), 1938: 80—89.
— Vom Steinfeld über den Tröbelsberg zum Weißensee. Carinthia II, 129 (49), 1939: 108—117.
— Die Asternwiesen am Weißensee. Carinthia II, 130 (50), 1940: 90—93.
— Ergänzungen zur Flora Oberkärntens. Ebenda: 93—97.

Glantschnig Th., Die Rasengesellschaften im Wolfsbachtal. Carinthia II, 52, 1942: 62—81.
— Beitrag zur Flora des Lieser- und Maltatales. Carinthia II, 53, 1943: 41—46.
— Das Buchenvorkommen im Leobengraben in Kärnten. Carinthia II, 54, 1944: 37—53.
— *Gentiana pumila* in den Zentralalpen Kärntens. Carinthia II, 55, 1946: 50—56.
— Beiträge zur Flora von Oberkärnten. Carinthia II, 56, 1947: 103—110.
— Der Ahorn-Mischwald (Acereto-Ulmetum) im Gößgraben in Kärnten. Carinthia II, 57, 1948: 51—82.
Golker P., Beitrag zur Flora der Umgebung von Tultschnig. Carinthia II, 98 (18), 1908: 125—130.
Hafner F., Eine pflanzenkundliche Wanderung in die Karawanken. „Hain", Vierteljahrsschrift d. Österr. Naturschutzbundes, Wien, 1936/37: 76—78.
Handel-Mazzetti Heinrich Frh. v., Floristische Notizen, VZBG, 52, 1902: 409—411. [Betrifft NÖ, OÖ, St, Kt u. Sb.]
— Ein für Österreich neues *Cerastium*. VZBG, 58, 1908: (204)—(205). [*C. tomentosum* L., Alpe Loibl. Die Ursprünglichkeit dieses Fundortes wird mit gewichtigen Gründen angezweifelt.]
Hecke H., Versuch zur vegetationskundlichen Erfassung der Grundlagen des Obstbaues in Kärnten. Angewandte Pflanzensoziologie, Heft III, 1951: 23—66.
Hübl P., Interessante Pflanzen aus Niederösterreich, Salzburg, Steiermark, Kärnten und Dalmatien. VZBG, 82, 1932: (22)—(26).
Jabornegg M. Frh. v. und Pacher D., siehe Pacher, unter Landesfloren.
— Zur Flora von Kärnten. ÖBZ, 39, 1889: 272.
— Die Knautien der heimatlichen Flora. Carinthia II, 95 (15), 1905: 101—106.
Josch E., siehe unter Landesfloren.
Keller L., Beiträge zur Flora von Kärnten. I—V. VZBG, 49, 1899: 363—386; 50, 1900: 121—137; 52, 1902: 75—87; 55, 1905 (Beitr. z. Fl. v. Kt, Sb u. Ti): 299—324; Carinthia II, 97 (17), 1907: 174—186.
— Über Pflanzen aus Kärnten. VZBG, 51, 1901: 3—6.
— Bemerkenswerte floristische Funde. VZBG, 56, 1906: 360—363. [Betrifft NÖ u. Kt.]
Knapp R., Über die Berglauch-Felsflur (Allio-Sempervivetum) in den Alpen-Ostrand-Gebieten. Halle/Saale, 1944. 8 Seiten. [Betrifft NÖ, St, Kt.]
Kükenthal G., Floristisches aus Südkärnten. Mitteil. Thüring. Botan. Ver., 38, 1929: 33—38.
Kutschera L., Die nickende Kragenblume (*Carpesium cernuum* L.), neu für Kärnten. Carinthia II, 58/60, 1950: 125—126. [Bei Lavamünd.]
— Vegetationsaufbau und Standorte der Pflanzengesellschaft des „Knolligen Sternmierreichen Schwarzerlen-Eschenwaldes" (Alneto-Fraxinetum stellarietosum bulbosae) in Kärnten. Carinthia II, 61, 1951: 93—105.
Mayr E., Die Getreidebauzonen, Anbau- und Erntezeiten und die Fruchtfolge in Kärnten. Angewandte Pflanzensoziologie, Festschrift Aichinger, 1954: 1255—1286.
Neumayer H., Über einen neuen natürlichen Standort von *Pinus nigra* in Kärnten. Mitteil. Naturwiss. Ver. Univ. Wien, 7, 1909: 152—153.
— Floristisches aus Österreich usw. VZBG, 79, 1929: 336—411.
Onno M., Über das „Calluno-Ericetum" in den südlichen Ostalpen. ÖBZ, 82, 1933: 235—244.
— Das Bacher Moor bei Klein-Kirchheim in Kärnten. Beihefte Botan. Ctrbl., 53, Abt. B, 1935: 311—329.
— Purpurroter Geißklee (*Cytisus purpureus* Scop.). Arbeiten der Botan. Station in Hallstatt, Nr. 86, Festschrift Karl Ronniger, 1949. 2 Seiten.
— Purpurroter Geißklee (*Cytisus purpureus* Scop.). Natur u. Land, 35, 1949: 166.
— Der heidelbeerreiche Föhren-Stieleichenwald bei Krumpendorf in Kärnten. Ber. Deutsch. Botan. Ges., 65, 1952: 9—14.
Pacher D. und Jabornegg M. Frh. v., siehe unter Landesfloren.
Pacher D., Botanische Notizen zur Flora von Kärnten. Carinthia II, 85 (5), 1895: 198—202; 86 (6), 1896: 245—247.
— Beiträge zur Flora von Kärnten, betreffend die Gattung *Rubus*. Jahrb. d. naturhistor. Landesmuseums f. Kärnten, 24. Heft, 1897. 11 Seiten.
Pehr F., Die Flora der kristallinischen Kalke im Gebiete der Kor- und Saualpe. Mitteil. d. Naturwiss. Ver. f. Steiermark, 53, 1916: 15—33.
— Die Flora der Drauterrassen in Unterkärnten. ÖBZ, 66, 1916: 222—237.

Pehr F., Floristisches vom Zirnitzkogel im Granitztale. Carinthia II, 106/107 (26/27), 1917: 11—15.
— Die Wald- und Auenflora des unteren Lavanttales. VZBG, 68, 1918: 215—239.
— Die Höniöfen auf der Saualpe. Carinthia II, 108 (28), 1918: 60—64. [Im Gebiet der Saualpe und Koralpe werden als „Öfen" auffallende Felsblöcke und Felsgruppen bezeichnet, die aus dem sonst überall sanft gerundeten Gelände herausragen. Sie bestehen meist aus verwittertem Marmor und sind floristisch recht interessant.]
— Vegetationsstudien im südöstlichen Kärnten. ÖBZ, 69, 1919: 22—59.
— Zwei fragliche Pflanzenvorkommen in Unterkärnten. Carinthia II, 109/110 (29/30), 1921: 36—37.
— Über einige Pflanzenvorkommen im Jauntale in Unterkärnten. ÖBZ, 73, 1924: 41—48.
— Nachträge und Bemerkungen zur Flora der Lavanttaler Alpen. Carinthia II, 114/115 (34/35), 1925: 38—47.
— Nachträge zur Flora des Jauntales in Unterkärnten. ÖBZ, 75, 1925: 234—236.
— Floristisches von der Hebalpe an der kärntnerischen-steirischen Grenze. Mitteil. Naturw. Ver. f. Steiermark, 62, 1926: 50—54.
— Floristische Studien im Bereiche des Ossiacher Tauern. VZBG, 80, 1930: 93—132.
— Die Ruderalflora von Villach. Carinthia II, 121/122 (41/42), 1932: 12—17.
— Beiträge zur floristischen Landesforschung in Kärnten. Carinthia II, 123/124 (43/44), 1934: 41—46.
— Floristisches vom Standorte der Frühlingslichtblume (*Bulbocodium vernum* L.) in Kärnten. Carinthia II, 126 (46), 1936: 28—36.
— Das Mirnockgebiet in Kärnten. Eine pflanzengeographische Studie. Carinthia II. Sonderheft 5, 1936. 77 Seiten.
— Neuere bemerkenswerte Pflanzenfunde in der Umgebung von Villach. Carinthia II, 128 (48), 1938: 77—80.
— Zur Vegetationskunde des unteren Drautales (Spittal—Villach) in Kärnten. Carinthia II, 129 (49), 1939: 95—107.
— Ein botanischer Ausflug nach Eisenkappel. Carinthia II, 130 (50), 1940: 85—90.
— Zur Vegetationsgeschichte des Glantales und der Wimitzer Berge. Carinthia II, Sonderheft 9, 1946. 95 Seiten.
Pignatti S., siehe Wikus E.
Podhorsky J., Um die *Wulfenia*! Blätter für Naturkunde u. Naturschutz, 19, 1932: 81—84.
— Die Kärntner Wulfenie. Jahrb. d. Vereins z. Schutze d. Alpenpflanzen. 5, 1933, 38—44.
Porsch O., Zur Lebensgeschichte von *Stellaria bulbosa* Wulf. Carinthia II, 58/60, 1950: 107—125.
Preissmann E., Beiträge zur Flora von Kärnten. ÖBZ, 34, 1884: 385—389, 430—434; 35, 1885: 14—17.
Prohaska K., Beiträge zur Flora von Kärnten I—III. Carinthia II, 85 (5), 1895: 218—224; 86 (6), 1896: 237—245; 87 (7), 1897: 220—230.
— Flora des unteren Gailthales usw. Jahrb. d. Naturhist. Landesmuseums für Kärnten, 26. Heft, 1900: 255—298 und 27. Heft, 1905: 1—84.
Rechinger K. pater, Standorte seltenerer Pflanzen aus Österreich. Allg. Botan. Zeitschr., 19, 1913: 113—115, 129—132, 150—153, 167—168; 20, 1914: 17—23. [Betrifft hauptsächlich NÖ, daneben auch OÖ, Kt u. Bgl.]
Rechinger K. H. fil., Kritische Beiträge zur Flora der Ostalpen. Repert. spec. nov., 53, 1944: 114—126. [Betrifft NÖ, OÖ, St, Kt, Sb und Ti.]
Ronniger K., Floristische Mitteilungen. VZBG, 70, 1920: (57)—(60). [Betrifft NÖ, OÖ, St u. Kt.]
— Neuheiten aus der Flora von Kärnten. Repert. spec. nov., 48, 1940: 268—270.
Sabidussi H., Das Auftreten der Wasserpest in Kärnten. Carinthia II, 84 (4), 1894: 109—114.
— Der Zwerghahnenfuß (*Ranunculus pygmaeus* Wahlenberg) in Kärnten. Carinthia II, 86 (6), 1896: 123—125.
— Zur Flora des Osternig. Carinthia II, 89 (9), 1899: 171—182, 234—241.
— Fortschritte der Wasserpest in Kärnten. Carinthia II, 90 (10), 1900: 177—179.
— *Vicia sordida* W. K. in Kärnten. Carinthia II, 92 (12), 1902: 31—32.
— Die Zirbelkiefer auf der Petzen. Carinthia II, 97 (17), 1907: 136—138.
— Über *Mimulus luteus* L., die gelbe Gauklerblume, in Kärnten. Carinthia II, 98 (18), 1908: 173—175.

S a b i d u s s i H., Literatur zur Flora Kärntens (1760—1907). Jahrbuch des naturhistor. Museums Klagenfurt, 28, 1908: 187—356.
— *Geranium sibiricum* L. in Kärnten. Carinthia II, 104 (24), 1914: 54—55.
— *Impatiens parviflora* in Kärnten. Carinthia II, 105 (25), 1915: 22—24.
— Blauaugengras in Kärnten. Carinthia II, 108 (28), 1918: 57—60. [Behandelt *Sisyrinchium angustifolium* Mill.]
— Der Germer bei Falkenberg. Carinthia II, 109/110 (29/30), 1921: 31—34.
— Die Knopfkamille in Kärnten. Ebenda: 34—35.
— Kärntens botanische Durchforschung. Carinthia II, 112/113 (32/33), 1923: 16—31.
— Pflanzenkundliche Beiträge. Carinthia II, 114/115 (34/35), 1925: 48—56. — Umfaßt folgendes: Die Wasserpest bei Klagenfurt. A. a. O.: 48—51. *Homogyne alpina* an tiefen Standorten. A. a. O.: 51—53. Die Edelkastanien von Emberg. A. a. O.: 55—56. *Mimulus guttatus* im Mölltal. A. a. O.: 56.
— siehe auch D r o b n y J„ 1925.
— Aus den Karawanken. Pflanzengesellschaften der Matschacheralpe und des Bärentales. Repert. spec. nov., Beihefte, Bd. 66, 1932: 201—278.
S c h a r f e t t e r R., Die *Geum*-Arten Kärntens. Carinthia II, 96 (16), 1906: 24—28.
— Pflanzengeschichtliche Studien in Kärnten. Carinthia II, 96 (16), 1906: 152—156.
— Die Liliaceen Kärntens. VZBG, 56, 1906: 436—446.
— Die Verbreitung der Alpenpflanzen Kärntens. ÖBZ, 57, 1907: 293—303, 338—351.
— Die südeuropäischen und pontischen Florenelemente in Kärnten. ÖBZ, 58, 1908: 265—278, 335—341, 397—406.
— *Bulbocodium vernum* L., neu für die Flora der Ostalpen. ÖBZ, 61, 1911: 126—131.
— Vorarbeiten zu einer pflanzengeographischen Karte Österreichs. VII. Die Vegetationsverhältnisse von Villach in Kärnten. Abhandl. ZBG, Bd. VI, Heft 3, Jena 1911. 98 Seiten.
— Beiträge zur Kenntnis subalpiner Pflanzenformationen. ÖBZ, 67, 1918: 1—14, 63—96. [Betrifft die Gegend von Flattnitz an der steirisch-kärntnerischen Grenze, nahe von Metnitz und von Glödnitz.]
— Die Vegetation der Turracher Höhe. ÖBZ, 70, 1921: 77—91. [Betrifft Kt u. St.]
— Zur Lebensgeschichte der *Wufenia carinthiaca*. Festschrift ..... des Villacher Gymnasiums, 1929. 6 Seiten.
— Die Vegetationsverhältnisse der Gerlitzen in Kärnten. Sitzber. Akad. Wiss. Wien, m.-n. Kl., Abt. I, 141, 1932: 67—110.
S c h e l l m a n n C., Umgrenzung und Verbreitung von *Cerastium julicum* Schellmann (= *C. rupestre* Krašan — non Fischer). Carinthia II, 48, 1938: 68—77.
S i e g r i s t R., siehe A i c h i n g e r E. und S i e g r i s t R., 1930.
S t a b e r R., *Rhododendron flavum* Don und andere Pflanzenneuheiten in Oberkärnten. Carinthia II, 43/44, 1934: 46—51.
T o e p f f e r A., Die *Salix*-Flora von Kärnten. Carinthia II, 98 (18), 1908: 102—106.
T s c h e r m a k L., Gliederung des Waldes von Kärnten und Steiermark in natürliche Wuchsbezirke. Centralbl. f. d. gesamte Forstwesen, 66, 1940: 60—67.
T u r n o w s k y F., Kleine botanische Mitteilungen. Carinthia II, 47, 1937: 96.
— Ein Beitrag zur Flora der Karnischen Hauptkette. Carinthia II, 133 (53), 1943: 38—40.
— Zur Flora der westlichen Karnischen Hauptkette. Carinthia II, 134 (54), 1944: 54—58. [Betrifft Kt u. bes. auch OTi.]
— Floristische Mitteilungen. Carinthia II, 143 (63), 1953: 40—41.
V e t t e r J., Beiträge zur Flora von Niederösterreich, Tirol und Kärnten. VZBG, 58, 1908: (190)—(197).
— Neue Pflanzenhybriden, neue Formen und neue Standorte. VZBG, 65, 1915: (146) bis (168). [Betrifft NÖ, St, Kt, Ti u. Vb.]
— Neue Standorte aus Tirol, Kärnten und Steiermark. VZBG, 73, 1923 (1924): (132).
V i e r h a p p e r F., Die Kalkschieferflora in den Ostalpen. ÖBZ, 70, 1921: 261—293; 71, 1922: 30—45.
— Geobotanische Notizen aus dem Gailtal. Carinthia II, 36, 1926: 4—11.
W e n d e l b e r g e r G., Pflanzensoziologische Lehrwanderungen in Süd-Kärnten (Sommer 1948). Angewandte Pflanzensoziologie, Heft IV, 1951: 53—66.
W i d d e r F. J., Eine neue Pflanze der Ostalpen — *Doronicum cataractarum* usw. Repert. spec. nov., 22, 1926 (1925): 113—184.
— Beobachtungen an *Draba Pacheri* Stur. ÖBZ, 83, 1934, 255—265.
— Offene Fragen um die Lichtblumen-Zeitlose (*Colchicum Bulbocodium* Ker-Gawler). Carinthia II, 49, 1939: 86—95.

W i d d e r F. J., Adventiv-floristische Mitteilungen. III. *Veronica filiformis* Smith, ein unerwünschter Zuwachs der Kärntner Flora. Carinthia II, 136 (56), 1947: 94—102.
— Veränderungen in der Pflanzendecke der Koralpe innerhalb eines Vierteljahrhunderts. Jahrbuch 1955 des Vereins zum Schutze der Alpenpflanzen und -Tiere. München, S. 77—88.
W i k u s E. und P i g n a t t i S., *Euphorbia indica* Lam. — neu für Österreich. VZBG, 94, 1954: 147—149. [Kt: Bahnhof Tainach-Stein, östl. v. Klagenfurt.]
W i n t e r A. P., Die Alpe Golica (1836 m). Eine floristische Skizze aus den Karawanken. Allg. Botan. Zeitschr., 2, 1896: 180—182; 3, 1897: 8—10.
W o l f e r t A., *Artemisia nitida* nov. var. *Timauensis* in der Carnia im italienischen Friaul. VZBG, 61, 1911: 295—300. [Enthält auch mehrere Fundortsangaben aus Süd-Kärnten.]
Z e d r o s s e r Th., *Daphne laureola* L., immergrüner Seidelbast. Carinthia II, 119/120 (39/40), 1930: 56.
— Ungarisches Federgras (*Stipa pennata* L.), neue Fundstelle. Ebenda: 56—57. [Bei Friesach.]

Salzburg

Zusammengestellt unter Mitarbeit von Franz F i s c h e r (Elsbethen bei Salzburg).

A. Landesfloren und einige ältere Ortsfloren.

S c h r a n k F., Primitiae florae Salisburgensis. Frankfurt a. M., 1792. 240 Seiten.
B r a u n e F. A. v., Salzburgische Flora. I—III. Salzburg 1797. 426 + 844 + 459 Seiten.
M i e l i c h h o f e r M., Nachtrag zur salzburgischen Flora. In: H o p p e D. H., Botan. Taschenbuch, Regensburg 1801: 177—195.
H i n t e r h u b e r R. u. J., Prodromus einer Flora des Kronlandes Salzburg. Salzburg 1851.
Z w a n z i g e r J., Flora des Lungau. In: K ü r s i n g e r J., Lungau, 1853: S. 777—785.
R e i t z e n b e c k H., Der Untersberg bei Salzburg. I. Flora des Untersberges. Jahresbericht der k. k. Unter-Realschule in Salzburg 1855. 12 Seiten.
S t o r c h F., Skizzen zu einer naturhistorischen Topographie des Herzogthumes Salzburg. I. Bd.: Flora von Salzburg. Salzburg 1857. VIII u. 243 Seiten.
Z w a n z i g e r G. A., Botanische Reise im Juli 1862 usw. Ein Beitrag zur Kenntnis der Verbreitung der Pflanzen im Lande Salzburg usw. VZBG, 13, 1863: 965—1002.
S a u t e r A. E., Flora des Herzogthumes Salzburg. Salzburg: Allgemeines 1866, 66 Seiten; Gefäßpflanzen 1868, 206 Seiten.
P r e u e r F., 1877, siehe später (S. 40).
H i n t e r h u b e r J. und P i c h l m a y r M. F., Prodromus einer Flora des Herzogthumes Salzburg und der angrenzenden Ländertheile. 2. Aufl., Salzburg 1879.
S a u t e r A. E., Flora der Gefäßpflanzen des Herzogthums Salzburg. 2. Aufl., Salzburg 1879. 155 Seiten.
F u g g e r E. und K a s t n e r K., Verzeichnis der Gefäßpflanzen des Herzogthumes Salzburg. 1 und 2. 16. u. 17. Jahresbericht der k. k. Oberrealschule Salzburg, 1883 u. 1884. 157 Seiten.
F u g g e r E., Verzeichnis der Gefäßpflanzen des Herzogthumes Salzburg. Salzburg 1884. 31 Seiten. [Auszug aus dem voranstehenden Werk.]
— Desgleichen. Salzburg 1890. 42 Seiten. [Alphabetisches Verzeichnis.]
F i e d l e r J., 1884, siehe später (S. 38).
L e e d e r F., Flora des Landes Salzburg. Ungedrucktes Manuskript eines dreibändigen Werkes, verwahrt im Haus der Natur in Salzburg. I. Bd.: 461, II. Bd.: 321, III. Bd.: 205 Handschrift-Kanzleibogen. Verfaßt unter Mitarbeit von A. W i l l i, M. R e i t e r und F. F i s c h e r. Entstehungszeit 1932—1942.

B. Neuere floristische Arbeiten.

A b e l O., Mittheilung über Studien an *Orchis angustifolia* Rchbch. (*O. Traunsteineri* Saut.) von Zell am See in Salzburg und über einige andere Orchideen aus dem Pinzgau. VZBG, 50, 1900: 57—58.
B e r s c h W. und Z a i l e r V., Das Hochmoor „Saumoos“ bei St. Michaël im Lungau (Salzburg). Zeitschr. f. d. landwirtschaftl. Versuchswesen in Österreich, 5. Jahrg., 1902: 1071—1106.

Beschel R., siehe Fischer, 1952.
Biebl R., Über die Pflanzendecke des Großglockners. Siehe Kärnten.
Braune F. A. v., siehe unter Landesfloren.
Dalla Torre K. W. v., Beitrag zur Flora des Raurisertales. Zeitschr. „Der Tourist", Wien 1891.
Domes N., Studien über die Verbreitung des Waldes und der forstlichen Standortsbonitäten im Bundeslande Salzburg und deren klimatische und edaphische Grundlagen. Forstwissenschaftliches Centralblatt. Berlin, 1933. 45 Seiten.
Eysn M., Über einige Phanerogamen am Wege von Rauris-Kitzloch zum Sonnblickhaus. 5. Jahresbericht des Sonnblick-Vereines f. d. Jahr 1896. Wien 1897: 6—11.
Fiedler J., Naturhistorische Eigentümlichkeiten des Lungaus. Mitteil. d. Ges. f. Salzburger Landeskunde, Bd. 24, 1884: 1—46.
Fischer F., 1922—1926, siehe Fischer F., Hauser F. Frh. v. und Oehninger C. J., nach Fischer F.
Fischer F., Der Buxbestand bei Puch im Salzburgischen. Blätter f. Naturkunde u. Naturschutz, 31, 1944: 46.
— Beiträge zur Flora des Landes Salzburg. [I.] Salzburg (Verlag für Wirtschaft und Kultur), 1946. 16 Seiten.
— Das Krappartige Labkraut (*Galium rubioides* L.) im Lande Salzburg. Natur und Land, 35, 1949: 60—61.
— Pflanzenkundliches aus dem Glangebiet, 1949, siehe Sinnhuber K.
— *Lamium Orvala* L. im Salzburgischen. Berichte d. Bayer. Botan. Ges., 28, 1950: 294 bis 295.
— Die floristische Erforschung Salzburgs. Mitteil. d. Naturwiss. Arbeitsgemeinschaft vom Haus der Natur in Salzburg, Botanische Arbeitsgruppe, 1, 1950: 1—11.
— Pflanzenliste der Mühlstein-Wildmoos-Exkursion am 30. 7. 1950. Ebenda, 1, 1950: 26.
— Botanische Arbeiten aus dem Lande Salzburg (Literaturverzeichnis). Ebenda, 1, 1950: 47—52; 5/6, 1955: 49—51.
— Bemerkenswerte Salzburger Pflanzenfunde. Mitteil. d. Gesellsch. f. Salzburger Landeskunde, 91, 1951: 170—175. [Zweiter Beitrag zur Flora von Salzburg.]
— Floristisches aus dem Seewaldsee-Gebiete. Mitteil. d. Naturwiss. Arbeitsgemeinschaft vom Haus der Natur in Salzburg. Botanische Arbeitsgruppe, 2, 1951: 35—36.
— Dritter Beitrag zur Flora von Salzburg. Ebenda, 2, 1951: 37—40.
— Salzburg — Land seltener Orchideen. Mitteil. d. Naturwiss. Arbeitsgemeinschaft vom Haus der Natur in Salzburg, Botanische Arbeitsgruppe, 3, 1952: 16—19.
— Das verschollene Große Nixenkraut für Salzburg wiederentdeckt (Dr. Roland Beschel's Fund). Ebenda, 3/4, 1952/53 (1952): 43.
— Eine botanische Exkursion durch die „Trockenen Klammen." Ebenda, 3/4, 1952/53 (1952): 44—49.
— Pflanzen und Blumen. In: Kaut J., Salzburg von A—Z. Salzburg (Alpenverlag), 1954.
— Vierter Beitrag zur Flora des Landes Salzburg. Mitteil. d. Naturwiss. Arbeitsgemeinschaft vom Haus der Natur in Salzburg, Botanische Arbeitsgruppe, 5/6, 1955: 41—46.
— Die Pflanzenwelt des Pongaues und ihre Erforschung. Im „Pongauer Heimatbuch". Graz (Verlag Drechsler). 4 Seiten. (Noch nicht erschienen.)
Fischer F., Hauser F. Frh. v. und Oehninger C. J., Atlas der Alpenflora. 600 Abb. auf 100 Farbtafeln (gemalt teils von Fischer, teils von Hauser) mit 112 Seiten Text (von Oehninger). Münster i. W. (Verlag Oehninger) 1922—1926. [Bildvorlagen vorwiegend aus dem Land Salzburg.]
Fritsch K. (C.), Beiträge zur Flora von Salzburg. [I.] VZBG, 38, 1888, Abh.: 75—90.
— Vorläufige Mittheilung über die *Rubus*-Flora Salzburgs. VZBG, 38, 1888, Abh.: 775 bis 784.
— Berichte über „Salzburg" in der stehenden Rubrik „Flora von Österreich-Ungarn" in ÖBZ, 39, 1889: 153—154; 40, 1890: 280—283; 41, 1891: 34—35, 286—288; 42, 1892: 99 bis 107, 137—141, 180—184; 43, 1893: 33—36; 44, 1894: 191—197; 45, 1895: 439—445, 479—483.
— Beiträge zur Flora von Salzburg. II. VZBG, 39, 1889, Abh.: 575—592.
— Beiträge zur Flora von Salzburg. III. VZBG, 41, 1891, Abh.: 741—750.
— Über das Auftreten der *Veronica ceratocarpa* C. A. Mey. in Oesterreich. VZBG, 43, 1893, Sitzber.: 35—37. [In der Stadt Salzburg; seither nie wieder beobachtet.]
— Beiträge zur Flora von Salzburg. IV. VZBG, 44, 1894, Abh.: 49—69.
— Beiträge zur Flora von Salzburg. V. VZBG, 48, 1898: 244—273.
Fugger E. und Kastner K., Verzeichnis usw., 1883 u. 1884, siehe unter Landesfloren.

Fugger E., Beiträge zur Flora des Herzogthumes Salzburg. [I.] und II. Mittheil. d. Ges. f. Salzburger Landeskunde, 31, 1891: 1—54; 39, 1899: 31—79 u. 169—212.
Gams H., Beiträge zur pflanzengeographischen Karte Österreichs. I. Die Vegetation des Großglocknergebietes. Abhandl. ZBG, Bd. XVI, Heft 2. Wien 1936. 79 Seiten. [Betrifft Kt, Sb und OTi.]
Glaab L., Neue *Carduus*-Arten, -Formen und -Hybriden für die Flora des Landes Salzburg. Allg. Botan. Zeitschr., 2, 1896: 147—148. [Darunter *C. spinulosus* Glaab × *Personata* = *C. pseudospinulosus* Glaab.]
Handel-Mazetti Heinrich, Floristische Notizen. VZBG, 52, 1902: 409—411. [Betrifft NÖ, OÖ, St, Kt, Sb.]
Hauser, F. Frh. v., siehe Fischer F.
Hayek A. v., *Veronica Bonarota* L. in den nördlichen Kalkalpen. ÖBZ, 69, 1920: 37—50. [Birnhorn bei St. Leogang.]
Heinisch H. und Nowotny P., Die Gräser unserer heimatlichen Wiesen und Weiden [Bundesland Salzburg]. Salzburg (Eigenverlag), 1952. 59 Seiten.
Hinterhuber J., siehe unter Landesfloren.
Hinterhuber R., Die Flora des Schafberges bei St. Wolfgang. Jahrb. d. Mus. Franc. Carol. Linz, 1878, S. 1—8.
— siehe auch unter Landesfloren.
Hoffer M. und Lämmermayr L., Salzburg. (Junk's Naturführer). Berlin 1925. 405 Seiten. [Die Pflanzen werden jeweils bei den einzelnen Orten angeführt.]
Hübl P., Interessante Pflanzen aus Niederösterreich, Salzburg, Steiermark, Kärnten und Dalmatien. VZBG, 82, 1932: (22)—(26).
Jacobi E., Eine Langverkannte wieder erkannt (*Senecio aquaticus* Huds.). Salzburger Chronik, Nr. 44, vom 21. Februar 1936, Seite 5.
— Eine Pflanze aus Amerika. (Leopold Kieners Fund von *Carex vulpinoides*.) Salzburger Chronik, Nr. 77, vom 2. April 1936, Seite 5.
Jäger V., Jetzt und einst. Eine pflanzengeographische Skizze. Programm (52. Jahresbericht) des Gymnasiums am Borromäum zu Salzburg, 1901: 3—48.
Jäger V. und Porndorfer R., Der Mönchsberg. Salzburg 1928. 79 Seiten. [Die eingestreuten floristischen Betrachtungen, die etwa ein Drittel des Buches ausmachen, sind von R. Porndorfer verfaßt.]
Kastner K. (C.), siehe Fugger E., unter Landesfloren.
Keller L., *Dianthus Fritschii* L. Keller, nov. hybr. (*D. speciosus* Rchb. × *D. barbatus* L.). ÖBZ, 46, 1896: 391—392.
— Beiträge zur Flora des Lungau. VZBG, 48, 1898: 490—497.
— Beiträge zur Flora von Kärnten, Salzburg und Tirol. VZBG, 55, 1905: 299—324.
Lämmermayr L., Salzburg, 1925, siehe Hoffer M.
— Floristische Ergebnisse einer Begehung der Magnesitlagerstätten bei Dienten (Salzburg). Sitzber. Akad. Wiss. Wien, m.-n. Kl., Abt. I, 142, 1933: 233—242.
— Botanische Beobachtungen im Raume Ferleiten—Fuscher Törl—Edelweißspitze (Nordrampe der Großglockner-Hochalpenstraße). Sitzber. Akad. Wiss. Wien, m.-n. Kl., Abt. I, 144, 1935: 485—499.
Leeder F., Beiträge zur Flora des Landes Salzburg. VZBG, 72, 1922: 22—31.
— ergänzt von Arlt W., Die Flora des Rauriser Tales. (Maschinschrift.) 1952. XV + 48 Seiten. Verwahrt in der Botanischen Abteilung des Naturhistorischen Museums in Wien.
— Manuskript einer Flora von Salzburg, siehe unter Landesfloren.
Lürzer-Zechenthall E. v., Das „Hasenmoos" bei Thalgau, ein typisches Salzburger Hochmoor. Mitteil. d. Naturwiss. Arbeitsgemeinschaft vom Haus der Natur in Salzburg, Botanische Arbeitsgruppe, 5/6, 1955: 1—6.
Merxmüller H., *Veronica lutea* und *Asplenium seelosii* in den Salzburger Kalkalpen. Berichte d. Bayer. Botan. Ges., 29, 1952: 42—47. [*Veronica (Paederota) lutea* auf Salzburger Boden am Weg von der Ostpreußenhütte (westlich von Werfen) zum Hochkönig, bisher einziger Fundort in den Nordalpen; *Asplenium Seelosii* in Bayern, Karlstein bei Reichenhall, einziger Fundort in Deutschland, nicht auf Dolomit, sondern auf Kalk.]
Mielichhofer M., siehe unter Landesfloren.
Morton F. v., Die Vegetationsverhältnisse am Ufer des Fiblingsees bei Fuschl. Arbeiten aus der Botan. Station in Hallstatt, Nr. 133, 1952. 3 Seiten.
Neumayer H., Floristisches aus Österreich usw. VZBG, 79, 1929: 336—411.
Nowotny P., siehe Heinisch H.

Oehninger C. J., siehe Fischer F.
Podhorsky J., Der Naturschutzpark in den Hohen Tauern Salzburgs. In dem Sammelwerk „Neu-Österreich“, Amsterdam u. Wien (S. L. van Looy), 1923: 133—144.
— Der Alpenpark in den Hohen Tauern Salzburgs. Naturschutz, Berlin, 9, 1928: 25 ff.
— Führer durch den Naturschutzpark in den Hohen Tauern. Stuttgart 1930. 45 Seiten.
— Die Naturschutzgebiete des Hochgebirges, besonders der Alpen: Der Salzburger Tauernpark. Jahrbuch d. Ver. z. Schutze der Alpenpflanzen und -Tiere, 8, München 1936: 82—98.
— Die Spirke in den Ostalpen. Wiener Allg. Forst- und Jagdzeitung, 1939, Nr. 3 u. Nr. 4, S. 15—17 und 23—24.
— Botanische Merkwürdigkeiten. Blätter f. Naturkunde u. Naturschutz, 29, 1942: 110 bis 112. [Beachtenswert: *Iris sibirica* mit weißen und gelben Blüten, bei Salzburg.]
— Die großblütige Taubnessel — neu für die Nordalpen. Blätter für Naturkunde u. Naturschutz, 31, 1944: 7—8. [Betrifft F. Fischers Fund 1943.]
— Der letzte Moorkönig usw., 1949, siehe Sinnhuber K.
Porndorfer R., siehe Jäger V.
Preuer F., Die phanerogame Flora des Thales Gastein. Mittheil. d. Ges. f. Salzburger Landeskunde, 17, 1877: 1—36.
Radacher M., Die Zwergbirke am Hochkönig in Salzburg. Natur und Land, 38, 1952: 153.
— Alpenpflanzen im Gebiete des Hochkönigs, hauptsächlich Südseite, Kalkformation. Mitteil. d. Naturwiss. Arbeitsgemeinschaft vom Haus der Natur in Salzburg, Botanische Arbeitsgruppe, 5/6, 1955: 7—12. [Abeceliche Florenliste.]
— Alpenpflanzen im Gebiete des Hochkönigs, unmittelbar an dessen Südseite angrenzend, also Hochkeil und Schneeberg umfassend, Schieferzone. Ebenda: 13—16. [Abeceliche Florenliste.]
Rechinger K. H. fil., Kritische Beiträge zur Flora der Ostalpen. Repert. spec. nov., 53, 1944: 114—126. [Bezieht sich auf NÖ, OÖ, St, Kt, Sb und Ti.]
Reiter M., Zur Verbreitung der *Arabis Halleri*. Salzburger Volksblatt, Jahrg. 66, 20. Mai 1936.
— Beitrag zur Flora von Salzburg usw. [I.] Mitteil. d. Ges. f. Salzburger Landeskunde, 86/87, 1946/47: 72—80.
— Zweiter Beitrag zur Flora von Salzburg usw. Mitteil. d. Naturwiss. Arbeitsgemeinschaft vom Haus der Natur in Salzburg, Botanische Arbeitsgruppe, 1, 1950: 27—46.
— Über ein paar Korbblütler des Landes Salzburg. Ebenda, 2, 1951: 41—43.
— Über einige Blütenpflanzen von Salzburg. Ebenda, 3, 1952: 1—15.
— Zur Physiognomie einiger heimischer Reitgräser (*Calamagrostis*). Ebenda, 3, 1952: 34—39.
— *Carex muricata* im Lande Salzburg. Ebenda, 3/4, 1952/53 (1952): 40—42.
— Über einige Gräser des Landes Salzburg. Mitteil. d. Ges. f. Salzburger Landeskunde, 92, 1952: 152—155; 93, 1953: 168—173.
— Die Hieracien (Habichtskräuter) des Landes Salzburg. Salzburg 1954. 20 Seiten.
— Zu einigen Blütenpflanzen des Landes Salzburg. Mitteil. d. Naturwiss. Arbeitsgemeinschaft vom Haus der Natur in Salzburg, Botanische Arbeitsgruppe 5/6, 1955: 17—28.
— Bemerkungen zu den Hieracien (Salzburgs). Ebenda: 29—38.
— Zwei asiatische Blütenpflanzen kürzlich in Salzburg eingewandert. Ebenda: 39—40. [Betrifft *Artemisia Verlotorum* Lamotte von Goldenstein, nächst Elsbethen (1948) und *Xanthium sibiricum* Patrin, um Puch bei Hallein (1952).]
Sauter A. E., siehe unter Landesfloren.
Schrank F., siehe unter Landesfloren.
Schreiber J., Die Moore Salzburgs. Staab (Böhmen) 1913. 272 Seiten.
Schwaighofer M., Beiträge zur Flora des Landes Salzburg. Mitteil. d. Naturwiss. Arbeitsgemeinschaft vom Haus der Natur in Salzburg, Botanische Arbeitsgruppe, 2, 1951: 1—34. — [Darin: Flora von St. Georgen a. S. und Umgebung (S. 6—11); Flora des Kleinarltales mit dem Jägersee und Tappenkar (S. 11—34).]
Sinnhuber K., Die Glan bei Salzburg. Salzburg 1949. 45 Seiten, 19 Tafeln, 1 Karte. Darin: Podhorsky J., Der letzte Moorkönig des Untersberger Moores (S. 30—31) und Fischer F., Pflanzenkundliches aus dem Glangebiet (S. 31—32), dazu eine Pflanzentafel „Prominente der Glanflora“, gezeichnet von F. Fischer.
Spreitzenhofer G. C., Botanische Erinnerungen an Mondsee. ÖBZ, 20, 1870: 55—58. [Betrifft hauptsächlich das auf Salzburgischem Boden gelegene Gebiet des Schafberges.]
Storch F., siehe unter Landesfloren.

Toepffer A., Gastein und seine Flora. Deutsche Botan. Monatsschrift, 12, 1894: 74—82.

Tschermak L., Gliederung des Waldes von Salzburg und Oberdonau in natürliche Wuchsbezirke. Centralbl. f. d. gesamte Forstwesen, 66, 1940: 73—87.

Vetter J., Über die Flora des Hochkönig. VZBG, 66, 1916 (1917): (117)—(123).

Vierhapper F. (jun.), Beitrag zur Gefäßpflanzenflora des Lungau. [I.] VZBG, 48, 1898: 490—497.

— Zweiter Beitrag zur Flora der Gefäßpflanzen des Lungau. VZBG, 49, 1899: 395—422.

— Dritter Beitrag zur Flora der Gefäßpflanzen des Lungau. VZBG, 51, 1901: 547—593.

— Neue Pflanzenstandorte aus Niederösterreich und Salzburg. VZBG, 52, 1902: 72—73.

— Neue Pflanzen-Hybriden. 2. *Soldanella Lungoviensis* Vierh. (*Soldanella pusilla* Baumg. × *montana* Mik.). ÖBZ, 54, 1904: 349—350.

— Pflanzenschutz im Lungau. Tauernpost (Tamsweg), 1910.

— *Conioselinum tataricum*, neu für die Flora der Alpen. ÖBZ, 61, 1911 und 62, 1912, in 12 Teilen.

— Klima, Vegetation und Volkswirtschaft im Lungau. Deutsche Rundschau für Geographie, 36, 1913/14, Heft 5, 6, 7 u. 9. 48 Seiten.

— Floristische Mitteilungen. VZBG, 64, 1914: (70)—(76). [Betrifft NÖ, St und Sb (Lungau).]

— *Juncus squarrosus* L. VZBG, 67, 1917: (189). [Auf dem Roßbrand bei Radstadt im Pongau.]

— *Juncus biglumis* L., für die Alpen neu. VZBG, 67, 1917 (1918): (196). [In der Hochfeindkette der Radstädter Tauern, sonst arktisch.]

— *Juncus biglumis* L. in den Alpen. ÖBZ, 67, 1918: 49—51. [Ufer des Schwarzsees am Nordhang der Hochfeindkette in den Radstädter Tauern.]

— *Allium strictum* Schrad. im Lungau. ÖBZ, 68, 1919: 124—141. [Bei Schellgaden im Murwinkel.]

— Pflanzengeographisches aus dem Quellgebiete der Mur. VZBG, 69, 1919: (38)—(42).

— Pflanzen aus dem Lungau. VZBG, 69, 1919: (206)—(207).

— Floristische Mitteilungen aus ..... dem Lungau. VZBG, 70, 1920: (196)—(197).

— Die Kalkschieferflora aus den Ostalpen. ÖBZ, 70, 1921: 261—293; 71, 1922: 30—45. [Behandelt in erster Linie den Lungau, aber auch die übrigen Teile der Ostalpen, so Kt, Sb, Ti.]

— Pflanzen aus dem Lungau und [aus dem Stubachtale im] Pinzgau. VZBG, 72, 1922: (68).

— Pflanzen aus dem Lungau. VZBG, 72, 1922: (173).

— Die Vegetation des Stubachtales. In „Beiträge zur Kenntnis der Pflanzen- und Tierwelt des Alpen-Naturschutzparkes im Pinzgau". Blätter für Naturkunde und Naturschutz, 11, 1924: 46—51.

— Pflanzensoziologische Studien über Trockenwiesen im Quellgebiete der Mur. ÖBZ, 74, 1925: 153—179.

— Pflanzen aus dem Lungau. VZBG, 74/75, 1924/25 (1926): (42)—(44).

— Vorarbeiten zu einer pflanzengeographischen Karte Österreichs. XIV. Vegetation und Flora des Lungau (Salzburg). Abhandl. ZBG, Bd. XVI, Heft 1, 1935: 72—289; Schriftenverzeichnis: 73—75.

Vogl B., Flora der Umgebung von Salzburg, analytisch behandelt. I. Teil. 39. u. 40. Programm des fürsterzbischöfl. Gymnasiums am Collegium Borromaeum in Salzburg, 1888/89: 1—29. [Blieb unvollendet.]

— Die Schmetterlingsblütler des Salzburgischen Flachgaues. Programm (45. Jahresausweis) des f. e. Gymnasiums am Collegium Borromaeum in Salzburg, 1894: 1—48.

— Die Rosenblütler des Salzburgischen Flachgaues. Programm (47. Jahresausweis) des f. e. Gymnasiums usw., 1896: 1—80.

Vollmann F., Zwei Hochmoore der Salzburger Alpen. Mitteil. d. Bayer. Botan. Ges., Bd. 1, Nr. 37, 1905: 477—481. [Das eine Moor liegt teilweise auf österreichischem Boden, das andere ganz in Bayern.]

Watzl B., Beiträge zur Kenntnis der Flora des Attergaues. VZBG, 86/87, 1936/37 (1937): 148—176. [Betrifft hauptsächlich OÖ, greift aber auch etwas auf Sb über.]

Wiesbaur J. B. und Haselberger M., Beiträge zur Rosenflora von Oberösterreich, Salzburg und Böhmen. 49. Bericht über das Museum Francisco-Carolinum, Linz 1891: I—VI und 1—40.

Willi A., Die Vegetationsverhältnisse des Mönchsberges, Rainberges und Festungsberges in Salzburg. Programm der Realschule Salzburg, 1909. 50 Seiten.

Zailer V., siehe Bersch W.

Tirol

Zusammengestellt unter Mitarbeit von Hermann Frh. v. Handel-Mazzetti (Innsbruck).

A. Landesfloren und eine ältere Ortsflora.

Schöpfer F. X., Flora Oenipontana. Oder Beschreibung der in der Gegend um Innsbruck wildwachsenden Pflanzen usw. Innsbruck 1805. 404 Seiten.

Hausmann F. Frh. v., Flora von Tirol. Ein Verzeichnis der in Tirol und Vorarlberg wildwachsenden und häufiger gebauten Gefäßpflanzen. Innsbruck 1851, 1852, 1854. 3 Bände. 1614 Seiten.

Dalla Torre K. W. v. und Sarnthein L. Graf v., Flora von Tirol, Vorarlberg und Liechtenstein. Innsbruck 1900—1913. 6 Bände. Bd. 1: Litteratur: 414 Seiten. Bd. 6: Die Farn- und Blütenpflanzen, ist in 4 Teile unterteilt, u. zw. 6/1 (1906): 563 S.; 6/2 (1909): 964 S.; 6/3 (1912): 956 S.; 6/4 (1913): 495 Seiten.

B. Neuere floristische Arbeiten.

Anonym, Bemerkenswerte Beobachtungen auf einzelnen Wanderungen. A. 1943. Ber. d. Bayer. Botan. Ges., 27, 1947: 291—298, speziell 292—296. [Betrifft auch Ti u. Vb.]

Becker W., Zur Veilchenflora Tirols. [I.] Zeitschr. d. Mus. Ferdinandeum in Innsbruck, 3. Folge, 48, 1904: 323—346.

— Zur Veilchenflora Tirols. [II.] VZBG, 56, 1906: 125—131.

Berger R., Das Halltal. Eine pflanzensoziologische Studie als Beitrag zur Pflanzengeographie des südlichen Karwendels. VZBG, 77, 1927: 119—155.

— Veilchen von Niederösterreich und Tirol usw. Die Natur, Wien, Heft 1, 1933: 1—8.

Biebl R., Über die Pflanzendecke des Großglockners. Siehe Kärnten.

Bornmüller J., Ein kleiner Beitrag zur Hieracienflora des oberen Paznauntals (Tirol). Magy. Botan. Lapok, 32, 1933: 183—187.

Dalla Torre K. W. v., Pflanzen- und Tierwelt im nördlichen Mittelgebirge bei Innsbruck. 22. Jahresbericht des Innsbrucker Verschönerungsvereins [über das Jahr 1902]: 8—16.

— Der Patscherkofel bei Innsbruck. Floristische Schilderung. 12. Bericht des Vereins zum Schutze der Alpenpflanzen, München, 1922: 61—73.

— Beiträge zur Flora von Tirol und Vorarlberg, bearbeitet nach ..... Friedrich Beer. Veröffentl. d. Mus. Ferdinandeum in Innsbruck, 7, 1927 (ersch. 1929): 1—120.

— und Sarnthein L. Graf v., Flora v. Tirol, siehe unter Landesfloren.

— Bericht über die Flora von Tirol, Vorarlberg und Liechtenstein, betreffend die floristische Literatur dieses Gebietes. I, II u. III. Berichte des Naturwissensch.-mediz. Vereins Innsbruck, 26, 1901: 123—150; 29, 1904: 1—70; 32, 1910: 59—158.

— Beiträge zur geographischen Verbreitung von Phanerogamen in den Ostalpen nach einem Manuskript von Adalbert Rüdel in Ansbach. 14. Bericht des Vereines zum Schutze der Alpenpflanzen, Bamberg 1920. [Enthält einige Angaben aus den Tuxer Voralpen und aus Osttirol.]

Eggler J., Vegetationsaufnahmen alpiner Rasengesellschaften in Oberkärnten und Osttirol. Carinthia II, 144 (64), 1954: 99—105.

Engensteiner S., Ein Beitrag zur Orchideenflora Nordtirols. Allg. Botan. Zeitschr., 14, 1908: 10.

— Orchidaceenstudien zur Innsbrucker Flora. Allg. Botan. Zeitschr., 18, 1912: 109—111. [Enthält auch Beschreibungen neuer Formen und Varietäten.]

— Zur Flora von Nordtirol. Allg. Botan. Zeitschr., 19, 1913: 187—188.

Feurstein S. Pankratia, Geschichte des Viller Moores und des Seerosen-Weihers an den Lanser Köpfen bei Innsbruck. Beihefte Botan. Ctrbl., 51, 2. Abt. 1933: 477—526.

Finkernagel K., Das Vorkommen der Spirke im Karwendel. Natur und Land, 35, 1949: 170.

Fritsch C. (K.), Über *Potamogeton juncifolius* Kern. VZBG, 45, 1895: 364—366.

Gams H., Die Fortschritte in der Erforschung der Flora und Vegetation von Tirol in den letzten Jahren. Ber. d. Naturw.-mediz. Ver. in Innsbruck, 42, 1931: 185—194.

— Die Pflanzenwelt Tirols. Aus „Tirol, Land, Natur, Volk und Geschichte". München 1933: 92—108.

G a m s H., Das Pflanzenleben des Großglockner-Gebietes. Zeitschr. d. D. u. Ö. Alpenvereins, 66, 1935: 157—176.
— Beiträge zur pflanzengeographischen Karte Österreichs. I. Die Vegetation des Großglocknergebietes. Abhandl. ZBG, Bd. XVI, Heft 2. Wien 1936. 79 Seiten. [Betrifft Kt, Sb u. OTi.]
— Der Patscherkofel, seine Naturschutzgebiete und sein Alpengarten. Jahrbuch d. Ver. z. Schutze der Alpenpflanzen und -Tiere, 9, München 1937: 7—21.
G á y e r J. (Gy.), Dendrologisches aus dem Schobergebirge in Tirol [Ost-Tirol]. Mitteil. Deutsch. Dendrolog. Ges., 42, 1930: 356—358. [Darin u. a. der Nachweis von *Pinus silvestris* subsp. *engadinensis* in OTi.]
G r a b h e r r W., Zur Flora des Voldertales bei Hall in Tirol. ÖBZ, 86, 1937: 287—292.
— Beiträge zur Flora der Umgebung von Innsbruck, mit besonderer Berücksichtigung des Voldertales bei Hall in Tirol. ÖBZ, 90, 1941: 53—62.
H a n d e l - M a z z e t t i H e i n r i c h Frh. v., Beitrag zur Flora von Nord-Tirol. ÖBZ, 52, 1902: 26—32.
— Eine neue hybride *Gentiana* aus Tirol. Zeitschr. d. Ferdinandeums Innsbruck, 3. Folge, 46, 1902: 289—293. [*G. tiroliensis* H.-M. (*G. aspera* × *G. campestris*), Isstal bei Hall.]
— Über einige seltenere Pflanzen aus Tirol. VZBG, 53, 1903: 169—170.
— Beitrag zur Gefäßpflanzenflora von Tirol. [I.] ÖBZ, 53, 1903: 289—294, 359—365, 413—420, 456—460.
— Zweiter Beitrag zur Gefäßpflanzenflora von Tirol. ÖBZ, 54, 1904: 216—217, 237—239.
— Dritter Beitrag zur Gefäßpflanzenflora von Tirol. ÖBZ, 55, 1905: 69—72.
— Bemerkenswerte Phanerogamen aus Tirol. VZBG, 58, 1908: (100)—(108).
— Pflanzen von neuen Standorten in Tirol und Vorarlberg. VZBG, 63, 1913: (65)—(68).
— *Campanula cenisia* L. in den Zillertaler Alpen. ÖBZ, 70, 1921: 298—299. [Tuxer Gruppe, auf dem östlichsten der Tarntaler Köpfe (Mittel-Tirol); nächster Fundort auf der Parseierspitze, nordwestl. v. Landeck.]
— Die Verbreitung der Eibe in Tirol. Blätter für Naturkunde und Naturschutz, 15, 1928: 71—72.
— Die *Taraxacum*-Arten nordischer Herkunft als Nunatakerpflanzen in den Alpen. VZBG, 85, 1935 (1936): 26—41.
H a n d e l - M a z z e t t i H e r m a n n Frh. v., Die Verbreitung von *Pinus silvestris* und *P. engadinensis* in Nord- und Osttirol. Repert. spec. nov., Beihefte, Bd. 76, 1934: 222—224.
— Beiträge zur Verbreitung der stengellosen Veilchen ..... in Nordtirol. Tiroler Heimatblätter, Innsbruck, 15, 1937: 49—53.
— Die Verbreitung der Frühjahrsveilchen (*Hypocarpeae* Godron) in Tirol. Ber. d. Bayer. Botan. Ges., 25, 1941: 32—37.
— Zur floristischen Erforschung des ehemaligen Landes Tirol und Vorarlberg. [I.] Ber. d. Bayer. Botan. Ges., 26, 1943: 56—80.
— Zur floristischen Erforschung des ehemaligen Landes Tirol und Vorarlberg. [II.] Ber. d. Bayer. Botan. Ges., 27, 1947: 175—185.
— Zur floristischen Erforschung von Tirol und Vorarlberg. [III.] ÖBZ, 96, 1947: 83—108.
— Das Lanser Moor — Naturdenkmal. Natur und Land, 36, 1950: 169—170.
— Drei floristische Neufunde im Gebiete des Schellenbaches im Ammergebirge. Veröffentl. d. Museum Ferdinandeum in Innsbruck, Bd. 30, 1950 (1952): 57—60. [*Carex baldensis*, *Soldanella minima eu-minima* und *Primula pubescens* (als Halbwaise, ohne *P. hirsuta*).]
— Zur floristischen Erforschung von Tirol und Vorarlberg. [IV.] VZBG, 93, 1953: 81—99.
— Zur floristischen Erforschung von Tirol und Vorarlberg. [V.] VZBG, 94, 1954: 114—137.
— Der einzige Standort der Zwergbirke (*Betula nana* L.) in Tirol. Angewandte Pflanzensoziologie, Festschrift Aichinger, 1954: 123—124. [Wildmoos bei Pfunds.]
— Der höchste Standort der Zirbe (*Pinus Cembra* L.) in den Ostalpen. Angewandte Pflanzensoziologie, Festschrift Aichinger, 1954: 124. [Karlesspitze bei Kütai, etwa 2590 m.]
— Zur floristischen Erforschung von Tirol und Vorarlberg. [VI.] VZBG, 96, 1956 (im Druck). [Behandelt hauptsächlich Nordtirol, nur wenig Vorarlberg, Osttirol und das übrige Südtirol.]
— Angaben aus Prof. Dr. K o t u l a s Pflanzenkatalogen, als Beitrag zur floristischen Erforschung von Tirol und Vorarlberg. [VII.] VZBG, 96, 1956 (im Druck). [Betrifft Nordtirol und besonders die gegenwärtig zu Italien gehörigen Teile von Südtirol, dagegen nicht Osttirol und nicht Vorarlberg.]
H a u s m a n n F. Frh. v., siehe unter Landesfloren.

Hayek A. v., Über *Verbascum crassifolium* Lam. in Tirol. VZBG, 63, 1913: (70). [Bei Sölden im Ötztal, daselbst auch *V. crassifolium* × *V. Lychnitis*.]

Huter R., Herbar-Studien. ÖBZ, 53, 1903 bis 58, 1908, in zahlreichen Fortsetzungen. [Behandelt u. a. Funde aus OTi.]

Keller L., Seltenere Pflanzen aus Niederösterreich und Tirol. VZBG, 53, 1903: 360—361.

— Beiträge zur Flora von Kärnten, Salzburg und Tirol. VZBG, 55, 1905: 299—324. [Neu für NTi: *Thlaspi cepeaefolium* Koch, im Schutt des Malbaches oberhalb der Muttekopfhütte (bei Imst).]

— II. Beitrag zur Flora von Tirol. VZBG, 58, 1908: 276—282.

Kielhauser G. E., Thermophile Buschgesellschaften im oberen Tiroler Inntal. VZBG, 94, 1954: 138—146.

— Die Trockenrasengesellschaften des Stipeto-Poion xerophilae im oberen Tiroler Inntal. Angewandte Pflanzensoziologie, Festschrift Aichinger, 1954: 646—666.

Knapp G. und R., Über anthropogene Pflanzengesellschaften im mittleren Tirol. Ber. Deutsch. Botan. Ges., 66, 1953 (1954): 393—408.

Klebelsberg R. v., Das Vordringen der Hochgebirgsvegetation in den Tiroler Alpen. ÖBZ, 63, 1913: 177—186, 241—254.

Kükenthal G., *Luzula lutea* × *spadicea* = *Luzula Bornmülleriana* Kükenthal, hybr. nov. Mitteil. Thüring. Botan. Ver., n. F., 23, 1908: 90—92. [Aus dem hinteren Pitztal.]

Mayr E., Die Bedeutung der alpinen Getreide-Landsorten für die Pflanzenzüchtung und Stammesforschung, mit besonderer Beschreibung der Landsorten in Tirol und Vorarlberg. Zeitschrift für Züchtung. Reihe A. Pflanzenzüchtung, Bd. 19, Heft 2, 1934: 153—308.

Murr J., Beiträge zur Flora von Tirol und Vorarlberg. I—XXVI. 1881—1913. (Abweichende Titel sind bei den einzelnen Nummern angegeben.)

I: Ein Beitrag zur Flora von Nordtirol. ÖBZ, 31, 1881: 12—16.
II: Neue Beiträge zur Flora von Nordtirol. ÖBZ, 31, 1881: 387—390.
III: Beiträge zur Flora von Nordtirol III. ÖBZ, 34, 1884: 86—88.
IV: Wichtigere neue Funde von Phanerogamen in Nordtirol. ÖBZ, 38, 1888: 202 bis 206, 237—240.
V: Wichtigere neue Funde von Phanerogamen in Nordtirol. ÖBZ, 39, 1889: 9—13, 45—49.
VI: Zur Flora von Nordtirol. ÖBZ, 43, 1893: 175—180, 220—225, 353—354.
VII: Zur Flora von Tirol. Deutsche botan. Monatsschr. 12, 1894: 17—21.
VIII: Beiträge und Berichtigungen zur Flora von Tirol. Deutsche botan. Monatsschr., 14, 1896: 43—49.
Beiträge zur Flora von Tirol und Vorarlberg:
IX: Deutsche botan. Monatsschr. 15, 1897: 76—81.
X: Deutsche botan. Monatsschr., 16, 1898: 61—66, 110—112, 145—147.
XI: Deutsche botan. Monatsschr., 17, 1899: 12—14, 20—22, 49—52, 81—84, 99—103.
XI, Nachtrag: Deutsche botan. Monatsschr., 17, 1899: 132—134, 149—154.
XII: Deutsche botan. Monatsschr., 18, 1900: 166—169, 193—196.
XIII: Deutsche botan. Monatsschr., 20, 1902: 23—28, 51—56.
XIV: Deutsche botan. Monatsschr., 20, 1902: 117—123.
XV: Beitr. z. Fl. v. Tirol. Allg. Botan. Zeitschr. 9, 1903: 141—145 [Betrifft vorwiegend Südtirol.]
XVI: Allg. Botan. Zeitschr., 10, 1904: 38—42.
XVII: Allg. Botan. Zeitschr., 11, 1905: 3—5, 29—32, 49—51.
XVIII: Allg. Botan. Zeitschr., 11, 1905: 147—150.
XIX: Allg. Botan. Zeitschr., 12, 1906: 162—163, 176—178, 200—202.
XX: Allg. Botan. Zeitschr., 13, 1907: 23—24, 42—45.
XXI: Beitr. z. Fl. v. Ti, Vb und ... Liechtenstein. Allg. Botan. Zeitschr., 14, 1908: 7—10, 19—21.
XXII: Zur Flora von Tirol. Allg. Botan. Zeitschr., 14, 1908: 199.
XXIII: Zur Flora von Tirol. Allg. Botan. Zeitschr., 16, 1910: 85—86, 117—122.
XXIV: Zur Flora von Vorarlberg, Liechtenstein, Tirol u. d. Kanton St. Gallen. Allg. Botan. Zeitschr., 16, 1910: 185—189.
XXV: Beiträge zur Flora von Tirol, Vorarlberg, Liechtenstein und des Kantons St. Gallen. Allg. Botan. Zeitschr., 18, 1912: 103—108, 132—134, 141—143, 149—162; 19, 1913: 15—16, 37—39, 55—57.
XXVI: Zur Flora von Tirol und Vorarlberg. Allg. Botan. Zeitschr., 19, 1913: 73—74.

Murr J., Die Potentillen Nordtirols, insbesondere der weiteren Innsbrucker Umgegend. Deutsche Botan. Monatsschr., 9, 1891: 17—24.
— Über Hybride der Gattung *Phyteuma*. Deutsche Botan. Monatsschr., 14, 1896: 116 bis 125. [Die meisten *Phyteuma*-Bastarde von Afling bei Innsbruck.]
— Glazialrelicte in der Flora von Süd- und Nordtirol. Allg. Botan. Zeitschr., 4, 1898: 175—177, 195—196.
— Einiges Neue aus Steiermark, Tirol und Oberösterreich. Allg. Botan. Zeitschr., 5, 1899: 23—24, 41—42, 58—61.
— Die Lanser Köpfe bei Innsbruck und ihre Umgebung. Deutsche Botan. Monatsschr., 19, 1901: 152—154.
— Die Gräberflora der Innsbrucker Umgebung. Deutsche Botan. Monatsschr., 19, 1901: 179—185.
— Über zwei Veilchen von Nordtirol. Magy. Botan. Lapok, 1, 1902: 225—229. [Behandelt *Viola sepincola* Jord. und *V. oenipontana* J. Murr.]
— Ein Veilchen-Tripelbastard. Magy. Botan. Lapok, 2, 1903: 180—182. [*V. Poelliana* J. Murr = *V. merkensteinensis (collina* × *odorata)* × *V. hirta,* Thaurer Schloßruine bei Innsbruck.]
— Pflanzengeographische Studien aus Tirol. 7. Thermophile Relikte in mittlerer und oberer Höhenzone. Allg. Botan. Zeitschr., 12, 1906: 108—110.
— Pflanzengeographische Studien aus Tirol. [8.] Die pontisch-illyrischen Elemente der Tiroler Flora. Magy. Botan. Lapok, 5, 1906: 267—273.
— Pflanzengeographische Studien aus Tirol. 9. Tiefenrekorde (mit Heranziehung anderer österreichischer Alpenländer). Allg. Botan. Zeitschr., 17, 1911: 106—113.
— Pflanzengeographische Studien aus Tirol. 10. Höhenrekorde thermophiler Arten. Deutsche botan. Monatsschr., 22, 1911: 129—137.
— *Astragalus Murrii* Huter. Deutsche botan. Monatsschr., 22, 1911: 173—176.
— *Saxifraga Forsteri* Stein (*S. caesia* L. × *mutata* L.). Deutsche botan. Monatsschr., 23, 1912: 76.
— Nochmals die Thermophilen der mittleren und oberen Zone des nordtirolischen Gebirges. (Pflanzengeographische Studien aus Tirol, 12.) ÖBZ, 65, 1915: 156—161.
— Aus Innsbrucks Pflanzenleben. Tiroler Anzeiger, 1923—1928. Sehr zahlreiche Kurzartikel. Siehe auch Murr, 1929—1931.
— Meine Phanerogamen-Bastarde. Vierteljahrsschr. f. Geschichte und Landeskunde Vorarlbergs, 10, 1926: 185—194. [Betrifft bes. Ti u. Vb. Neu: *Salix ampliata* J. Murr = *S. super-caprea* × *glabra*.]
— Unsere Cirsien, Kratzdisteln und ihre Bastarde. Tiroler Anzeiger, Nr. 219 vom 22. IX. 1928. [Behandelt die in Tirol und Vorarlberg vorkommenden Arten und Bastarde von *Cirsium*. Neu: *C. Lanseriae* J. Murr = *C. arvense* × *C. heterophyllum,* Sillian, OTi.]
— Zur Flora von Ost-Tirol. Linzer Nachr., 1929, Nr. 32 vom 2. VIII.
— Zahlreiche Kurzartikel mit verschiedenen Titeln im Tiroler Anzeiger von 1929 bis 1931. Eine Fortsetzung der Artikelserie von 1923—1928, siehe oben.
— Neue Beiträge zur Flora der Umgebung von Innsbruck und des übrigen Nordtirol. Veröffentl. d. Museums Ferdinandeum in Innsbruck, Heft 11, 1931: 39—80.
— Pflasterflora. „Natur und Kultur", Monatschrift für Naturwissenschaften und ihre Grenzgebiete, Innsbruck und München, 29, 1932: 92—95. [Bezieht sich auf Innsbruck; 72 Blütenpflanzen.]
Neumayer H., Floristisches aus Österreich usw. VZBG, 79, 1929: 336—411.
Lang-Reitstätter M., Wiese und Feld in Villgraten, Tirol. Wiener Zeitschr. f. Volkskunde, 40, 1935: 70—89; 41, 1936: 16—27.
Pöll J., Beiträge zur Veilchenflora von Innsbruck. Allg. Botan. Zeitschr., 12, 1906: 189—193.
— Bemerkung zum Artikel usw. (siehe vorstehend). Allg. Botan. Zeitschr., 13, 1907: 29. [Umbenennung zweier Bastarde.]
— Beiträge zur Flora von Nordtirol. Veröffentl. d. Museums Ferdinandeum in Innsbruck, Heft 11, 1931: 131—156. [Aus dem reichen Inhalt besonders beachtenswert sind die vielen Bastarde, darunter mehrere neue aus den Gattungen *Salix, Viola, Ranunculus* und *Polygala*.]
Rechinger C. (K.) pater, Eine seltene *Cirsium*-Hybride: *C. Bipontinum* F. Schultz (*C. lanceolatum* × *oleraceum)*. VZBG, 50, 1900: 59. [Bei Gschnitz in NTi.]
Rechinger K. H. fil., Kritische Beiträge zur Flora der Ostalpen. Repert. spec. nov., 53, 1944: 114—126. [Bezieht sich auf NÖ, OÖ, St, Kt, Sb und Ti.]

Ronniger K., *Alchemilla subsericea* Reuter. VZBG, 68, 1918: (236). [Auffindung dieser Art im Pitztal und Ötztal in NTi, als neu für Österreich.]
Sabransky H., Ein Beitrag zur Kenntnis der Flora von Tirol. ÖBZ, 52, 1902: 26—32.
Sarnthein L. Graf v., Die Eibe in Tirol und Vorarlberg. Ascherson-Festschrift, 1904: 476—481.
Sarnthein L. Graf v. und Dalla Torre K. W. v., Flora, siehe Dalla Torre, unter Landesfloren.
— Bericht, siehe Dalla Torre, 1910.
Sauter F., Funde seltener Phanerogamen in Ost- und Mitteltirol. ÖBZ, 48, 1898: 351 bis 369, 400—405.
Schreckenthal-Schimitschek G., Klima, Boden- und Holzarten an der Wald- und Baumgrenze in einzelnen Gebieten Tirols. Veröffentl. d. Museums Ferdinandeum in Innsbruck. Heft 13, 1933 (1934): 115—252.
Schwimmer J., Die Gefäßpflanzen des Arlberggebietes. Veröffentl. d. Museums Ferdinandeum in Innsbruck, Heft 11, 1931: 81—130.
Sündermann F., Neues zur Flora von Tirol und Vorarlberg. Allg. Botan. Zeitschr., 26/27, 1925: 22—23.
Suessenguth K., Zur Flora des Gebietes der Berliner Hütte in den Zillertaler Alpen. Ber. d. Bayer. Botan. Ges., 29, 1952: 72—82.
Thimm I., Die Vegetation des Sonnwendgebirges (Rofan) in Tirol (subalpine und alpine Stufe). Ber. d. Naturwiss.-mediz. Ver. Innsbruck, 50, 1953: 5—166.
Tschermak L., Gliederung des Waldes Tirols, Vorarlbergs und der Alpen Bayerns. Centralbl. f. d. gesamte Forstwesen, 66, 1940: 106—119.
Turnowsky F., Zur Flora der westlichen Karnischen Hauptkette. Carinthia II, 54, 1944: 54—58. [Enthält zahlreiche Angaben für die Alpen von OTi.]
Vareschi V., Über den Naturschutzpark im Karwendel (Tirol) usw. Jahrb. d. Ver. z. Schutze d. Alpenpflanzen, 1934: 7—25.
Vetter J., Zwei neue *Carex*-Bastarde aus Tirol und neue Standorte. VZBG, 57, 1907: (234)—(244). [Betrifft Ti und NÖ. Aus NTi *Carex alpina* Sw. × *C. atrata* L. = *C. Sarntheinii* Vetter, Rofener Tal, Ötztaler Alpen.]
— Beiträge zur Flora von Niederösterreich, Tirol und Kärnten. VZBG, 58, 1908: (190) bis (197).
— Neue Pflanzenhybriden, neue Formen und neue Standorte. VZBG, 65, 1915: (146) bis (168). [Betrifft NÖ, St, Kt, Ti und Vb.]
— Neue Pflanzenfunde aus Niederösterreich und Tirol. VZBG, 72, 1922: 110—121.
— Neue Standorte aus Tirol, Kärnten und Steiermark. VZBG, 1923 (1924): (132). [Betrifft OTi.]
— Beiträge zur Kenntnis der Flora des Froßnitztales bei Matrei in Osttirol. VZBG, 77, 1927: 39—44.
Vierhapper F. (junior), Die Kalkschieferflora in den Ostalpen. ÖBZ, 70, 1921: 261 bis 293; 71, 1922: 30—45. [Betrifft Kt, Sb u. Ti.]
Wangerin W., Floristische Beobachtungen bei St. Anton am Arlberg und bei Vent im Ötztal. ÖBZ, 74, 1925: 126—130.
Wendelberger G., Über einige hochalpine Pioniergesellschaften aus der Glockner- und Muntanitzgruppe in den Hohen Tauern. VZBG, 93, 1953: 100—109.
— Zur Vergesellschaftung einiger Nunataker-*Taraxaca* aus Ost-Tirol (Österreich). Vegatatio, Acta Geobotanica. 5/6, 1954: 247—256.
Wettstein F. v., Floristische Mitteilungen aus den Alpen. [I.] ÖBZ, 68, 1919: 293 bis 296. [Aus NTi (Gschnitztal): *Androsace tiroliensis* Fr. Wettst. und *Pedicularis Huteri* Kern. (= *P. recutita* × *P. tuberosa*).]
— Floristische Mitteilungen aus den Alpen. II. *Campanula barbata* × *glomerata*. ÖBZ, 70, 1921: 180—183. [*C. digenea* Fr. Wettst., in NTi (Trins).]
Wolf Th., Potentillenstudien II. Die Potentillen Tirols usw. Dresden 1903. 72 Seiten.

Vorarlberg

Zusammengestellt unter Mitarbeit von Johann Schwimmer (Bregenz).

A. Landesfloren und eine ältere Ortsflora.

Sauter A. E., Schilderung der Vegetationsverhältnisse in der Gegend um den Bodensee und in einem Theil Vorarlbergs. Flora, 20/1, 1837, Beiblatt: 1—66.
Hausmann F. Frh. v., Flora von Tirol. Ein Verzeichnis der in Tirol und Vorarlberg wildwachsenden und häufiger gebauten Gefäßpflanzen. Innsbruck 1851, 1852, 1854. 3 Bände. 1614 Seiten.

Zimmermann H., Verzeichnis der in Vorarlberg wildwachsenden und häufig kultivierten Gefäßpflanzen. Programm der Communal-Unterrealschule Dornbirn, 1895: 3—51. [Wurde wegen mangelhafter Schrifttumkenntnis nicht günstig beurteilt.]

Richen G., Die botanische Durchforschung von Vorarlberg und Liechtenstein. VI. Jahresbericht d. Gymnasiums an der Stella matutina zu Feldkirch. 1897. 90 Seiten. [Wertvolle Zusammenfassung.]

Dalla Torre K. W. v. und Sarnthein L. Graf v., Flora von Tirol, Vorarlberg und Liechtenstein. Innsbruck 1900—1913. — Näheres siehe unter Tirol.

Murr J., Neue Übersicht über die Farn- und Blütenpflanzen von Vorarlberg und Liechtenstein. Bregenz 1923—1926. 507 Seiten.

B. Neuere floristische Arbeiten.

Becherer A., Fortschritte in der Systematik und Floristik der Schweizerflora (Gefäßpflanzen). Ber. Schweiz. Botan. Ges., 43 (1934), 45 (1936), 48 (1938), 58. [Enthält auch Angaben aus Vorarlberg.]

Beck-Mannagetta G. v., *Orobancheae* novae. Repert. spec. nov., 18, 1922: 30—40. [Aus Vorarlberg (Berg „Drei Schwestern"): *Orobanche flava* Mart. forma *Adenostylidis* Beck, auf den Wurzeln von *Adenostyles Alliariae*.]

Bildstein E., Die Namenserklärung einiger bekannter Pflanzen Dornbirns sowie deren Bedeutung in der Volksmedizin. Heimat, Vorarlberger Monatshefte, 7, 1926, Sonderheft „Dornbirn", S. 18—22.

Bilgeri B., Der Getreidebau im Lande Vorarlberg. Ein Beitrag zur Wirtschafts-, Siedlungs- und Stammesgeschichte. Montfort, Bregenz, 1947: 178—248; 1948: 65—99.

Blumrich J., Spielarten der Waldkiefer. Heimat, Vorarlberger Monatshefte, Bregenz, 9, 1928: 113—115.

Bodlak S., Ein neues Verbreitungsgebiet des Sävenstrauches. Heimat, Vorarlberger Monatshefte, Bregenz, 5, 1924: 47—48.

Dalla Torre K. W. v., Beiträge zur Flora von Tirol und Vorarlberg, bearbeitet nach ... Friedrich Beer. Veröffentl. d. Museums Ferdinandeum in Innsbruck, 7, 1927 (ersch. 1929): 1—120.

Dalla Torre K. W. v. und Sarnthein L. Graf v., I., II. u. III. Bericht über die Flora von Tirol, Vorarlberg und Liechtenstein, betreffend die floristische Literatur dieses Gebietes. Ber. d. Naturw.-mediz. Ver. Innsbruck, 26, 1901: 123—150; 29, 1904: 1—70; 32, 1910: 59—158.

Falger F., Die Pflanzenwelt von Lustenau. Heimat, Vorarlberger Monatshefte, Bregenz, 11, 1930: 98—102.

— Die Bedeutung unserer Latschenwälder. Heimat, 14, 1933: 6—9.

— Der Einzug des Frühlings in Vorarlberg. Heimat, 14, 1933: 41—47.

Flaig W., Im rhätischen Himmelreich. Erinnerungen an die Pfälzer Hütte. Zeitschr. des D. u. Ö. Alpenvereins, 61, 1930: 184—198.

Freiberg W., Ein interessanter neuer Bürger der Flora Groß-Deutschlands. Ber. d. Bayer. Botan. Ges., 26, 1943: 85—86. [Betrifft *Cephalaria alpina* in Vorarlberg, u. zw. bei Langen im Arlberggebiet.]

Friedrich H.-Ch., Botanische Streifzüge im Gebiet der Tübinger Hütte und des Garnera-Tales im Montafon (Silvretta). Jahrb. d. Ver. z. Schutze d. Alpenpflanzen und -Tiere, 19, 1954: 46—59.

Gams H., Pflanzenwelt Vorarlbergs. (Heimatkunde von Vorarlberg, Heft 3.) Wien 1931. 76 Seiten.

— Die Waldgeschichte Vorarlbergs. Heimat, Vorarlberger Monatshefte, Bregenz, 12, 1931: 97—106, 121—132.

Handel-Mazzetti Heinrich Frh. v., Pflanzen von neuen Standorten in Tirol und Vorarlberg. VZBG, 63, 1913: (65)—(68).

Handel-Mazzetti Hermann Frh. v., Zur floristischen Erforschung des ehemaligen Landes Tirol und Vorarlberg. [I.] Ber. d. Bayer. Botan. Ges., 26, 1943: 56—80.

— Zur floristischen Erforschung des ehemaligen Landes Tirol und Vorarlberg. [II.] Ber. d. Bayer. Botan. Ges., 27, 1947: 175—185.

— Zur floristischen Erforschung von Tirol und Vorarlberg. [III.] ÖBZ, 96, 1947: 83—108.

— Zur floristischen Erforschung von Tirol und Vorarlberg. [IV.] VZBG, 93, 1953: 81—99.

— Zur floristischen Erforschung von Tirol und Vorarlberg. [V.] VZBG, 94, 1954: 114—137.

Kegele L., Das Brandnertal. Bregenz 1928. 80 Seiten.

Kirchner O., siehe Schröter C.

Mayer A., Zur Flora der Tübinger Hütte im Garnera-Tal (Montafon). Bericht der Sektion Tübingen anläßlich des 60jährigen Bestehens der Sektion im Jahre 1951.

Mayr E., Die Bedeutung der alpinen Getreide-Landsorten für die Pflanzenzüchtung und Stammesforschung mit besonderer Beschreibung der Landsorten in Tirol und Vorarlberg. Zeitschrift für Züchtung, Reihe A. Pflanzenzüchtung, Bd. 19, Heft 2, 1934: 153—308.

Murr J., Beiträge zur Flora von Tirol und Vorarlberg [oder ähnliche Titel] IX—XXVI, 1897—1913, siehe unter Tirol, Seite 44.

— Vorarbeiten zu einer Pflanzengeographie von Vorarlberg und Liechtenstein. 54. Jahresbericht des k. k. Staatsgymnasiums in Feldkirch, 1909: 3—36.

— Xerothermisch-alpine Gegensätze in der Flora von Vorarlberg und Liechtenstein. Allg. Botan. Zeitschr., 15, 1909: 100—102.

— Weitere Beiträge zur Flora von Vorarlberg und Liechtenstein. 55. Jahresbericht des k. k. Staatsgymnasiums in Feldkirch, 1910: 3—32.

— Zur Flora von Vorarlberg, Liechtenstein, Tirol usw. XXIV. Allg. Botan. Zeitschr., 16, 1910: 185—189.

— *Achillea Rompelii* mh. (*A. macrophylla* L. × *Millefolium* L.). Allg. Botan. Zeitschr., 18, 1912: 1—3. [An der Arlbergstraße bei Rauz. Das *Gnaphalium Rompelii* Murr 1909 (vermeintlich *G. norvegicum* × *G. supinum*) wird eingezogen.]

— *Soldanella pusilla* Baumg. var. *chrysosplenifolia* J. Murr. Deutsche Botanische Monatsschrift, 23, 1912: 76. [Bei Rauz an der Arlbergstraße vom Autor gefunden.]

— Zur Flora von Tirol und Vorarlberg. Allg. Botan. Zeitschr., 19, 1913: 73—74.

— Der Fortschritt der Erforschung der Phanerogamen- und Gefäßkryptogamenflora von Vorarlberg und Liechtenstein in den Jahren 1897—1912. 50. Jahresbericht des Landesmuseumsvereins für Vorarlberg, 1914. 20 Seiten.

— Urgebirgsflora auf der älteren Kreide. Eine Studie aus dem österreichisch-schweizerischen Grenzgebiet. Allg. Botan. Zeitschr., 20, 1914: 133—138.

— Urgebirgsflora auf Flysch, Kreide, Jura und Trias (II). Allg. Botan. Zeitschr., 21, 1915: 25—28. [Betrifft Vb.]

— Beiträge zur Flora von Vorarlberg und Liechtenstein. X.. Allg. Botan. Zeitschr., 21, 1915: 64—68, 118—121.

— Zur Flora von Vorarlberg und Liechtenstein. XI. Allg. Botan. Zeitschr., 22, 1916: 63—66.

— Weiteres über Urgesteinsflora auf Flysch, Kreide, Lias und Trias. ÖBZ, 68, 1919: 207—223.

— Botanische Studien aus Feldkirch. 1—5. Feldkircher Anzeiger, 111. Jahrg., 1919, Nr. 43—80 (ab 28. Mai).

— Feldkircher Winterflora. Heimat, Vorarlberger Monatshefte, Bregenz, Bd. 1, 1920, Heft 1: 3—9.

— Aus Vorarlbergs Frühlingsflora. Heimat, 1, 1920: 34—38.

— Die Adventivflora von Vorarlberg und Liechtenstein. Vierteljahrsschrift für Geschichte u. Landeskunde Vorarlbergs, 1920: 25—40; 1921: 12—16.

— Der Feldkircher Gaultsandstein. Feldkircher Anzeiger, 112. Jahrg., 1920. 4 Seiten. [Behandelt auch die Pflanzendecke dieses Substrates.]

— Was auf Alt-Feldkirchs Mauern wächst. Feldkircher Anzeiger, 112. Jahrg., 1920, Nr. 77—79. 4 Seiten.

— Vorarlbergs Nadelhölzer. Heimat, Vorarlberger Monatshefte, 2, 1921, Nr. 1/2: 9—11.

— Vorfrühling am Ardetzenberg. Feldkircher Anzeiger, 113. Jahrg., 1921, Nr. 9/10. 1 Seite.

— Obere Illschlucht und Känzele bei Feldkirch, ein Musterbeispiel rhätobavarischer Mischflora. Heimat, Vorarlberger Monatshefte, 2, 1921: 57—61.

— *Luzula Johannis principis* usw. Liechtensteinisches Volksblatt, 1921, Nr. 49 vom 22. Juni. [*L. multiflora* × *L. silvatica*, Roja-Berg, auch auf österreichischer Seite.]

— Neue Übersicht usw., 1923—1926, siehe unter Landesfloren.

— Meine Phanerogamen-Bastarde. Vierteljahrsschrift f. Geschichte u. Landeskunde Vorarlbergs, 10, 1926: 185—194. [Betrifft bes. Ti u. Vb.]

— Wärmekategorien der heimischen Heidepflanzen. Heimat, Vorarlberger Monatshefte, Bregenz, 8, 1927: 273—275, 288—292.

— Unsere Cirsien, Kratzdisteln und ihre Bastarde. Tiroler Anzeiger, Nr. 219 vom 22. IX. 1928. [Behandelt die in Ti und Vb vorkommenden Arten und Bastarde von *Cirsium*.]

— Bemerkenswerte Farbenspielkategorien. Heimat, Vorarlberger Monatshefte, 9, 1928: 311—317, 338—344.

Murr J., Die Erforschung der Farn- und Blütenpflanzen von Vorarlberg und Liechtenstein im letzten Menschenalter. Heimat, Vorarlberger Monatshefte, 11, 1930: 373—376.

Neumann R., Über die Vegetation in der Umgebung der „Freiburger Hütte" in Vorarlberg. 3. Bericht des Vereines zum Schutze..... der Alpenpflanzen, 1903: 64—69; und Mitteil. d. Badisch. botan. Vereins, Nr. 184, 1903: 289—295.

Neumayer H., Floristisches aus Österreich usw. VZBG, 79, 1929: 336—411.

Pöll J., Neue Veilchen aus Vorarlberg. Allg. Botan. Zeitschr., 13, 1907: 89—92.

Richen G., Die botanische Durchforschung von Vorarlberg und Liechtenstein. Siehe unter Landesfloren.

— Zur Flora von Vorarlberg und Liechtenstein. ÖBZ, 47, 1897: 78—86, 137—142, 179—183, 213—218, 245—257.

— Nachträge zur Flora von Vorarlberg und Liechtenstein. [I.] ÖBZ, 48, 1898: 131—134, 171—178.

— Nachträge zur Flora von Vorarlberg und Liechtenstein. II. ÖBZ, 49, 1899: 432—436.

— Nachträge zur Flora von Vorarlberg und Liechtenstein. III. ÖBZ, 52, 1902: 338—346.

— Nachträge zur Flora von Vorarlberg und Liechtenstein. Viertes Stück. Festschrift zum 50jährigen Bestande des Landesmuseumsverein für Vorarlberg, Bregenz, 1907 (1908): 51—60.

Sarnthein L. Graf v. und Dalla Torre, Flora usw., siehe Dalla Torre unter Landesfloren.

— Berichte usw., siehe Dalla Torre, 1910.

Schlatterer A., Ein Pflanzenparadies der Vorarlberger Alpen. Festschrift zum 50jährigen Bestehen der Sektion Freiburg des D. u. Ö. Alpenvereins. Freiburg 1930: 72—77.

Schreiber H., Die Moore Vorarlbergs und des Fürstentums Liechtenstein in naturwissenschaftlicher und technischer Beziehung. Staab (Böhmen), 1910. 117 Seiten.

Schröter C. und Kirchner O., Die Vegetation des Bodensees. Zweiter Teil. Lindau 1902. 86 Seiten. [Berücksichtigt auch das österreichische Ufer.]

Schwimmer J., Die Erforschung der Habichtkräuter in Vorarlberg. Vierteljahresschrift für Geschichte und Landeskunde Vorarlbergs, 8, 1924: 86—89.

— Die Hieracien des Pfänderstockes. Ebenda, 9, 1925: 22—27.

— Beiträge zu den Rosen Vorarlbergs. Ebenda, 9, 1925: 28—30.

— Das Vorkommen des Alpen-Zwergstendels in Vorarlberg. Ebenda, 9, 1925: 48—50.

— Pflanzenbeobachtungen in den Jahren 1925 und 1926. Alemannia, Bregenz, 1, 1927: 12—14.

— Neuflora durch Wind. Alemannia, Bregenz, 1, 1927: 90—92. [Behandelt die Besiedlung einzelner Teile von Vorarlberg mit Pflanzen aus der Schweiz.]

— Das Vorkommen der haarblättrigen Bärwurz in Vorarlberg. Heimat, Vorarlberger Monatshefte, Bregenz, 8, 1927: 193—195.

— Vergalden. Heimat, 8, 1927: 225—228.

— Das sternblütige Hasenohr. Heimat, 8, 1927: 287—288.

— Zur Flora des Lustenauer Rheindammes. Alemannia, Bregenz, 2, 1928: 102—104.

— Verschwundene Pflanzen. Ein Beitrag zur Flora von Bregenz. Heimat, Vorarlberger Monatshefte, Bregenz, 9, 1928: 212—215.

— Im Fussacher Ried. Heimat, 9, 1928: 281—282. [Siehe auch 1946.]

— Am Seestrand beim Wellenstein. Heimat, 9, 1928: 363—364.

— Beiträge zur Rosenflora Vorarlbergs. Jahrbuch des Vorarlberger Landesmuseums in Bregenz, 1928: 97—102.

— Beiträge zur Kenntnis der Hieracien Vorarlbergs. Sonderschriften, herausgegeben von der Naturhistorischen Kommission des Vorarlberger Landesmuseums, Heft 5. Bregenz 1928. 55 Seiten.

— Die botanische Erforschung des Arlberggebietes. Festschrift zum 50jährigen Bestehen der Sektion Ulm des D. u. Ö. Alpenvereins. Ulm 1929: 49—76.

— Das Vorkommen des milchweißen Mannsschildes in Vorarlberg. Heimat, Vorarlberger Monatshefte, Bregenz, 11, 1930: 20—25.

— Zur Flora des Moos- und Madleintales. Jahresbericht der Sektion Darmstadt des D. u. Ö. Alpenvereins, 1930. 20 Seiten.

— Die botanische Erforschung von Gargellen, Vergalden, Valisera. Heimat, Vorarlberger Monatshefte, Bregenz, 12, 1931: 27—32.

— Der durchwachsene Bitterling (*Blackstonia perfoliata* [L.] Hudson). Heimat, 12, 1931: 266—268.

— Die Gefäßpflanzen des Arlberggebietes. Veröffentl. d. Museums Ferdinandeum in Innsbruck, 11, 1931: 81—130.

Schwimmer J., Bergwanderung auf den Hohen Ifen. Blätter f. Naturschutz u. Naturpflege, München, 14, 1931: 151—154.
— Aus dem Gebiet des Hoch-Ifer. Heimat, Vorarlberger Monatshefte, Bregenz, 13, 1932: 69—71.
— Zur Entwässerung des Feldmooses. Heimat, 13, 1932: 129—130.
— Das Wunder-Veilchen in Vorarlberg. Heimat, 14, 1933: 48—50.
— Der Deutsche Bertram. Heimat, 15, 1934: 87—89.
— Die Natternzunge. Heimat, 15, 1934: 119—122.
— Die Pflanzenwelt des Pfändergebietes. Sonderheft „Pfänderbahn" der Wochenbeilage zum Vorarlberger Tagblatt, Bregenz, 16, 1934, 13. Folge vom 31. März: 133—134.
— Die Flora [des Kleinen Walsertales]. In Wüstner M., Das kleine Walsertal im Sommer und im Winter. Zweite Auflage. Riezlern bei Mittelberg, 1935. Seite 30—32.
— Zur Geschichte der botanischen Erforschung der Bludenzer Gegend. Sonderheft des Vorarlberger Tagblattes vom 8. Februar 1936 „40 Jahre Sektion Bludenz des D. u. Ö. Alpenvereins", Seite 54—56.
— Die Berufkräuter der Vorarlberger Alpen. Alemannia, Bregenz, neue Folge, 1937: 79—85.
— Die Wasserhade (*Aldrovandia vesiculosa* Monti). Alemannia, n. F., 1937: 211—214.
— Die Flora der Zimba. Mitteil. d. D. u. Ö. Alpenvereins, Jahrg. 1937, Nr. 10: 258—259.
— Im Fussacher Ried. Montfort, Zeitschrift für Geschichte, Heimat- und Volkskunde, herausgeg. v. Vorarlberger Landesarchiv und Vorarlberger Landesmuseums-Verein. Bregenz und Dornbirn, 1946: 92—95. [Siehe auch 1928.]
— Einiges aus dem Leben der Erdscheibe (*Cyclamen europaeum* L.). Montfort, 1946: 194—196.
— Unerwünschte Gäste der heimischen Pflanzenwelt. Montfort, 1946: 227—230.
— Die Habichtskräuter der Kanisfluh. Jahrbuch des Vorarlberger Landesmuseums-Vereins, 1952: 80—84.
— Das Lauteracher Ried. Heimatbuch Lauterach, 15.—16. August 1953: 153—155.
— Verschollene und wiedergefundene Pflanzen. Jahrbuch des Vorarlberger Landesmuseums-Vereins, 1954 (1955): 101—104.
— Das Ried im Rheindelta. Jahresbericht des Bundesgymnasiums für Mädchen Bregenz über das Schuljahr 1954/55, Bregenz 1955: 3—9.
— Vier interessante Pflanzen aus Vorarlberg. Jahrbuch d. Vorarlberger Landesmuseumsvereins, Bregenz 1955: 81—86, bebildert. [*Herminium Monorchis, Acorus Calamus, Blackstonia perfoliata, Meum athamanticum.*]
— Mehrere Artikel in der Wochenbeilage zum Vorarlberger Tagblatt, im Vorarlberger Volkskalender sowie in den Zeitschriften Heimat (Vorarlberger Monatshefte), Alemannia und Montfort, sämtliche in Bregenz erschienen, wurden aus Raumrücksichten hier nicht einzeln genannt.
Sulger-Büel E., Das Feldmoos. Heimat, Vorarlberger Monatshefte, 14, 1933: 125—128.
Sündermann F., Neues zur Flora von Tirol und Vorarlberg. Allg. Botan. Zeitschr., 26/27, 1925: 22—23.
Touton K., nebst geologischen Vorbemerkungen von Schlickum, Ein Beitrag zur Oberstdorfer Hieracienflora. Mitteil. d. Bayer. Botan. Ges., 3, 1916: 295—314, 323—331.
Tschermak L., Gliederung des Waldes Tirols, Vorarlbergs und der Alpen Bayerns. Centralbl. f. d. gesamte Forstwesen, 66, 1940: 106—119.
Vetter J., Neue Pflanzenhybriden, neue Formen und neue Standorte. VZBG, 65, 1915: (146)—(168). [Betrifft NÖ, St, Kt, Ti und Vb.]
Wimmer Ch., Die Moore Vorarlbergs. Natur und Land, 38, 1952: 140—143.
Zimmermann H., Verzeichnis usw., siehe unter Landesfloren.

Verzeichnis der Abkürzungen.

(Ohne die Autorennamen.)

Abh. oder Abhandl. = Abhandlungen
Abt. = Abteilung
Afr. = Afrika
allg. = allgemein
Alp. = Alpen
Alp. (verbr.) = Alpen aller Bundesländer (außer Burgenland)
Am. = Amerika
andw. = anderwärts
As. = Asien

Bd. = Band
Bdld. = Bundesländer
Ber. = Berichte
bes. = besonders
Bgl = Burgenland

Denkschr. = Denkschriften

Eur. = Europa
excl. = exklusive
Exkfl. = Exkursionsflora

feldmßg. = feldmäßig
Fl. = Flora
forstl. = forstlich
Futterpfl. = Futterpflanze

gartmßg. = gartenmäßig
gelegtl. = gelegentlich
Gemüsepfl. = Gemüsepflanze
ges. = gesamt
Ges. = Gesellschaft

H. = Heft
Heilpfl. = Heilpflanze
hfg. = häufig
Hmt. = Heimat
Hptverbrtg. = Hauptverbreitung

incl. = inklusive

Jahrb. = Jahrbücher
Jahresb. = Jahresberichte

KlAs. = Klein-Asien
Kt = Kärnten
kult. = kultiviert
kult. (verbr.) = kultiviert in allen Bundesländern

M (im Wortbeginn) = Mittel-
MAm. = Mittel-Amerika
MAs. = Mittel-Asien
MEur. = Mittel-Europa
Mitt. = Mitteilungen
m. n. Kl. = mathematisch-naturwissenschaftliche Klasse
MSt = Mittel-Steiermark
mßg. = mäßig

N (im Wortbeginn) = Nord-
NAm. = Nord-Amerika
NAs. = Nord-Asien
NBgl = Nord-Burgenland
NEur. = Nord-Europa
NKt = Nord-Kärnten
NO = Nordost-
NÖ = Niederösterreich
Nom.: = Nomenklatur:
nördl. = nördlich
nordöstl. = nordöstlich
nordwestl. = nordwestlich
NSt = Nord-Steiermark (Ober-Steiermark)
NTi = Nord-Tirol
Nutzpfl. = Nutzpflanze
NW (im Wortbeginn) = Nordwest-
NW-Afr. = Nordwest-Afrika
NWKt = Nordwest-Kärnten
NWSt = Nordwest-Steiermark

O (im Wortbeginn) = Ost-
OAs. = Ost-Asien
ÖBZ = Österreichische Botanische Zeitschrift
OEur. = Ost-Europa
OKt = Ost-Kärnten (Unter-Kärnten)
Ölpfl. = Ölpflanze
oö = oberösterreichisch
OÖ = Oberösterreich
OSt = Ost-Steiermark
östl. = östlich
OTi = Ost-Tirol

pann., pannon. = pannonisch
Pfl. = Pflanze(n)
Pflfam. = Pflanzenfamilien
Pflreich = Pflanzenreich
Phyt. = Phyton (Grazer Zeitschrift)

Rep. = Repertorium specierum novarum

S (im Wortbeginn) = Süd-
SAm. = Süd-Amerika
SAs. = Süd-Asien
Sb = Salzburg
SBgl = Süd-Burgenland
Sect. = Sektion
Ser. = Series
SEur. = Süd-Europa
s. hfg. = sehr häufig

Sitzber.	= Sitzungsberichte
SKt	= Süd-Kärnten
s. l.	= sensu lato (i. weit. Sinn)
slt.	= selten
SO	= Südost-
s. slt.	= sehr selten
SSt	= Süd-Steiermark (Unter-Steiermark)
s. str.	= sensu stricto (i. eng. Sinn)
St	= Steiermark (in Verbreitungsangaben)
stellw.	= stellenweise
STi	= Süd-Tirol
Stmk.	= Steiermark (im Schriftenverzeichnis)
subsp.	= subspecies (Unterart)
südl.	= südlich
südöstl.	= südöstlich
südwestl.	= südwestlich
SW	= Südwest-
Syn.:	= Synonymie:
Syst.:	= Systematik:
s. zerstr.	= sehr zerstreut
Ti	= Tirol
UFam.	= Unterfamilie
UGattg.	= Untergattung
var.	= varietas (Varietät)
Vb	= Vorarlberg
Ver.	= Verein
verbr.	= verbreitet, d. h. in allen Bundesländern vorkommend, besagt nichts über die Häufigkeit innerhalb der Bundesländer!
Verbrtg.	= Verbreitung
Verh.	= Verhandlungen
verw.	= verwildert
Voralp.	= Voralpen
Voralp. (verbr.)	= Voralpen aller Bundesländer (außer Burgenland)
VordAs.	= Vorder-Asien
W (im Wortbeginn)	= West-
wahrsch.	= wahrscheinlich
WAs.	= West-Asien
westl.	= westlich
WEur.	= West-Europa
Wiss.	= Wissenschaften
WKt	= West-Kärnten (Ober-Kärnten)
WSt	= West-Steiermark
WTi	= West-Tirol
ZBG	= Zoologisch-Botanische Gesellschaft in Wien
zerstr.	= zerstreut
zieml.	= ziemlich
Zierpfl.	= Zierpflanze

Abkürzungen der Autornamen.

A. Br. = Alexander Braun
Adans. = Adanson
A. DC. = Alphonse DeCandolle
A. et G. = Ascherson et Graebner
A. Gray = Asa Gray
Ait. = Aiton
Alef. = Alefeld
All. = Allioni
Andrz. = Andrzeiovskij
Ångstr. = Ångström
Arcang. = Arcangeli
Ard. = Arduino
Arrh. = Arrhenius
Arv.-Touv. = Arvet-Touvet
Aschers. = Ascherson
Aubl. = Aublet
Avé-Lall. = Avé-Lallemant

Babingt. = Babington
Bartl. = Bartling
Bast. = Bastard
Baumg. = Baumgarten
Bechst. = Bechstein
Bell. = Bellardi
Benth. = Bentham
Bernh. = Bernhardi
Bertol. = Bertoloni
Bess. = Besser
Boiss. = Boissier
Borb. = Borbás
Borkh. = Bor(c)khausen
Bönn. = Bönninghausen
Br.-Bl. = Braun-Blanquet
Breistr. = Breistroffer
Briq. = Briquet
Brot. = Brotero
Br. St. et P. = Britton, Sterns and Poggenburg
Bruegg., Brügg. = Brügger
Burm. = Burmann
Burm. f. = Burmann filius

C. A. Mey. = Carl Anton Meyer
Carr. = Carrière
Cass. = Cassini
Cav., Cavan. = Cavanilles
C. DC. = Casimir DeCandolle
Čelak. = Čelakovský
Cham. = Chamisso
C. H. Schultz = Carl Heinrich Schultz (Bipontinus)
Clairv. = Clairville
Coult. = Coulter
Cr. = Crantz
Crép. = Crépin
C. Schneid. = Camillo Karl Schneider
Curt. = Curtis
Czern. = Czernjajew

DC. = De Candolle, d. i. Augustin Pyrame DeCandolle
D. Don. = David Don
Decne. = Decaisne
Deg. = Degen
Déségl. = Déséglise
Desf. = Desfontaine
Desr. = Desrousseaux
Desv. = Desvaux
Doerfl. = Dörfler
Dougl. = Douglas
DT. = Dalla Torre
DT. et S. = Dalla Torre et Sarnthein
Duch. = Duchesne
Dum. = Du Mortier
Dum.-Cours. = Du Mont de Courset
Dun. = Dunal
Dur. = Durieu

E. Mayer = Ernest Mayer (Ljubljana, Jugoslav.)
E. Mey. = Ernst Meyer
Endl. = Endlicher
Engelm. = Engelmann
Engl. = Engler
Ehrh. = Ehrhart

Fisch. = Fischer
Forsk. = Forskål
Fouc. = Foucaud
Foug. = Fougeroux
Fourr. = Fourreau
Fr. = Fries
Frdr. Schm. = Friedrich Schmidt
Froel. = Froelich
F. Wettst. = Fritz v. Wettstein filius
F. W. Schm., F. Schm. = Franz Willibald Schmidt
F. W. Schultz = Friedrich Wilhelm Schultz
Fz. Schm. = Franz Schmidt

Gaertn. = Gaertner
Gaud. = Gaudin
G. Don = George Don
Gilib. = Gilibert
Gmel. = Gmelin
G. M. Sch. = Gaertner, Meyer et Scherbius
Godr. = Godron
Good. = Goodenough
Grab. = Grabowski
Graebn. = Graebner
Gray = Asa Gray
Gren. = Grenier
Gris., Griseb. = Grisebach
Gunn. = Gunner(us)
Guss. = Gussone

Hack. = Hackel
Hacq. = Hacquet
Hal. = Halácsy

Hall.	= Haller
Hall. f.	= Haller filius
Hand.-Mazz.	= Heinrich Frh. v. Handel-Mazzetti
Hartm.	= Hartman
Hartm. f.	= Hartman filius
Hausm.	= Hausmann
Hausskn.	= Haussknecht
Haw.	= Haworth
Hay.	= Hayek
H. Br.	= Heinrich Braun
Hedl.	= Hedlund
Hegetschw.	= Hegetschweiler
Herrm.	= Herrmann
Heuff.	= Heuffel
Heynh.	= Heynhold
H. Gross	= Hugo Groß
H.-M.	= Hand.-Mazz., s. oben
Hoffgg.	= Hoffmannsegg
Hoffm.	= Hoffmann
Hornem.	= Hornemann
Hornsch.	= Hornschuch
Huds.	= Hudson
Jacq.	= Jacquin, d. i. Nicolaus Joseph Frh. v. Jacquin
Jacq. f.	= Jacquin filius, d. i. Joseph Franz Frh. v. Jacquin
Jáv.	= Jávorka
Jess.	= Jessen
J. Kern.	= Josef Kerner
J. Murr	= Josef Murr
Jord.	= Jordan
Jusl.	= Juslenius
Juss.	= Jussieu
Kaltenb.	= Kaltenbach
Kern.	= Kerner, d. i. Anton von Kerner
K. H. Rechgr.	= Karl Heinz Rechinger filius
Kirschl.	= Kirschleger
Kit.	= Kitaibel
Kitt.	= Kittel
K. Koch	= Karl Koch
Koch	= W. D. J. Koch
Koel.	= Köler
Kth.	= Kunth
Kuetz.	= Kützing
L.	= Linné
Lag.	= Lagasca
Lam.	= La Marck
Lamb.	= Lambert
Lap.	= Lapeyrouse
Latour.	= Latourette
Laxm.	= Laxmann
Ledeb.	= Ledebour
Lef.	= Lefèvre
Lehm.	= Lehmann
Lej.	= Lejeune
Lesp.	= Lespinasse
Less.	= Lessing
Leyss.	= Leysser
L. f.	= Linné filius
Lge.	= Lange
Lindbg.	= Lindberg
Lindbg. f.	= Harald Lindberg, filius
Lindem.	= Lindemann
Lindl.	= Lindley
Lk.	= Link
Lois.	= Loiseleur-Deslongchamps
Lor.	= Loret
Mansf.	= Mansfeld
Mattf.	= Mattfeld
MB.	= Marschall von Bieberstein
Maxim.	= Maximowicz
Medik.	= Medikus
Mert. et Koch	= Mertens et Koch
M. et K.	= Mertens et Koch
Mett.	= Mettenius
Metzg.	= Metzger
Michx.	= Michaux
Michx. f.	= Michaux filius
Mik.	= Mikan
Mik. f.	= Mikan filius
Mill.	= Miller
Mnch.	= Moench
Moq.	= Moquin-Tandon
Mor.	= Moretti
Muehlenb.	= Mühlenberg
Murb.	= Murbeck
Murr.	= Murray
Naeg.	= Nägeli
Nath.	= Nathhorst
Neck.	= Necker
Nees	= Nees von Esenbeck
Neilr.	= Neilreich
N. et P.	= Nägeli et Peter
Nutt.	= Nuttall
Nym.	= Nyman
O. E. Schulz	= Otto Eugen Schulz
O. Schwarz	= Otto Schwarz
Pall.	= Pallas
Parl.	= Parlatore
PB.	= Palisot de Beauvois
Perr. et Song.	= Perrier et Songeon
Pers.	= Persoon
Pet.	= Peter
Ph. J. Muell.	= Ph. J. Müller
Planch.	= Planchon
Poir.	= Poiret
Poll.	= Pollich
Portenschl.	= Portenschlag
Pourr.	= Pourret
Pritz.	= Pritzel
Raf., Rafin.	= Rafinesque
Ram.	= Ramond

R. Br.	= Robert Brown	Steud.	= Steudel
Rchb.	= Heinrich Gottlieb Ludwig Reichenbach	Stev.	= Steven
Rchb. f.	= Heinrich Gustav Reichenbach, filius	Sut.	= Suter
		Sw.	= Swartz
Rechgr.	= Karl Rechinger, pater	Targ.-Tozz.	= Targioni-Tozzetti
Rechgr. f.	= Karl Heinz Rechinger, filius	T. et G.	= Torrey et Asa Gray
		Ten.	= Tenore
Red.	= Redouté	Terrac.	= Terracciano
Retz.	= Retzius	Thell.	= Thellung
Reut.	= Reuter	Thév.	= Théveneau
Rich.	= L. C. Richard, pater	Thuill.	= Thuillier
Rich. f.	= A. Richard, filius	Thunb., Thunbg.	= Thunberg
Richt.	= Richter	Th. Wolf	= Theodor Wolf
Ronn.	= Ronniger	Torn.	= Torner
Rothm.	= Rothmaler	Torr.	= Torrey
Rottb.	= Rottböll	Tratt.	= Trattinnick
R. Schulz	= Richard Schulz	Trev., Trevir.	= Treviranus
Rupr.	= Ruprecht	Trevis.	= Trevisan
		Trin.	= Trinius
Sabr.	= Sabransky	Turcz.	= Turczaninow
Sadl.	= Sadler		
Sag.	= Sagorski	Valck.-Suring.	= Valckenier-Suringar
Salisb.	= Salisbury	Velen.	= Velenovský
Sarnth.	= Sarnthein	Vent.	= Ventenat
Saut.	= Sauter	Vierh.	= Friedrich Vierhapper (filius)
Schaeff.	= Schäffer		
Schimp.	= Schimper	Vill.	= Villars
Schldl.	= Schlechtendal	Vis.	= Visiani
Schleich.	= Schleicher	Vitm.	= Vitmann
Schleid.	= Schleiden	Viv.	= Viviani
Schm., Schmidt	= Franz Willibald Schmidt	Vollm.	= Vollmann
Schnittsp.	= Schnittspahn		
Sch. N. K.	= Schott, Nyman, Kotschy	Wahlbg., Wahlenbg.	= Wahlenberg
		Waisb.	= Waisbecker
Schrad.	= Schrader	Wallr.	= Wallroth
Schreb.	= Schreber	Walp.	= Walpers
Schrk.	= Schrank	Walt.	= Walter
Schult.	= Schultes	Web.	= Weber
Schwarz	= Otto Schwarz	Weig.	= Weigel
Schw. et K.	= Schweigger et Körte	Welw.	= Welwitsch
Scop.	= Scopoli	Wender.	= Wenderoth
Seb. et M.	= Sebastiani et Mauri	Wettst.	= Richard v. Wettstein (pater)
Seml.	= Semler		
Sendtn.	= Sendtner	Wh.	= Weihe
Ser.	= Seringe	Wh. et N.	= Weihe et Nees
S. F. Gray	= Samuel Frederik Gray	Wib.	= Wibel
Sieb.	= Sieber	Wierzb.	= Wierzbicki
Sieb. et Zucc.	= Siebold et Zuccarini	Wiesb.	= Wiesbaur
Simk.	= Simonkai (Simkovics)	Willd.	= Willdenow
Sm.	= Smith	Willk.	= Willkomm
Sobol.	= Sobolewsky	Wimm.	= Wimmer
Sol.	= Solander	With.	= Withering
Somm.	= Sommerauer	W. K.	= Waldstein et Kitaibel
Soy.-Will.	= Soyer-Willemet	W. Koch	= Walo Koch
Spenn.	= Spenner	Wulf.	= Wulfen
Spr., Spreng.	= Sprengel		
Steph.	= Stephan	Zimm.	= Zimmeter
Sternbg.	= Sternberg	Zucc.	= Zuccarini

Übersicht der in Österreich vertretenen Familien und höheren systematischen Einheiten der Farn- und Blütenpflanzen.

Hauptabteilung *Pteridophyta,* Farnpflanzen im weiteren Sinn.

1. Klasse. *Lycopodiinae,* Bärlapp-Pflanzen.

1. Ordnung. *Lycopodiales,* Bärlappartige.
   Lycopodiaceae, Bärlappgewächse.
2. Ordnung. *Selaginellales,* Moosfarnartige.
   Selaginellaceae, Moosfarngewächse.

2. Klasse. *Isoëtinae,* Brachsenkrautpflanzen.

Ordnung *Isoëtales,* Brachsenkrautartige.
Isoëtaceae, Brachsenkrautgewächse.

3. Klasse. *Articulatae* (= *Equisetinae*), Schachtelhalmpflanzen.

Ordnung *Equisetales,* Schachtelhalmartige.
Equisetaceae, Schachtelhalmgewächse.

4. Klasse. *Filicinae,* Farnpflanzen im engeren Sinn.

1. Ordnung. *Ophioglossales,* Natterzungenartige.
   Ophioglossaceae, Natterzungengewächse.
2. Ordnung. *Filicales,* Farnartige.
   Polypodiaceae, Tüpfelfarngewächse.
3. Ordnung. *Hydropteridales,* Wasserfarne.
   1. *Marsiliaceae,* Schlammfarngewächse.
   2. *Salviniaceae,* Schwimmfarngewächse.

Hauptabteilung *Gymnospermae,* Nacktsamer.

Klasse *Coniferae,* Nadelhölzer.

1. Ordnung. *Taxales,* Eibenartige.
   Taxaceae, Eibengewächse.
2. Ordnung. *Pinales,* Föhrenartige.
   1. *Cupressaceae,* Zypressengewächse.
   2. *Taxodiaceae,* Sumpfzypressengewächse.
   3. *Pinaceae,* Föhrengewächse (= *Abietaceae,* Tannengewächse).

Hauptabteilung *Angiospermae,* Decksamer.

1. Klasse. *Dicotyledones,* Zweikeimblättler.

1. Unterklasse *Apetalae,* Fehlkroner.

1. Ordnung. *Fagales,* Buchenartige.
   1. *Betulaceae,* Birkengewächse.
   2. *Fagaceae,* Buchengewächse.
2. Ordnung. *Juglandales,* Walnußartige.
   Juglandaceae, Walnußgewächse.

3. Ordnung. *Salicales,* Weidenartige.
   Salicaceae, Weidengewächse.

4. Ordnung. *Urticales,* Nesselartige.
   1. *Moraceae,* Maulbeergewächse.
   2. *Cannabaceae,* Hanfgewächse.
   3. *Ulmaceae,* Ulmengewächse.
   4. *Urticaceae,* Nesselgewächse.

5. Ordnung. *Santalales,* Sandelartige.
   1. *Santalaceae,* Sandelgewächse.
   2. *Loranthaceae,* Mistelgewächse.

6. Ordnung. *Polygonales,* Knöterichartige.
   Polygonaceae, Knöterichgewächse.

7. Ordnung. *Centrospermae,* Mittelsamer.
   1. *Chenopodiaceae,* Gänsefußgewächse.
   2. *Amarantaceae,* Fuchsschwanzgewächse.
   3. *Phytolaccaceae,* Kermesbeergewächse.
   4. *Aïzoaceae,* Eiskrautgewächse.
   5. *Cactaceae,* Kaktusgewächse.
   6. *Portulacaceae,* Portulakgewächse.
   7. *Caryophyllaceae,* Nelkengewächse.

8. Ordnung. *Tricoccae,* Wolfsmilchartige.
   1. *Euphorbiaceae,* Wolfsmilchgewächse.
   2. *Buxaceae,* Buchsgewächse.
   3. *Callitrichaceae,* Wassersterngewächse.

9. Ordnung. *Hamamelidales,* Zauberhaselartige.
   Platanaceae, Platanengewächse.

2. Unterklasse *Dialypetalae,* Freikroner.

1. Ordnung. *Polycarpicae,* Vielfrüchtler.
   1. *Magnoliaceae,* Magnoliengewächse.
   2. *Aristolochiaceae,* Osterluzeigewächse.
   3. *Berberidaceae,* Sauerdorngewächse.
   4. *Ranunculaceae,* Hahnenfußgewächse.
   5. *Nymphaeaceae,* Seerosengewächse.
   6. *Ceratophyllaceae,* Hornblattgewächse.

2. Ordnung. *Rhoeadales,* Mohnartige.
   1. *Papaveraceae,* Mohngewächse.
   2. *Cruciferae,* Kreuzblütler.
   3. *Resedaceae,* Waugewächse.

3. Ordnung. *Parietales,* Wandsamer.
   1. *Cistaceae,* Zistrosengewächse.
   2. *Tamaricaceae,* Tamariskengewächse.
   3. *Elatinaceae,* Tännelgewächse.
   4. *Droseraceae,* Sonnentaugewächse.
   5. *Violaceae,* Veilchengewächse.

4. Ordnung. *Guttiferales,* Hartheuartige.
   1. *Actinidiaceae,* Strahlengriffelgewächse.
   2. *Theaceae,* Teestrauchgewächse.
   3. *Guttiferae,* Hartheugewächse.

5. Ordnung. *Rosales,* Rosenartige.
   1. *Crassulaceae,* Dickblattgewächse.
   2. *Saxifragaceae,* Steinbrechgewächse.

3. *Rosaceae,* Rosengewächse.
4. *Papilionaceae,* Schmetterlingsblütler.

6. Ordnung. *Myrtales,* Myrtenartige.
1. *Thymelaeaceae,* Seidelbastgewächse.
2. *Elaeagnaceae,* Ölweidengewächse.
3. *Lythraceae,* Weiderichgewächse.
4. *Onagraceae,* Nachtkerzengewächse.
5. *Trapaceae,* Wassernußgewächse.
6. *Halorrhagaceae,* Tausendblattgewächse.
7. *Hippuridaceae,* Tannenwedelgewächse.

7. Ordnung. *Columniferae,* Malvenartige.
1. *Malvaceae,* Malvengewächse.
2. *Tiliaceae,* Lindengewächse.

8. Ordnung. *Gruinales,* Storchschnabelartige.
1. *Oxalidaceae,* Sauerkleegewächse.
2. *Geraniaceae,* Storchschnabelgewächse.
3. *Tropaeolaceae,* Kapuzinerkressengewächse.
4. *Balsaminaceae,* Springkrautgewächse.
5. *Linaceae,* Leingewächse.
6. *Zygophyllaceae,* Jochblattgewächse.

9. Ordnung. *Terebinthales,* Pistazienartige.
1. *Rutaceae,* Rautengewächse.
2. *Simarubaceae,* Bitterholzgewächse.
3. *Polygalaceae,* Kreuzblumengewächse.
4. *Anacardiaceae,* Sumachgewächse.
5. *Sapindaceae,* Seifenbaumgewächse.
6. *Aceraceae,* Ahorngewächse.
7. *Hippocastanaceae,* Roßkastaniengewächse.

10. Ordnung. *Celastrales,* Spindelstrauchartige.
1. *Aquifoliaceae,* Stechpalmengewächse.
2. *Celastraceae,* Spindelstrauchgewächse.
3. *Staphyleaceae,* Pimpernußgewächse.

11. Ordnung. *Rhamnales,* Kreuzdornartige.
1. *Rhamnaceae,* Kreuzdorngewächse.
2. *Vitaceae,* Rebengewächse.

12. Ordnung. *Umbelliflorae,* Doldenblütler.
1. *Cornaceae,* Hartriegelgewächse.
2. *Araliaceae,* Efeugewächse.
3. *Umbelliferae,* Doldengewächse.

3. Unterklasse *Sympetalae,* Vereintkroner.

1. Ordnung. *Plumbaginales,* Bleiwurzartige.
Plumbaginaceae, Bleiwurzgewächse.

2. Ordnung. *Primulales,* Schlüsselblumenartige.
Primulaceae, Schlüsselblumengewächse.

3. Ordnung. *Bicornes,* Heidekrautartige.
1. *Pirolaceae,* Wintergrüngewächse.
2. *Empetraceae,* Krähenbeergewächse.
3. *Ericaceae,* Heidekrautgewächse.

4. Ordnung. *Diospyrales.* Dattelpflaumenartige.
Ebenaceae, Dattelpflaumengewächse.

5. Ordnung. *Tubiflorae.* Röhrenblütler.
   1. *Convolvulaceae,* Windengewächse.
   2. *Cuscutaceae,* Teufelszwirngewächse.
   3. *Polemoniaceae,* Sperrkrautgewächse.
   4. *Hydrophyllaceae,* Wasserblattgewächse.
   5. *Boraginaceae,* Rauhblattgewächse.
   6. *Solanaceae,* Nachtschadengewächse.
   7. *Scrophulariaceae,* Rachenblütler.
   8. *Orobanchaceae,* Sommerwurzgewächse.
   9. *Globulariaceae,* Kugelblumengewächse.
   10. *Lentibulariaceae,* Wasserschlauchgewächse.
   11. *Bignoniaceae,* Bignoniengewächse.
   12. *Verbenaceae,* Eisenkrautgewächse.
   13. *Labiatae,* Lippenblütler.
   14. *Plantaginaceae,* Wegerichgewächse.

6. Ordnung. *Contortae,* Drehblütler.
   1. *Buddleiaceae,* Sommerfliedergewächse.
   2. *Menyanthaceae,* Bitterkleegewächse.
   3. *Gentianaceae,* Enziangewächse.
   4. *Apocynaceae,* Hundsgiftgewächse.
   5. *Asclepiadaceae,* Schwalbenwurzgewächse.

7. Ordnung. *Ligustrales,* Ölbaumartige.
   Oleaceae. Ölbaumgewächse.

8. Ordnung. *Rubiales,* Krappartige.
   1. *Rubiaceae,* Krappgewächse.
   2. *Adoxaceae,* Moschuskrautgewächse.
   3. *Caprifoliaceae,* Geißblattgewächse.
   4. *Valerianaceae,* Baldriangewächse.
   5. *Dipsacaceae,* Kardengewächse.

9. Ordnung. *Cucurbitales,* Kürbisartige.
   Cucurbitaceae, Kürbisgewächse.

10. Ordnung. *Synandrae,* Vereintmännige.
   1. *Campanulaceae,* Glockenblumengewächse.
   2. *Lobeliaceae,* Lobeliengewächse.
   3. *Compositae,* Korbblütler.

2. Klasse. *Monocotyledones,* Einkeimblättler

1. Ordnung. *Helobiae,* Laichkrautartige.
   1. *Alismataceae,* Froschlöffelgewächse.
   2. *Butomaceae,* Schwanenblumengewächse.
   3. *Hydrocharitaceae,* Froschbißgewächse.
   4. *Scheuchzeriaceae,* Blasensimsengewächse.
   5. *Juncaginaceae,* Dreizackgewächse.
   6. *Zosteraceae,* Laichkrautgewächse.
   7. *Zannichelliaceae,* Teichfadengewächse.
   8. *Najadaceae,* Nixenkrautgewächse.

2. Ordnung. *Liliiflorae,* Lilienblütler.
   1. *Liliaceae,* Liliengewächse.
   2. *Amaryllidaceae,* Narzissengewächse.
   3. *Iridaceae,* Schwertliliengewächse.
   4. *Dioscoreaceae,* Yamswurzgewächse.
   5. *Juncaceae,* Simsengewächse.

3. Ordnung. *Cyperales,* Zypergrasartige.
   Cyperaceae, Sauergräser.
4. Ordnung. *Enantioblastae,* Commelinaartige.
   Commelinaceae, Commelinagewächse.
5. Ordnung. *Glumiflorae,* Spelzenblütler.
   Gramineae, Echte Gräser.
6. Ordnung. *Gynandrae,* Knabenkrautartige.
   Orchidaceae, Knabenkrautgewächse.
7. Ordnung. *Spadiciflorae,* Kolbenblütler.
   1. *Araceae,* Aronstabgewächse.
   2. *Lemnaceae,* Wasserlinsengewächse.
8. Ordnung. *Pandanales,* Schraubenbaumartige.
   1. *Sparganiaceae,* Igelkolbengewächse.
   2. *Typhaceae,* Rohrkolbengewächse.

HAUPTABTEILUNG:

PTERIDOPHYTA, FARNPFLANZEN (im weiteren Sinn).

1. Klasse. *Lycopodiinae*, Bärlapp-Pflanzen.

1. Ordnung. *Lycopodiales*, Bärlappartige.

Familie *Lycopodiaceae*, Bärlappgewächse.

***Lycopodium* L., Bärlapp.**

Systematik.

Ascherson P. und Graebner P., *Lycopodiaceae*, in: Synopsis der mitteleuropäischen Flora, Bd. I, 2. Aufl.: 224—236. 1912.

Nessel H., Die Bärlappgewächse (*Lycopodiaceae*). Jena 1939. 404 Seiten.

Rothmaler W., Pteridophyten-Studien. I. Repert. 54, 1944: 55—82, speziell 55—67.

Nomenklatur.

Fuchs H. P., *Urostachys*... Herter... nomen genericum conservandum? Verhandl. Naturf. Ges. Basel, 66, 1955: 33—48. [Wenn man *Lycopodium Selago* von *Lycopodium* als eigene Gattung abspaltet, so hat diese nach Fuchs weder *Urostachys* Herter (1922), non *Huperzia* Bernhardi (1801) zu heißen, sondern *Mirmau* Adanson (1763); die Art hieße dann *Mirmau Selago* (L.) H. P. Fuchs (1955).]

Herter W., Der Gattungsname *Urostachys*. Phyton 6, 1956, Heft 3/4 (im Druck). [Nach den Bestimmungen des Nomenklatur-Kodex 1952 sind die neuerdings hervorgeholten alten Namen *Mirmau, Huperzia* und *Plananthus* zu verwerfen. Bei Aufteilung oder Gliederung der Gattung *Lycopodium* kommt nur der Gattungs- bzw. Untergattungsname *Urostachys* bzw. *Urostachya* in Betracht.]

Fuchs H. P., Beiträge zur Systematik, Taxonomie, Verbreitung und Nomenklatur mitteleuropäischer Gefäßkryptogamen. Dissertation d. Univ. Basel, 1956 (in Arbeit). [Behandelt u. a. *L. complanatum* L.]

Gliederung der Gattung. Die hier als Sektionen angeführten Gruppen werden von Rothmaler und anderen als eigene Gattungen aufgefaßt.

Sektion 1. *Urostachya* (= Gattung *Urostachys* oder *Huperzia*, vielleicht Untergattung): *L. Selago.*

Sektion 2. *Clavata (= Eu-Lycopodium)*: *L. annotinum, clavatum.*

Sektion 3. *Diphasium: L. alpinum, thyoides, complanatum.*

Sektion 4. *Lepidotis: L. inundatum.*

1. *L. Selago* L., Tannen-B., Teufelsklaue. — Syn.: *Mirmau Selago* (L.) H. P. Fuchs; *Huperzia Selago* (L.) Bernh.; *Urostachys Selago* (L.) Herter. — Verbr. (fehlt Bgl). — Nadelwälder, Matten, Torfmoore; von der oberen Bergstufe bis in die alpine Stufe; mßg. hfg.

2. *L. annotinum* L., Schlangen-B., Wald-B. — Verbr. (fehlt Bgl). — Nadelwälder der oberen Bergstufe und Voralpenstufe bis in die Krummholzstufe; mßg. hfg.; kalkmeidend bis bodenvag.

3. *L. clavatum* L., Keulen-B., Heide-B. — Verbr. — Lichte Wälder, Heiden, Torfmoore; in der Berg- und Voralpenstufe; mßg. hfg.; kalkmeidend.

4. *L. alpinum* L., Alpen-B. — Syn.: *Diphasium alpinum* (L.) Rothm. — Alp. (verbr.). — Trockene Matten, Bergwiesen, Heiden; in der Voralpenstufe und alpinen Stufe; mßg. hfg.; kalkfeindlich und kieselstet.

4*. *L. thyoides* Humb. et Bonpl., Zypressen-B. — Syn.: *L. complanatum* L. (partim?), emend. Wallr., H. P. Fuchs, non auct. plur.; *L. tristachyum* Pursh; *L. Chamaecyparissus* A. Braun; *L. complanatum* L. subsp. *tristachyum* (Pursh) Dostál; *Diphasium thyoides* (Humb. et Bonpl.) O. Schwarz; *Diphasium tristachyum* (Pursh) Rothmaler. — Nom.: Phyt. 2: 60; Phyt. 5: 56; H. P. Fuchs, 1956. — Fehlt in Österreich. Angaben über vereinzeltes Vorkommen in OÖ, Kt, Sb und Ti haben sich durchwegs als irrig erwiesen; sie beruhen auf Verwechslungen, teils mit *L. anceps*, teils mit *L. alpinum*.

5. *L. anceps* Wallr., Fächer-B., Flacher B. — Syn.: *L. complanatum* auct. plur., vix L. (vel pro parte minore), non Wallr., non H. P. Fuchs; *L. complanatum* L. s. l. subsp. *anceps* (Wallr.) Aschers.; *Diphasium complanatum* (L.) Rothm. — Nom.: H. P. Fuchs, 1956. — Verbr. — Nadelwälder und Heiden; in der Bergstufe und unteren Voralpenstufe; zerstreut; kalkmeidend.

6. *L. inundatum* L., Moor-B. — Syn.: *Lepidotis inundata* (L.) C. Börner. — Verbr. (fehlt Bgl). — Nasse Stellen der Hochmoore; von niederen Lagen bis in die Voralpenstufe; zerstr.; kalkmeidend.

2. Ordnung. *Selaginellales*, Moosfarnartige.

Familie *Selaginellaceae*, Moosfarngewächse.

***Selaginella* PB., Moosfarn.**

Systematik.

Rothmaler W., Pteridophyten-Studien. I. Repert. spec. nov. 54, 1944: 55—82, speziell 67—71.

Gliederung der Gattung (die beiden Untergattungen werden von Rothmaler als Gattungen betrachtet).

Untergattung *Selaginella: S. Selaginoides.*

Untergattung *Lycopodioides: S. helvetica.*

1. *S. Selaginoides* (L.) Link, Alpen-M., Dorniger M. — Syn.: *S. spinulosa* A. Braun. — Alp., verbr. — Matten, Triften und Wiesen der Alpenstufe und höheren Voralpenstufe, hfg.; bodenvag.

2. *S. helvetica* (L.) Link, Schweizer M. — Syn.: *Lycopodioides helveticum* (L.) O. Kuntze. — Verbr. (fehlt Bgl). — Erdige Stellen und Magerwiesen; von der Ebene bis in die untere Voralpenstufe; zerstr.; bodenvag.

2. Klasse. *Isoëtinae*, Brachsenkrautpflanzen.

Familie *Isoëtaceae*, Brachsenkrautgewächse.

***Isoëtes* L. Brachsenkraut.**

I. lacustre L., See-B., Gewöhnliches B. — Sb (Jägersee im Klein-Arltal, nach alten Angaben auch im Zeller See und in einem kleinen Teich bei Goldegg im Pongau, doch in späterer Zeit nirgends mehr wiedergefunden). — Sonstige Verbrtg.: s. slt. in SBayern, Schwarzwald, Böhmerwald, Riesengebirge; ferner W- u. NEur., NAm.

3. Klasse. *Articulatae* (= *Equisetinae*), Schachtelhalmpflanzen.

Ordnung *Equisetales*, Schachtelhalmartige.

Familie *Equisetaceae*, Schachtelhalmgewächse.

Equisetum L. Schachtelhalm, Zinnkraut.

Systematik.

Ascherson P. und Graebner P., *Equisetaceae*, in: Synopsis der mitteleuropäischen Flora, Bd. I, 2. Aufl.: 180—223. 1912.

Kümmerle J. B., *Equisetum*-Bastarde als verkannte Artformen. Magy. Bot. Lap. 30, 1931: 146—160.

Rothmaler W., Pteridophyten-Studien I. Repert. spec. nov. 54, 1944: 55—82, speziell 74—81.

Gliederung der Gattung.

Untergattung I. *Sclerocaulon* (= Gattung *Hippochaete*).
 Sektion 1. *Monosticha: E. variegatum, scirpoides, hiemale.*
 Sektion 2. *Ambigua: E. ramosissimum.*
Untergattung II. *Malacocaulon* (= Gattung *Equisetum* s. str.).
 Sektion 3. *Homophyadica: E. fluviatile* (= *limosum*), *palustre.*
 Sektion 4. *Heterophyadica: E. pratense, silvaticum, arvense, maximum.*

1. *E. variegatum* Schleich., Bunter Sch. — Syn.: *Hippochaete variegata* (Schleich.) C. Börner. — Verbr. (fehlt Bgl). — Sandige Ufer, sandige Wiesen und sonstige sandige Stellen, besonders in den Alpentälern; zerstr.
2. *E. scirpoides* Michx., Binsen-Sch. — Syn.: *Hippochaete scirpoides* (Michx.) Rothm. — Verbrtg.: VZBG, 93, 1953: 81—99; Phyt. 5: 56. — Alp. v. NWKt (Keesboden unter der Pasterze bei Heiligenblut, durch Anlage eines Staubeckens wahrscheinlich vernichtet) und NTi (Ötztal, u. zw. Rotmoostal u. Gaissbergtal bei Gurgl, Gams*). — Sandige Ufer der Alpenbäche, s. slt. — Sonstige Verbrtg.: NEur., NAs., nördl. NAm.
3. *E. hiemale* L., Winter-Sch. — Syn.: *Hippochaete hiemalis* (L.) C. Börner. — Verbr. — Feuchte Stellen in lichten Wäldern, auf Waldwiesen und an schattigen Hängen; von niederen Lagen bis in die alpine Stufe; s. zerstr.: kalkliebend bis bodenvag.
4. *E. ramosissimum* Desf., Sand-Sch. — Syn.: *Hippochaete ramosissima* (Desf.) C. Börner. — Verbr. (fehlt OÖ und Sb). — Trockene und feuchte Sandböden, Ufer, bes. in niederen Lagen, zerstr.
5. *E. fluviatile* L., Teich-Sch., Schlamm-Sch. — Syn.: *E. limosum* L. (= *E. fluviatile* L. var. *limosum* [L.] Aschers.). — Nom.: Rep. 47 : 267. — Verbr. — Sümpfe, stehende Gewässer, Röhricht, von der Ebene bis in die Voralpen, zerstr.
6. *E. palustre* L., Sumpf-Sch., Duwock. — Verbr. u. hfg. — Sümpfe und feuchte Wiesen, vom Tiefland bis an den Beginn der alpinen Stufe, sehr hfg.

---

*) Die Angabe aus dem Ötztal zw. Vent u. Ramoljoch (VZBG, 93, 1953: 83) ist irrtümlich (Berichtigung durch Herm. Handel-Mazzetti in VZBG, 96, 1956).

7. *E. pratense* Ehrh., Hain-Sch. — Syn.: *E. umbrosum* J. G. F. Meyer — N- und MSt, Kt, Sb, NTi. — Feuchte Stellen in Wäldern von niederen Lagen bis in die Voralp.; im allg. slt., in Sb (Salzach-Auen) stellw. hfg.
8. *E. silvaticum* L., Wald-Sch. — Verbr. — Feuchte Stellen in Wäldern, auch feuchte Äcker; von niederen Lagen bis in die Voralpenstufe; s. hfg.
9. *E. arvense* L., Acker-Sch. — Verbr. u. hfg. — Feuchte Wiesen und Äcker, auch feuchtes Ödland; s. hfg., vom Tiefland bis in die alpine Stufe.
10. *E. Telmateja* Ehrh., Großer Sch. — Syn.: *E. maximum* Lam.*) — Verbr. — Feuchte und nasse Stellen in Wäldern; mßg. hfg., von niederen Lagen bis in die untere Voralpenstufe.

Bastarde.

1 × 2. *E. variegatum* × *E. scirpoides* = *E. Gamsii* Janchen, novum nomen. — Syn.: *E. arcticum* (Rothmaler) Hylander, Gams, non Ruprecht (1845); *Hippochaete arctica* Rothm. — Alp. v. NWKt (wie *E. scirpoides*) und NTi (Ötztal).

3 × 4. *E. hiemale* × *E. ramosissimum* = *E. Mooreī* Newm. — Syn.: *E. Samuelssonii* W. Koch; *Hippochaete Samuelssonii* (W. Koch) Rothm. — Vb (Höchst).

5 × 9. *E. fluviatile* × *E. arvense* = *E. litorale* Kühlewein — NÖ, OÖ, Vb.

6 × 9. *E. palustre* × *E. arvense* = *E. Torgesianum* Rothm. — In Österreich vielleicht bisher nur übersehen.

4. Klasse. *Filicinae*, Farnpflanzen (im engeren Sinn).

1. Ordnung. *Ophioglossales*, Natterzungenartige.

Familie *Ophioglossacae*, Natterzungengewächse.

Systematik.

Ascherson P. und Graebner P., *Ophioglossaceae,* in: Synopsis der mitteleuropäischen Flora, Bd. I, 2. Aufl.: 156—170. 1912.

Clausen R. T., A monograph of the *Ophioglossaceae.* Mem. Torrey Botan. Club, 19, Nr. 2, 1938. 177 Seiten.

Janchen E., in ÖBZ, 93, 1944: 82.

1. ***Botrychium*** Sw., Mondraute, Rautenfarn.

Gliederung der Gattung.

Sektion 1. *Osmundopteris: B. virginianum.*
Sektion 2. *Phyllotrichium: B. multifidum.*
Sektion 3. *Eu-Botrychium: B. matricariaefolium* bis Schluß.

1. *B. virgianum* (L.) Sw., Virginische M. — NÖ, St, Kt, OTi; OÖ? (wahrsch. ausgestorben). — Wälder, Bergwiesen, bes. in der Voralpenstufe; s. slt. — Hauptverbreitung: Nordost-Europa, Nord-Asien, Nord- u. Süd-Amerika.

*) *E. maximum* Lam. ist ein ungültiger Name, denn er beruht auf einer regelwidrigen Umbenennung von *E. fluviatile* L., das als Synonym zitiert wird. Der Umstand, daß *E. fluviatile* L. eine andere Art ist, ändert nichts an der Regelwidrigkeit des Namens *E. maximum* Lam. Übrigens nach Lawalrée: *E. maximum* auct., non Lam.

2. *B. multifidum* (Gmel.) Rupr., Vielspaltige M. — Syn.: *B. Matricariae* (Schrank) Spr. — Nom.: Rep. 45 : 202. — NÖ, St, Kt, Sb, NTi; (in OÖ wahrsch. ausgestorben). — Trockene Wiesen, lichte Waldstellen, bes. in der Berg- u. Voralpenstufe; zerstr.; kalkmeidend.

3. *B. matricariaefolium* (Retz.) A. Braun, Ästige M. — Syn.: *B. ramosum* (Roth) Aschers., non Sailer. — Nom. Rep. 45 : 201. — Bgl, St, Kt, Vb. — Trockene Wiesen, lichte Waldstellen, Heideplätze; s. zerst.; kalkmeidend.

4. *B. lanceolatum* (Gmel.) Ångstr., Lanzett-M. — Alp. v. Kt, NTi, Zentralalpen. — Trockene Grashänge, s. slt. — Hauptverbreitung: Nord-Europa, Nord-Asien, Nordamerika.

5. *B. Lunaria* (L.) Sw., Gewöhnliche M. — Verbr. — Trockene Wiesen und Matten, auch lichte Wälder, bes. in der Voralpenstufe; zerstr.

6. *B. simplex* Hitchcock, Einfache M. — Alp. v. OTi (Zentralalpen). — Grasige Triften, s. slt. — Hauptverbreitung: Nord-Europa u. nördl. Nordamerika.

2. *Ophioglossum* L., Natterzunge.

O. vulgatum L., Gewöhnl. N. — Verbr. (fehlt Sb). — Feuchte Wiesen, vom Tiefland bis in die untere Voralpenstufe; zerstr.; kalkliebend.

2. Ordnung. *Filicales*, Farnartige.

Familie *Polypodiaceae*, Tüpfelfarngewächse.

Systematik. — Phyton 2: 60/61.

Ascherson P. und Graebner P., *Polypodiaceae*, in: Synopsis der mitteleuropäischen Flora, Bd. I, 2. Aufl.: 7—153. 1912.

Beck-Mannagetta G. v., Einige Bemerkungen über heimische Farne. ÖBZ, 67, 1918: 52—63. 113—123.

Christensen C., *Filicinae* (S. 522—550), in Verdoorn F., Manual of Pteridology. The Hague 1938. 640 Seiten.

Copeland E. G., Genera Filicum. Waltham 1947. 247 Seiten. [Die Zersplitterung der sehr natürlich erscheinenden Familie *Polypodiaceae* in zahlreiche kleinere Familien: *Pteridaceae*, *Davalliaceae*. *Aspidiaceae*, *Blechnaceae*, *Aspleniaceae*, *Polypodiaceae* s. str., *Vittariaceae* usw. dürfte ein Mißgriff sein.]

Fuchs H. P., Beiträge zur Systematik, Taxonomie, Verbreitung und Nomenklatur mitteleuropäischer Gefäßkryptogamen. Dissertation d. Univ. Basel, 1956 (in Arbeit). [Behandelt u. a. die Nomenklatur von *Athyrium alpestre*, *Dryopteris austriaca* und der *Thelypteris*-Arten, sowie die Verbreitung von *Asplenium Halleri* und *A. foresiense*.]

Fukarek F., Die Farne. Die neue Brehm-Bücherei, Nr. 156. Wittenberg (Ziemsen), 1955. 128 Seiten, mit 108 Abb.

Gams H., Kleine Kryptogamenflora von Mitteleuropa. Bd. I: Die Moos- und Farnpflanzen (Archegoniaten). 2. Aufl. Jena 1948. 186 Seiten, mit 184 Textbildern.

Holttum R. E., The classification of ferns. Biol. Rev. Cambridge philos. Soc., 24, 1949: 267—296. [Weicht von Copeland weitgehend ab, läßt aber gleichfalls die *Polypodiaceae* nicht ungeteilt bestehen.]

Janchen E., Übersicht der Farne Österreichs. Angew. Pflanzensoziologie, 4, 1951: 39—52.

Pichi-Sermolli R. E., The nomenclature of some Fern-Genera. Webbia, 9. 1954: 387—454.

Rosenkranz F., Die Farnpflanzen Niederösterreichs. Österreichischer Lehrerverein für Naturkunde, Botanische Nachrichten. Wien 1953. 20 Seiten. [Behandelt die Farnpflanzen im weiteren Sinn, mit Bestimmungsschlüsseln und Verbreitungsangaben.]

W e y m a r H., Buch der Farne, Bärlappe und Schachtelhalme. Radebeul u. Berlin, 1955. 132 Seiten, mit 66 Abb.

W o y n a r H., Bemerkungen über Farnpflanzen Steiermarks. Mitteil. Naturwiss. Ver. Steiermark, 49, 1912/13: 120—200.

G l i e d e r u n g d e r F a m i l i e*).

Tribusgruppe I. *Intramarginales.*
- Tribus 1. *Gymnogrammeae: Cryptogramma, Notholaena.*
- Tribus 2. *Pterideae: Pteridium.*
- Tribus 3. *Onocleeae: Matteuccia* (= *Struthiopteris*).
- Tribus 4. *Blechneae: Blechnum.*

Tribusgruppe II. *Superficiales.*
- Tribus 5. *Polypodieae: Polypodium.*
- Tribus 6. *Woodsieae: Woodsia.*
- Tribus 7. *Asplenieae: Cystopteris, Asplenium, Phyllitis, Athyrium.*
- Tribus 8. *Aspidieae: Dryopteris, Lastrea, Polystichum.*

1. *Cryptogramma* R. Br., Rollfarn.

Syn.: *Allosorus* Bernh. partim (nomen ambiguum).

C. c r i s p a (L.) R. B r., Krauser R. — Syn.: *Allosorus crispus* (L.) Roehling. Nom.: Phyt 2 : 62 (überholt). — Alp. v. St, Kt, Sb, Ti, Vb, Zentralalpen. — Blockhalden und Felsen der alpinen und oberen subalpinen Stufe, ziemlich häufig; kieselstet.

2. *Notholaena* R. Br., Pelzfarn.

N. M a r a n t a e (L.) R. B r., Europäischer P. — NÖ (Gurhofgraben bei Aggsbach), St (Gulsenberg bei Kraubath): an beiden Stellen auf Serpentin. — Hauptverbreitung: Mittelmeergebiet, Südwest-Asien, Abessinien.

---

*) Die oben wiedergegebene Gliederung der *Polypodiaceae,* welche für die Bedürfnisse der mitteleuropäischen Floristen sehr übersichtlich und praktisch sein dürfte, wurde zuerst im Grazer Phyton (1950), dann in der „Übersicht der Farne Österreichs" (1951) veröffentlicht und an beiden Stellen sachlich begründet. In der 12. Ausgabe des „Syllabus der Pflanzenfamilien" (1954, S. 300—307) sind alle acht oben angenommenen Tribusse als Unterfamilien bewertet und zum Teil weiter in Tribusse gegliedert, wie folgt:

UFam. *Pteridoideae: Pteridium.*

UFam. *Gymnogrammoideae.*
- Tribus *Cryptogrammeae: Cryptogramma.*
- (Tribus *Gymnogrammeae: Anogramma.*)
- (Tribus *Adianteae: Adiantum.*)
- Tribus *Cheilantheae: (Cheilanthes), Notholaena.*

UFam. *Onocleoideae: Struthiopteris* (= *Matteuccia*).

UFam. *Blechnoideae: Blechnum.*

UFam. *Asplenioideae.*
- Tribus *Asplenieae: Phyllitis* (= *Scolopendrium*), *Asplenium.*
- Tribus *Athyrieae: Athyrium, Cystopteris.*

UFam. *Woodsioideae: Woodsia.*

UFam. *Dryopteroideae: Dryopteris, Polystichum, Lastrea.*

UFam. *Polypodioideae: Polypodium.*

Dazu läßt sich folgendes bemerken. Die verhältnismäßig niedrig organisierte Gattung *Polypodium* gehört nicht an das Ende. *Lastrea* sollte von der ihr nächstverwandten *Dryopteris* nicht durch Dazwischenschaltung von *Polystichum* getrennt werden. *Cystopteris* gehört wohl kaum unmittelbar neben *Athyrium. Phyllitis* ist abgeleiteter als *Asplenium.* Manches andere kann als Geschmackssache betrachtet werden. Jedenfalls liegt kein zureichender Grund vor, an der oben gegebenen Gliederung irgend etwas zu ändern.

3. *Pteridium* Gleditsch, Adlerfarn.

P. aquilinum (L.) Kuhn, (Gewöhnlicher) A. — Syn.: *Eupteris aquilina* (L.) Newman; *Pteris aquilina* L. — Verbr. u. hfg. — Lichte Wälder, Waldränder, Heiden, Torfmoore; kalkfeindlich.

4. *Matteuccia* Todaro, Straußfarn.

Syn.: *Struthiopteris* Hall., *Pteretis* Rafin.

M. Struthiopteris (L.) Todaro, (Gewöhnl.) St. — Syn.: *Struthiopteris Filicastrum* All.; *St. germanica* Willd.; *Pteretis Struthiopteris* (L.) Nieuwland; *Onoclea Struthiopteris* (L.) Hoffm. — Nom.: Rep. 45 : 196, 202 (überholt); Novák F. A., in Preslia 24, 1952: 253—266. — Verbr. (fehlt Vb). — Schattig-feuchte Wälder der Bergstufe und unteren Voralpenstufe; sehr zerstreut; kalkmeidend.

5. *Blechnum* L., Rippenfarn.

B. Spicant (L.) Sm., Gewöhnlicher R. — Syn.: *Struthiopteris Spicant* (L.) Weis. — Verbr. — Schattige Wälder, besonders Fichtenwälder der Voralpen; mßg. hfg.; kalkmeidend.

6. *Polypodium* L., Tüpfelfarn.

P. vulgare L., Gewöhnlicher T., Engelsüß. — Verbr. — Gliedert sich in folgende zwei Unterarten:

A. subsp. *vulgare* (L.), Gewöhnl. T. — Syn.: var. *Linnaeanum* St.-Am. — Verbr. — Wälder, bes. im moosigen Waldboden, mitunter auch an Baumstrünken, Felsen und Mauern; von niederen Lagen bis in die obere Voralpenstufe; mäßig häufig.

B. subsp. *serrulatum* (Schleich.) Arcang., Gesägter T. — Syn: subsp. *serratum* (Willd.) Christ; var. *serratum* Willd.; *P. serratum* (Willd.) Sauter et auct. mult., non Aubl. — Vb (Samina-Tal), einmal ein Stück, wohl nur zufällige Abänderung. — Sonstige Verbrtg: Mittelmeergebiet.

7. *Woodsia* R. Br., Wimperfarn.

Systematik.

Poelt J., Zur Kenntnis der Gattung *Woodsia* in Europa. Mitteil. Botan. Staatssammlung München, 5, 1952: 167—174.

— *Woodsia pulchella* Bert. — ein verkannter Farn der Alpen. Berichte d. Bayer. Botan. Ges., 30, 1954: 168—169.

1. *W. ilvensis* (L.) R. Br., Rostroter W. — Syn.: *W. ilvensis* (L.) R. Br. subsp. *rufidula* (Michx.) Aschers. — OÖ, NSt, Sb, Ti (auch OTi); in OÖ vielleicht bereits ausgestorben; vorwiegend in den Zentralalpen, vereinzelt auch in den nordöstlichen Kalkalpen. — Schuttfluren, Felsen, bes. der Voralpenstufe, s. zerstr. bis s. slt.; kalkmeidend.
2. *W. alpina* (Bolton) S. F. Gray, Alpen-W. — Syn.: *W. ilvensis* (L.) R. Br. subsp. *hyperborea* (Liljeblad) Hartmann (1846); *W. ilvensis* (L.) R. Br. subsp. *alpina* (Bolton) Aschers. (1896); *W. hyperborea* (Liljeblad) R. Br. — Syst.: Phyt. 5 : 56. — Alp. v. NSt, Kt, Sb, Ti (auch OTi), Vb; vorwiegend in den Zentralalpen. — An Felsen der Alpen- und Voralpenstufe, s. zerstr. bis s. slt.; vorwiegend auf Urgestein, aber auch auf Kalkschiefer.

3. *W. pulchella* Bertol., Zierlicher W. — Syn.: *W. glabella* auct. medio-europ., non R. Br. — Syst.: Phyt. 5 : 56. — Alp. v. SKt, OTi. — An steilen, oft etwas feuchten Felsen und in Klammen, s. zerst.; kalkstet. — Sonstige Verbrtg.: Bayern, Schweiz, Südtirol, Oberitalien.

8. *Cystopteris* Bernh., Blasenfarn.

1. *C. montana* (Lam.) Desv., Berg-B. — Alp. (verb.). — Schattig-feuchte Wälder, auch an Felsen in der (höheren) Voralpenstufe bis in die alpine Stufe, zerstr.
2. *C. sudetica* A. Br. et Milde, Sudeten-B. — Vb. — Schattig-feuchte Wälder, s. slt. (z. B. Vandans). — Sonstige Verbrtg.: Bayern, Sudeten, Karpathen, Kaukasus, Rußland, Sibirien.
3. *C. fragilis* (L.) Bernh., Gewöhnlicher B. — Syn.: *C. Filix-fragilis* (L.) Borb.*); *C. fragilis* (L.) Bernh. subsp. *fragilis* (L.) Milde; *C. fragilis* (L.) Bernh. subsp. *eu-fragilis* A. et G. — Nom.: ÖBZ, 91: 212. — Verbr. u. hfg. — Schattige Wälder und Felsen der Berg- und Voralpenstufe; s. hfg.; bodenvag.
4. *C. regia* (L.) Desv., Alpen-B. — Syn.: *C. fragilis* (L.) Bernh. subsp. *alpina* (Wulf.) Hartm.; *C. fragilis* (L.) Bernh. subsp. *regia* (L.) Bernoulli; *C. alpina* (Wulf.) Desv.; *C. crispa* (Gouan) H. P. Fuchs**). — Nom.: ÖBZ, 91: 212. — Alp. (verbr). — Feuchte Schuttfluren und Felsen in der höheren Voralpenstufe und der Alpenstufe, hfg.

9. *Asplenium* L., Streifenfarn.

Systematik.

Meyer D. E., Untersuchungen über Bastardierung in der Gattung *Asplenium*. Bibliotheca Botanica, Heft 123. Stuttgart 1952. 34 Seiten, ill.

Waisbecker A., in Magy. Bot. Lapok 1 (1902) — 4 (1905).

Verbreitung.

Lämmermayr L., *Asplenium cuneïfolium*. Pflanzenareale Reihe 1, Heft 8, 1928: Karte 80 a, S. 93—94.

— *Asplenium adulterinum*. Ebenda: Karte 80 b, S. 95—96.

Marzell H., Ein seltener Farn der Alpen. *Asplenium fissum* Kit. Jahrb. d. Ver. z. Schutze der Alpenpflanzen, 6, 1934: 26—28.

Gliederung der Gattung.

Sektion 1. *Ruta-muraria: A. Adiantum-nigrum, Forsteri* (= *cuneïfolium*), *fissum, lepidum, Ruta-muraria.*

Sektion 2. *Acropteris: A. septentrionale, Seelosii.*

Sektion 3. *Athyrioides: A. Halleri* (= *fontanum*), *foresiense.*

Sektion 4. *Trichomanoides: A. Trichomanes, adulterinum, viride.*

---

*) Diejenigen Autoren, welche den Namen *C. Filix-fragilis* als giltig annehmen, stützen sich dabei auf *Polypodium F. fragile* L., Spec. plant., ed. 1. Nun hat aber E. D. Merrill (in Amer. Fern Journal, 25, 1935: 137) darauf aufmerksam gemacht, daß Linné in seinem Handexemplar der Species plantarum, 1. Aufl., das „*F.*" ausgestrichen hat, weil offenbar er selbst dieses „*F.*" als Irrtum betrachtet hat. Dementsprechend ist dann auch in der zweiten Auflage das *F.* weggeblieben(!). Bezeichnend ist auch, daß in der ersten Auflage nicht *F. fragilis* steht (analog wie *F. femina*), sondern *F. fragile* (an *Polypodium* angeglichen).

**) Dies ist nach H. P. Fuchs der giltige Name, da nach seiner Ansicht *Polypodium regium* L. kaum hierher gehört.

1. *A. Adiantum-nigrum* L., Immergrüner St. — Syn.: *A. Adiantum nigrum* L. subsp. *nigrum* Heufler. — Südl. Bgl (s. slt.), östl. NÖ (s. slt.), St (zerstr.), Kt (zerstr.), Vb (mßg. hfg.). — Auf steinigem Waldgrund, an Felsen, Mauern, in der Hügel- und Bergstufe; kieselliebend. — Hauptverbrtg.: West- und Süd-Europa, Südwest-Asien, Afrika.

2. *A. Forsteri* Sadler, Serpentin-St. — Syn.: *A. serpentini* Tausch; *A. Adiantum-nigrum* L. subsp. *serpentini* (Tausch) Heufler; *A. cuneïfolium* auct. austr., vix Viviani. — Bgl, NÖ, St. — In der Regel auf Serpentin, seltener auf Magnesit; Felsen und Felsschutt; zerstr., stellw. hfg. — Nach Kümmerle, Jávorka, Soó und anderen ungarischen Botanikern (nicht nach Rothmaler) soll *A. Forsteri,* eine Pflanze Mitteleuropas und Ungarns (Originalstandort Bernstein im Bgl), gut verschieden sein von dem in Italien heimischen echten *A. cuneïfolium* Viviani. Der Fall erscheint noch recht strittig. Vgl. auch ÖBZ, 91, 1942: 212.

3. *A. fissum* Kit., Schlitzblatt-St. — NÖ, OÖ, St, Kt. — Felsen und Felsschutt in der unteren Voralpenstufe der Kalkalpen, slt.; kalkliebend. — Hauptverbrtg.: Südost-Europa.

4. *A. lepidum* Presl, Zarter St. — NÖ (Hohe Wand), St (Bärenschütz). — Kalkfelsen der Bergstufe, s. slt. — Hauptverbrtg.: Süd-Europa.

5. *A. Ruta-muraria* L., Mauer-St., Mauerraute. — Verbr. u. hfg. — An Felsen und Mauern s. hfg., von niederen Lagen bis in die Krummholzstufe; kalkliebend.

6. *A. septentrionale* (L.) Hoffm., Nordischer St. — Verbr. — Felsen der Berg- und Voralpenstufe, slt.; kalkfeindlich.

7. *A. Seelosii* Leybold, Dolomit-St. — NÖ (Göllergebiet), OÖ (bei Windisch-Garsten). — Dolomitfelsen der Berg- u. Voralpenstufe, s. slt. — Hauptverbrtg.: südliches Alpengebiet; doch auch in den Berchtesgadener Alpen, nahe der salzburgischen Grenze.

8. *A. Halleri* (Roth) DC. [in Lam. et DC. 1815], Haller's St. — Syn.: *A. fontanum* Bernh. (1799) et auct. plur., non *Polypodium fontanum* L.; *Athyrium Halleri* Roth (1799). — Vb (mehrere Fundorte nach verläßlichen Angaben); WTi? (Windachtal bei Sölden im Ötztal, sehr zweifelhaft); NWKt? (Leitertal bei Heiligenblut, nach alten Angaben, später nicht wiedergefunden, vielleicht Verwechslung). Die alte Angabe aus NSt (Rottenmanner Tauern) ist wohl sicher irrtümlich. — In (feuchten) Felsspalten, nicht an Quellen; s. slt.; kalkliebend. — Sonstige Verbrtg.: westl. SEur., OFrankreich, Schweiz (hfg., auch OSchweiz), Liechtenstein, Schwarzwald*).

8*. *A. foresiense* Le Grand, Französischer St. — Syn.: *A. foresiacum* (Le Grand) Christ; *A. fontanum* Bernh. subsp. *foresiacum* (Le Grand) A. et G. — Da diese Art ehedem von *A. Halleri* nicht getrennt wurde, so hätte ein allfälliges Vorkommen in Vb vermutet werden können. Nach Ansicht aller Kenner der Art und der Vorarlberger Flora kommt jedoch *A. foresiense* in Vorarlberg bestimmt nicht vor. — Verbrtg.: W- u. SWEur.*).

9. *A. Trichomanes* L., Widerton-Streifenfarn, Schwarzstieliger St. — Verbr. u. hfg. — Felsen und Mauern, von niederen Lagen bis in die Voralpen, s. hfg.; kalkliebend.

---

*) Nach H. P. Fuchs.

10. *A. adulterinum* Milde, Grünspitziger St. — Syn.: *A. fallax* Heufler. — Bgl, NÖ, St. — Felsen und Felsschutt, fast nur auf Serpentin und Magnesit, in der Bergstufe s. zerstr. In NÖ nur am Eichberg bei Klamm-Schottwien auf Magnesit, nicht im Gurhofgraben. — Sonstige Verbreitung: Deutschland, Schlesien, Böhmen, Schweiz, Frankreich, Nordeuropa, Bosnien.

11. *A. viride* Huds., Grüner St. — Verbr. — Felsen u. steinige Stellen, bes. der Voralpenstufe bis in die Krummholzstufe, hfg.; kalkliebend.

Bastarde.

1 × 5. *A. Adiantum-nigrum* × *A. Ruta-muraria* = *A. Perardii* Litardière. — Syn.: *A. Lingelsheimii* Seymann; *A. Christii* Hahne, non Hieronymus. — St (St.-Gotthard bei Graz).

2 × 5. *A. Forsteri* × *A. Ruta-muraria* = *A. murariaeforme* Waisbecker [1899, corr. 1902]. — Bgl (Unter-Podgoria). — Deutung nicht ganz sicher.

2 × 9. *A. Forsteri* × *A. Trichomanes* = *A. wachaviense* A. et G. — NÖ (Gurhofgraben bei Aggsbach).

2 × 11. *A. Forsteri* × *A. viride* = *A. Woynarianum* A. et G. — St (Kirchdorf bei Pernegg).

5 × 6. *A. Ruta-muraria* × *A. septentrionale* = *A. Murbeckii* Doerfler. — Ti (Eingang des Ötztales).

5 × 9. *A. Ruta-muraria* × *A. Trichomanes* = *A. Preissmannii* Aschers. et Luerss. 1895 (*Ruta mur.* > *Trich.*). — Syn.: *A. Reicheliae* Doerfl. et Aschers. 1896 (*Trich.* > *Ruta mur.*). — NÖ (Hainburg, Aspang), St (Mixnitz), Kt (Hermagor).

6 × 9. *A. septentrionale* × *A. Trichomanes* = *A. Breyneï* Retz*). — Syn.: *A. germanicum* auct., vix Weis**); *A. Heufleri* Reichardt 1859 (*Trich.* > *sept.*); *A. Hansii* Aschers. 1896 (*sept.* > *Trich.*); *A. intercedens* Waisbecker 1899 (*sept.* > *Trich.*); *A. Luerssenii* Waisbecker 1904 (*sept.* > *Trichomanes*). — Verbr., mßg. hfg.; kalkfeindlich. — Vielleicht als artgewordener Bastard aufzufassen; einzelne der vorgenannten Namen entsprächen dann Rückkreuzungen mit den Stammeltern.

9 × 10. *A. Trichomanes* × *A. adulterinum* = *A. trichomaniforme* Woynar. — St (Traföß bei Pernegg).

10 × 11. *A. adulterinum* × *A. viride* = *A. Poscharskyanum* (Hoffm.) Preissm. — St (Gulsenberg bei Kraubath und Kirchdorf bei Pernegg).

Namensverzeichnis zur Gattung *Asplenium*.

*) Benannt nach Jacob Breyne. Die anfängliche Schreibweise *Breynii* (1774) ist daher unrichtig.

**) *A. germanicum* Weis (1770) gehört wahrscheinlich zu *A. Ruta-muraria*. Siehe Becherer in Berichte Schweiz. Botan. Ges., 38, 1929: 178.

germanicum 6 × 9
Halleri 8
Hansii 6 × 9
Heufleri 6 × 9
intercedens 6 × 9
lepidum 4
Lingelsheimii 1 × 5
Luerssenii 6 × 9
murariaeforme 1 × 5
Murbeckii 5 × 6
nigrum 1
Perardii 1 × 5
Poscharskyanum 10 × 11
Preissmanni 5 × 9
Reicheliae 5 × 9
Ruta-muraria 5, Sect. 1
Seelosii 7
septentrionale 6
serpentini 2
Trichomanes 9
trichomaniforme 9 × 10
Trichomanoides Sect. 4
viride 11
wachaviense 2 × 9
Woynarianum 2 × 11

10. *Phyllitis* Hill, Hirschzunge.

Syn.: *Scolopendrium* Adans.

Ph. Scolopendrium (L.) Newman, Gewöhnliche H. — Syn.: *Scolopendrium vulgare* Sm.; *Scolopendrium officinarum* Sw. — Verbr. — Wälder der Bergstufe und bes. der Voralpenstufe, zerstr.; kalkliebend.

11. *Athyrium* Roth, Frauenfarn.

1. *A. Filix-femina* (L.) Roth, Gewöhnl. F. — Verbr. u. hfg. — Schattige Wälder, bes. der Berg- und Voralpenstufe, sehr hfg.; bodenvag bis schwach kalkmeidend.

2. *A. distentifolium* Tausch*), Gebirgs-F. — *A. alpestre* (Hoppe) Milde (1867), non Clairville (1811); *A. rhaeticum* (L.) Gremli, non Roth. — Nom.: Phyt. 2: 62 (überholt); H. P. Fuchs 1956. — Voralp. (verbr., fehlt Bgl). — Buschige Hänge, Holzschläge und Hochstaudenfluren; höhere Voralpen bis Krummholzstufe; mßg. hfg.; etwas kalkmeidend.

12. *Dryopteris* Adans., Nierenfarn.

(umfaßt Wurmfarn, Dornfarn und Kammfarn).

Syn.: *Nephrodium* Rich.; *Aspidium* Sw. z. T.

Systematik.

Bange C., Nomenclature de quelques genres de Fougères. I. *Dryopteris*. Bull. Soc. bot. France, 99, 1952: 290—293.

Rothmaler W., Über *Dryopteris paleacea* (Sw.) Hand.-Mazz. Boissiera, 7, 1943: 166 bis 181. [Die europäischen Pflanzen sind von den tropischen (*D. Borreri* Newm.) nicht zu trennen.]

Woynar H., Betrachtungen über *Polypodium austriacum* Jacq. [d. i. *Dryopteris austriaca*]. ÖBZ, 67, 1918: 267—275.

1. *D. austriaca* (Jacq.) Woynar, Dornfarn, Dorn-Wurmfarn. — Syn.: *D. spinulosa* (O. F. Müll.) O. Kuntze. — Nom.: ÖBZ, 91, 213. — Verbr. — Humusreiche schattige Wälder, kalkmeidend, häufig. — Gliedert sich in zwei Unterarten:

   A. subsp. *spinulosa* (O. F. Müll.) Schinz et Thellung, Kleiner Dornfarn. — Syn.: *D. spinulosa* (O. F. Müll.) Watt (1867), O. Kuntze (1891) s. str.; *Nephrodium spinulosum* (O. F. Müll.) Strempel; *Aspidium spinulosum* (O. F. Müll.) Sw. — Vorwiegend in der Bergstufe und in niederen Lagen.

*) Tausch ex Opitz 1820, in Kratos Zs. Gymn., 2 (1): 14, n. 41, fide spec. orig. (H. P. Fuchs, in Brief vom 12. I. 1956.)

B. subsp. *austriaca* [Jacq.] (Woynar), Großer Dornfarn. — Syn.: subsp. *dilatata* (Hoffm.) Schinz et Thellung; *D. austriaca* (Jacq.) Woynar s. str.; *D. dilatata* (Hoffm.) A. Gray; *Nephrodium austriacum* (Jacq.) Fritsch; *Nephrodium dilatatum* (Hoffm.) Desv.; *Aspidium dilatatum* (Hoffm.) Sm. — Vorwiegend in der Voralpenstufe und oberen Bergstufe.

2. *D. cristata* (L.) A. Gray, Kammfarn, Kamm-Wurmfarn. — Syn.: *Nephrodium cristatum* (L.) Michx.; *Aspidium cristatum* (L.) Sw. — OÖ (Ibmer Moor, Almsee), NSt (Trieben), Kt (Hermagor), Sb (Zell a. S. und Mittersill), OTi (Lienz), NTi (Kitzbühel?), Vb (Bodenseeried bei Bregenz, Göfner Wald?). — Bruchwälder und Moore, von niederen Lagen bis in die untere Voralpenstufe, s. slt.

3. *D. Villarsii* (*Villarii*) (Bell.) Woynar, Steifer Wurmfarn. — Syn.: *D. rigida* (Hoffm.) Underwood; *Nephrodium Villarsii* (Bell.) Beck; *Nephrodium rigidum* (Hoffm.) Desv.; *Aspidium rigidum* (Hoffm.) Sw. — Nom.: ÖBZ, 91: 212. — Alp. (verbr.), Kalkalpen. — Schuttfluren der (oberen) Voralpenstufe und der Alpenstufe, mßg. hfg.

4. *D. Filix-mas* (L.) Schott, Echter Wurmfarn. — Syn.: *Nephrodium Filix-mas* (L.) Rich.; *Aspidium Filix-mas* (L.) Sw. — Verbr. u. hfg. — Schattige Wälder, von niederen Lagen bis in die obere Voralpenstufe, s. hfg.; bodenvag.

5. *D. paleacea* (Sw.) Hand.-Mazz., Dichtschuppiger W. — Syn.: *D. Borreri* Newm.; *D. Filix-mas* (L.) Schott subsp. *Borreri* (Newm.) Becherer et Tavel; *Aspidium paleaceum* Sw. — Nom.: Phyt. 2: 63; Lawalrée, Flor. Belg., Ptérid.: 116—117. — OÖ, St, Sb, Ti; vielleicht weiter verbreitet, aber bisher übersehen. — Feuchtschattige Gebirgswälder, s. zerstr. — Sonstige Verbreitung: Tropisch-Asien, Tropisch-Amerika usw.

Bastarde.

1 A × 2. *D. austriaca* subsp. *spinulosa* × *D. cristata* = *D. Tauschii* (Čelak.) Domin (1935). — Syn.: *D. Laschii* E. Walter (1939); *Lastrea uliginosa* Newman (1849); *Nephrodium uliginosum* (Newman) Baker (1867); *Aspidium uliginosum* (Newman) Nyman (1884); *Aspidium spinulosum* subsp. *Tauschii* Čelak. (1869); non *Dryopteris uliginosa* (Kunze) Christensen (1934). — NSt (Trieben).

1 A × 4. *D. austriaca* subsp. *spinulosa* × *D. Filix-mas* = *D. remota* (A. Braun) Druce*). — Syn.: *Aspidium remotum* A. Braun. — St, NTi, Vb, zerstr.

1 B × 4. *D. austriaca* subsp. *austriaca* × *D. Filix-mas* = *D. Borbásii* R. Litardière. — Syn.: *D. subalpina* (Borb.) Woynar; *Aspidium remotum* A. Braun var. *subalpinum* Borbás; *Aspidium subalpinum* (Borb.) Hand.-Mazz. — St, Kt, NTi, zieml. hfg.

Namensverzeichnis: siehe nach *Polystichum* (Gattung 14).

*) Druce Jänner 1908, Hayek Juni 1908.

13. *Thelypteris* Schmidel*), Lappenfarn, Nackthäufchenfarn.

(umfaßt Bergfarn, Sumpffarn, Buchenfarn, Eichenfarn und Kalkfarn).

Syn.: *Lastrea* Bory; *Phegopteris* Fée amplif.; *Gymnocarpium* Newman amplif.

Systematik und Nomenklatur: Phyt. 2: 62; H. P. Fuchs, 1956. — Nach Ascherson und Graebner ist für die Namenskombinationen unter *Lastrea* nicht Bory, der Autor des Gattungsnamens, als Autor zu setzen, sondern bei *L. Oreopteris* und *L. Thelypteris* Presl, bei *L. Phegopteris* und *L. Dryopteris* Newman. Lawalrée dagegen anerkennt Bory als Autor aller vier Kombinationen.

Gliederung der Gattung.

Sektion 1. *Thelypteris* (als Gattung: *Thelypteris* s. str.): *Th. limbosperma* (= *Th. Oreopteris*) und *Th. palustris* (= *Lastrea Thelypteris*).

Sektion 2. *Gymnocarpium* (als Gattung: *Gymnocarpium* s. str., *Phegopteris* s. str.): *Th. Phegopteris*.

Sektion 3. *Copelandia* (als Gattung: *Copelandia* H. P. Fuchs, nov. gen.), *Th. Dryopteris* und *Th. Robertiana*.

1. *Th. limbosperma* (All.) H. P. Fuchs, Bergfarn, Berg-Lappenfarn. — Syn.: *Th. Oreopteris* (Ehrh.) Slosson; *Lastrea Oreopteris* (Ehrh.) Bory; *Dryopteris Oreopteris* (Ehrh.) Maxon; *Dryopteris montana* (Vogl).) O. Kuntze; *Nephrodium Oreopteris* (Ehrh.) Desv.; *Nephrodium montanum* (Vogl.) Baker; *Aspidium montanum* (Vogl.) Aschers. — Nom.: Phyt. 2: 63; H. P. Fuchs, 1956. — Verbr. — Wälder und buschige Hänge; in der Voralpenstufe hfg., in der Bergstufe slt.; kalkmeidend, kieselliebend.

2. *Th. palustris* (S. F. Gray) Schott, Sumpffarn, Sumpf-Lappenfarn. — Syn.: *Lastrea Thelypteris* (L.) Bory; *Dryopteris Thelypteris* (L.) A. Gray; *Nephrodium Thelypteris* (L.) Desv.; *Aspidium Thelypteris* (L.) Sw. — Nom.: Phyt. 2: 63; H. P. Fuchs, 1956. — Verbr. — Sümpfe, Moore und Bachufer, von niederen Lagen bis in die untere Voralpenstufe, slt.

3. *Th. Phegopteris* (L.) Slosson, Buchenfarn, Buchen-Lappenfarn. — Syn.: *Lastrea Phegopteris* (L.) Bory; *Phegopteris connectilis* (Michx.) Watt; *Phegopteris polypodioides* Fée; *Phegopteris vulgaris* Mettenius; *Gymnocarpium Phegopteris* (L.) Newman; *Dryopteris Phegopteris* (L.) Christensen; *Nephrodium Phegopteris* (L.) Prantl; *Aspidium Phegopteris* (L.) Baumg. — Nom.: Phyt. 2: 63; H. P. Fuchs, 1956. — Verbr. — Schattig-feuchte Wälder der Berg- und Voralpenstufe, zieml. hfg., mehr in Buchenwäldern als in Nadelwäldern.

4. *Th. Dryopteris* (L.) Slosson, Eichenfarn, Eichen-Lappenfarn. — Syn.: *Lastrea Dryopteris* (L.) Bory; *Phegopteris Dryopteris* (L.) Fée; *Gymnocarpium Dryopteris* (L.) Newman; *Copelandia Dryopteris* (L.) H. P. Fuchs; *Dryopteris disjuncta* (Rupr.?) Morton; *Dryopteris Linnaeana* Christensen; *Nephrodium Dryopteris* (L.) Michx.; *Aspidium Dryopteris* (L.) Baumg. — Nom.: Phyt. 2: 63; H. P. Fuchs, 1956. — Verbr. — Wälder, aber auch offene Standorte, hfg., bes. in der Bergstufe, steigt bis in obere Voralpenstufe; bodenvag, schwach kalkmeidend.

---

*) Der Gattungsname *Thelypteris* Schmidel (1762) ist älter als der Gattungsname *Lastrea* Bory (1824). Letzterer ist gebräuchlicher; auch hat er gleich von Anfang an die Gattung in genau demselben Umfang bezeichnet, wie sie auch hier aufgefaßt wird. Es wäre zu wünschen, daß der Name *Lastrea* auf der Gattungs-Ausnahmsliste geschützt wird.

5. *Th. Robertiana* (G. F. Hoffmann) Slosson, Kalkfarn, Ruprechtsfarn, Ruprechts-Lappenfarn. — Syn.: *Lastrea Robertiana* (G. F. Hoffmann) Newman; *Lastrea calcarea* (Sm.) Bory; *Lastrea obtusifolia* (Schrank?) Janchen olim; *Phegopteris Robertiana* (G. F. Hoffmann) A. Braun; *Gymnocarpium Robertianum* (G. F. Hoffmann) Newman; *Gymnocarpium obtusifolium* (Schrank?) O. Schwarz; *Copelandia Robertiana* (G. F. Hoffmann) H. P. Fuchs; *Dryopteris Robertiana* (G. F. Hoffmann) Christensen; *Nephrodium Robertianum* (G. F. Hoffmann) Prantl; *Aspidium Robertianum* (G. F. Hoffmann) Luerssen; *Polypodium obtusifolium* Schrank? (1785, nach H. P. Fuchs ein nomen dubium rejiciendum); *Polypodium Robertianum* G. F. Hoffmann (1796); *Polypodium calcareum* Smith (1804). — Nom.: Phyt. 2: 63; H. P. Fuchs, 1956. — Verbr., bes. Kalkalpen. — Schuttfluren, auch steinige lichte Wälder, bes. in der Voralpenstufe; hfg.; kalkliebend.

Namensverzeichnis: siehe nach *Polystichum* (Gattung 14).

14. *Polystichum* Roth, Schildfarn.

Syn.: *Aspidium* Sw. partim.

Nomenklatur.

Becherer A., Synonymie des Farns *Polystichum setiferum* (Forskål) Th. Moore. Repert. spec. nov. 52, 1943: 125—127.

Lawalrée A., in Robyns W., Flore générale de Belgique, Ptéridophytes, 1950: 103—115.

Woynar H., Mitteil. Naturw. Verf. f. Stmk., 49, 1912: 171—182.

1. *P. lobatum* (Huds.) Chevall., Gewöhnlicher Sch. — Syn.: *P. aculeatum* (L.) Roth (non Schott), nomen ambiguum rejiciendum; *Aspidium lobatum* (Huds.) Swartz; *Aspidium aculeatum* (L.) Sw. subsp. *lobatum* (Huds). Arcang.; *Dryopteris lobata* (Huds.) Schinz et Thellung. — Nom.: Lawalrée, Fl. Belg., Ptérid., 110/111. — Verbr. — Schattig-feuchte Wälder der Voralpenstufe und der höheren Bergstufe, s. hfg.; ziemlich bodenvag.

2. *P. setiferum* (Forsk.) Moore, Borsten-Sch. — Syn.: *P. aculeatum* (Swartz) Schott et auct. mult., non (L.) Roth, nomen ambiguum rejiciendum; *P. angulare* (Kit.) Presl; *Aspidium aculeatum* (L.) Sw.; *Aspidium aculeatum* (L.) Sw. subsp. *angulare* (Kit.) Arcang.; *Aspidium angulare* Kit.; *Dryopteris setifera* (Forsk.) Woynar; *Dryopteris aculeata* (L.) O. Kuntze. — Nom.: Lawalrée, Fl. Belg., Ptérid., 110/111. — St (Deutsch-Landsberg). — Schattig-feuchte Wälder, s. slt. — Allg. Verbrtg., fast kosmopolitisch.

3. *P. Braunii* (Spenn.) Fée, Weicher Sch., Schuppen-Sch. — Syn.: *P. paleaceum* Schwarz, non *Polypodium paleaceum* Borkh.; *Aspidium Braunii* Spenn.; *Dryopteris Braunii* (Spenn.) Underwood. — Nom.: Phyt. 5 : 56. — Verbr. (fehlt OÖ u. Vb). — Schattig-feuchte Wälder der Berg- und Voralpenstufe, slt.; kalkmeidend.

4. *P. Lonchitis* (L.) Roth, Lanzen-Sch., Lanzenfarn. — Syn.: *Aspidium Lonchitis* (L.) Sw.; *Dryopteris Lonchitis* (L.) O. Kuntze. — Verbr. (fehlt Bgl). — Steinige buschige Stellen der höheren Voralpenstufe, hfg., bis ins Krummholz ansteigend. — Soll im Bgl ausgestorben oder ausgerottet sein.

Bastarde.

1 × 2. *P. lobatum* × *P. setiferum* = *P. Bicknellii* (Christ) Hahne. — St (Deutsch-Landsberg).

1 × 3. *P. lobatum* × *P. Braunii* = *P. Luerssenii* (Doerfl.) Hahne. — Syn.: *Aspidium Luerssenii* Doerfl. 1890 (*Braunii* > *lob.*); *Aspidium lobatiforme* Waisbecker 1899 (*lob.* > *Braunii*); *Dryopteris silesiaca* Becherer 1942, non *Dryopteris Luerssenii* (Harr.) Christensen (1905). — Bgl (Hammer bei Lockenhaus), St (Waxenegg bei Anger, Traföß bei Pernegg), Kt (Oberdrauburg), Sb (Krimml), OTi (mehrfach), NTi (Zillertal).

1 × 4. *P. lobatum* × *P. Lonchitis* = *P. illyricum* (Borb.) Hayek. — Syn.: *Aspidium illyricum* Borb.; *Aspidium Murbeckii* Raimann. — NÖ, St, Kt, Sb, Ti, Vb, zerstr.

2 × 3. *P. setiferum* × *P. Braunii* = *P. Wirtgenii* Hahne. — St (Deutsch-Landsberg).

Namensverzeichnis

zu den Gattungen *Dryopteris, Thelypteris* und *Polystichum,* d. i. zu der Sammelgattung *Aspidium* im weitesten Sinne und zu den Gattungssynonymen *Copelandia, Gymnocarpium, Nephrodium, Phegopteris* und *Thelypteris.*

D. = *Dryopteris.* — *Th.* = *Thelypteris.* — *P.* = *Polystichum.*

3. Ordnung. *Hydropteridales*, Wasserfarne.

1. Familie. *Marsiliaceae*, Schlammfarngewächse.

Marsilia **L., Schlammfarn, Kleefarn.**

M. quadrifolia L., Vierblatt-K. — St (Ponigl bei Wundschuh), Kt (Klagenfurt, Waidmannsdorf); in OÖ wahrsch. ausgestorben (früher angegeben um Mondsee, am hinteren Langbathsee und um Guttau im unteren Mühlviertel); fehlt gleichfalls in Sb. — Seichte stehende Gewässer und schlammige Ufer, s. slt.

2. Familie. *Salviniaceae*, Schwimmfarngewächse.

Salvinia **Adans., Schwimmfarn.**

S. natans (L.) All., Gewöhnlicher Sch. — Die Angabe eines Vorkommens in NÖ, Altwässer der March zwischen Stillfried und Dürnkrut (VZBG, 72: 166), wurde niemals bestätigt und ist wohl als irrtümlich anzusehen (VZBG, 79, 1929: 342).

HAUPTABTEILUNG: *GYMNOSPERMAE,* NACKTSAMER.

Klasse *Coniferae,* Nadelhölzer.

Systematik. — Phyton 2: 64.

Ascherson P. und Graebner P., *Coniferae,* in: Synopsis der mitteleuropäischen Flora, Bd. I, 2. Aufl.: 262—394. 1912.

Beissner L., neubearb. v. Fitschen J., Handbuch der Nadelholzkunde, 3. Aufl. Berlin 1930. 765 Seiten.

Dallimore W. and Jackson A. B., A handbook of *Coniferae* including *Ginkgoaceae.* 3. ed. London 1948. 682 Seiten.

Janchen E., Das System der Koniferen*). Sitzber. Österr. Akad. d. Wiss., m.-n. Kl., Abt. I, 158, 1949: 155—262.

— Übersicht der Nadelhölzer Österreichs*). Angewandte Pflanzensoziologie, Festschrift Aichinger, 1954: 1—42.

Meyer F., Die Nadelhölzer einschl. *Ginkgo.* Eine Einführung in die Kenntnis der in Mitteleuropa kulturwerten Arten usw. Grundlagen und Fortschritte im Garten- und Weinbau, Heft 103. Stuttgart 1952. 174 Seiten.

Morgenthal J., Die wildwachsenden und angebauten Nadelgehölze Deutschlands. 2. Aufl. Jena 1952. 228 Seiten.

Neger F. W. und Münch E., Die Nadelhölzer (Koniferen) und übrigen Gymnospermen. Vierte Auflage, herausgeg. v. B. Huber. Sammlung Göschen, Bd. 355. Berlin 1952. 140 Seiten, bebildert.

Pilger R., *Coniferae.* In Engler A., Natürl. Pfl.famil., 2. Aufl. Bd. 13, 1926: 121—403.

Pilger R. und Melchior H., *Gymnospermae**). In: Syllabus der Pflanzenfamilien, 12. Aufl., 1. Bd., 1954.

Vierhapper F., Entwurf eines neuen Systemes der Coniferen. Abhandl. d. ZBG, Bd. V, Heft 4. Jena 1910. 56 Seiten. [Enthält viele wertvolle Einzelheiten, ist jedoch in der Fassung der Familien überholt.]

1. Ordnung. *Taxales,* Eibenartige.

Familie *Taxaceae,* Eibengewächse.

***Taxus* L., Eibe.**

Verbreitung und Geschichte.

Schulz-Döpfner G., Die Eibe. Blätter für Naturkunde und Naturschutz, 15, 1928: 29—36.

— Die Eibenbogenzeit. Ebenda, 18, 1931: 129—135.

Tschermak L., Einiges über die Eibe in Österreich einst und jetzt. Wiener Allg. Forst- und Jagdzeitung, 50, 1932, Nr. 27 und 28, S. 157—158 u. 163—164.

T. baccata L., (Europäische) E. — Verbr. — Schattige Wälder, bes. der Bergstufe und unteren Voralpenstufe, zerstr.; bodenvag, etwas kalkliebend. Häufig als Ziergehölz kult. — Dazu:

b) var. *fastigiata* Loudon, Säulen-E. — Syn.: *T. hibernica* Mackay. — Kulturform, aus Irland stammend.

---

*) Die neueste Fassung des Koniferen-Systems im „Syllabus der Pflanzenfamilien" (1954) bedeutet meines Erachtens keinen Fortschritt gegenüber dem von mir aufgestellten System aus dem Jahr 1949. Besonders kennzeichnend für meine Auffassung sind folgende Punkte: Die *Cupressaceae* sind vor die *Pinaceae* (= *Abietaceae)* zu stellen. Unter den *Cupressaceae* gehört *Juniperus* ganz an den Anfang. E. Janchen.

2. Ordnung. *Pinales,* Föhrenartige.

1. Familie. *Cupressaceae,* Zypressengewächse.

Gliederung der Familie.

Unterfamilie I. *Juniperoideae.*
Tribus 1. *Junipereae: Juniperus.*
Unterfamilie II. *Cupressoideae.*
Tribus 2. *Cupresseae: Chamaecyparis.*
Tribus 3. *Thujopsideae: Biota, Thuja.*

1. *Juniperus* L., Wacholder.

Systematik, Verbreitung, Ökologie.

Rikli M., Über den Zwergwacholder. Ber. Schweiz. Botan. Ges., Rübel-Festband, 1936: 338—354.

Morton F., *Juniperus Sabina* L. im Salzkammergut. Jahrb. d. o. ö. Musealvereines, 97, 1952: 215—222.

Gliederung der Gattung.

Untergattung I. *Oxycedrus: J. communis, J. sibirica.*
Untergattung II. *Sabina: J. virginiana, J. Sabina.*

1. *J. communis* L., Gewöhnlicher W. — Syn.: *J. communis* L. subsp. *eu-communis* Syme. — Verbr. — Heiden, Gebüsche und lichte Wälder, von der Ebene bis in die Voralpenstufe, mßg. hfg., bodenvag. — Läßt sich in zwei, mitunter auch höher bewertete Varietäten gliedern:
   a) var. *communis* (L.). — Syn.: var. *vulgaris* Spach. — Der Typus, die Pflanze niederer Lagen;
   b) var. *intermedia* (Schur) Sanio, Mittlerer W. — Syn.: *J. intermedia* Schur; *J. nana* Willd. subsp. *montana* (Ait.) Hayek. — Voralp. (verbr., fehlt Bgl).
2. *J. sibirica* Lodd., Zwerg-W. — Syn.: *J. nana* Willd.; *J. alpina* S. F. Gray; *J. communis* L. subsp. *alpina* (S. F. Gray) Čelak. (1867); *J. communis* L. subsp. *nana* (Willd.) Syme (1868) [Arcang. 1882]. — Nom.: ÖBZ, 91: 216; Phyt. 5: 57/58. — Alp. (verbr.). — Magermatten und Gebüsche in der Alpenstufe und höheren Voralpenstufe, mßg. hfg.; bodenvag (etwas kalkmeidend).
3. *J. virginiana* L., Virginischer W. — Syn.: *Sabina virginiana* (L.) Antoine. — Mitunter als Ziergehölz kult., slt. forstlich, so im Bgl (Bezirk Neusiedl am See), früher versuchsweise auch in NÖ (nicht bewährt u. größtenteils eingegangen).
4. *J. Sabina* L., Stink-W., Sebenstrauch. — Syn.: *Sabina vulgaris* Antoine; *Sabina officinalis* Garcke. — Verbr. (fehlt Bgl). — Sonnige Bergabhänge und Felsfluren, bes. in der Voralpenstufe, s. zerstr., nur in NTi häufiger; bodenvag. Auch als Ziergehölz und zu kultischen Zwecken (Weihbuschen) sowie als Heilpfl. kult.

2. *Chamaecyparis* Spach, Halbzypresse.

(Lebensbaumzypresse, Scheinzypresse.)

1. *Ch. Lawsoniana* (A. Murr.) Parl., Lawsons-Zypresse. — Hfg. als Ziergehölz, mehrfach auch forstlich kult., so in Bgl, NÖ, OÖ, St, Sb, Ti. — Hmt.: westl. NAm.

2. *Ch. obtusa* Sieb. et Zucc., Hinoki-Zypresse, Feuerschein-Zypresse, Sonnen-Zypresse. — Öfters als Ziergehölz, slt. forstlich kult., so im Bgl (Bezirk Neusiedl am See, wenig). — Hmt.: Japan.
3. *Ch. pisifera* Sieb. et Zucc. — Sawara-Zypresse, Erbsen-Zypresse. — Mßg. hfg. als Ziergehölz, s. slt. forstlich kult., so in NÖ (Gablitz). — Hmt.: Japan.

3. *Biota* Endl., Lebensbaum (teilw.).

B. orientalis (L.) Endl., Chinesischer L. — Syn.: *Thuja orientalis* L.; *Platycladus stricta* Spach. — Als Ziergehölz und bes. auf Friedhöfen s. hfg. kult.; slt. forstlich, so im Bgl (Bezirk Neusiedl am See, wenig). — Hmt.: NOChina, Mandschurei, Korea.

4. *Thuja* L., Lebensbaum (teilw.).

1. *Th. occidentalis* L., Amerikanischer L. — Als Ziergehölz und bes. auf Friedhöfen s. hfg. kult.; slt. forstlich, so im Bgl (Bezirk Neusiedl am See, wenig). Dient auch als Heilpflanze. — Hmt.: östl. NAm.
2. *Th. plicata* D. Don, Riesen-L. — Syn.: *Th. gigantea* Nutt. — Als Forstbaum stellw. kult., so in NÖ u. OÖ, früher auch in Sb (eingegangen). — Hmt.: nordwestl. NAm.

2. Familie. *Taxodiaceae,* Sumpfzypressengewächse.

Sequoia Endlicher, Mammutbaum.

Systematik.

Buchholz J. T., The generic segregation of the Sequoias. Amer. Journ. Bot., 26, 1939: 535—538. [Mit ausführlicher Begründung wird die Gattung *Sequoia* auf *S. sempervirens* beschränkt und *Sequoiadendron giganteum* als eigene Gattung abgetrennt.]

St. John H. and Krauss R. W., The taconomic position and the scientific name of the Big Tree known as *Sequoia gigantea.* Pacific Science, 8, 1954: 341—358. [Die Verfasser entscheiden sich für den Namen *Sequoiadendron giganteum* (Lindl.) Buchholz.]

Kolmayr H., siehe unten. [Verfasserin ist gegen die Gattungstrennung.]

Verbreitung.

Kolmayr H., Über *Sequoia Wellingtonia* in der Steiermark. Unveröff. Dissertation d. Univ. Graz, 1949. 154 Seiten. 39 Tafeln.

Rannert H., Restbestand von *Sequoia gigantea* im Dunkelsteiner Wald. Österreichs Forst- und Holzwirtschaft, 1953, Nr. 4. 4 Seiten.

S. Wellingtonia Seemann, Riesen-M. — Syn.: *S. gigantea* (Lindl.) Decne. et auct. plur., non Endlicher (nomen confusum); *Wellingtonia gigantea* Lindl.; *Washingtonia californica* Winslow; *Gigantabies Wellingtonia* (Seemann) Senilis [d. i. J. Nelson]; *Sequoiadendron giganteum* (Lindl.) Buchholz. — Nom.: Kolmayr 1949: 3—6 b. — Nicht selten als Zierbaum kult. (z. B. in St in 24 Gärten), nur ausnahmsweise forstlich, so in NÖ bei Meidling im Tale nächst Göttweig (16 Bäume seit etwa 1880). Größte Bestände in St: ein Wäldchen von 69 Bäumen bei Rudolf Friedl, am Südfuß des Ruckerlberges nächst St. Peter bei Graz und eine Gruppe von 39 Bäumen in der Baumschule Klenert in Messendorf bei Graz. Ältester Baum in St im Park des Schlosses Thal bei Graz, gepflanzt etwa 1857. — Heimat: Westhang der Sierra Nevada in Kalifornien.

3. Familie. *Pinaceae**, Föhrengewächse.

Syn.: *Abietaceae,* Tannengewächse.

Gliederung der Familie.

Tribus 1. *Abieteae: Abies, Pseudotsuga, Tsuga, Picea.*
Tribus 2. *Lariceae: Larix.*
Tribus 3. *Pineae: Pinus.*

1. *Abies* Mill., Tanne.

Systematik.

Franco J. do A., Abetos. Lisboa 1950. 261 Seiten.

Mattfeld J., Zur Kenntnis der Formenkreise der europäischen und kleinasiatischen Tannen. Notizbl. d. Botan. Gart. u. Mus. Berlin-Dahlem, 9, 1925: 229—246.

Peschka J., Etwas von unseren ausländischen Tannen, die sich bei uns bewährt haben. Die Landwirtschaft, Wien 1931: 152—153, 182—183.

Verbreitung.

Mattfeld J., Die europäischen und mediterranen *Abies*-Arten. Pflanzenareale, Reihe 1, Heft 2, 1926: Karte 14—16, S. 22—29.

Tschermak L., Die Tannenfrage im Wiener Wald usw. Centralbl. f. d. gesamte Forstwesen, 67, 1941: 135—151.

— Die natürliche Verbreitung der Tanne in Österreich. Österreichische Vierteljahrsschrift für Forstwesen, 91, 1950: 86—98.

1. *A. concolor* Lindl. et Gord., Grau-T., Kolorado-T. — Zieml. hfg. als Zierbaum kult., mitunter auch als Forstbaum, so in Bgl (wenig), in NÖ (verschied. Stellen im Wiener Wald) und in Vb. — Hmt.: südwestl. NAm.

2. *A. grandis* (D. Don) Lindl., Kalifornische Küsten-T. — Selten als Forstbaum kult., so in Bgl (Geschriebener Stein). — Hmt.: westl. NAm.

3. *A. balsamea* Mill., Balsam-T. — Selten als Forstbaum kult., so früher in NÖ (Gablitz, eingegangen). — Hmt.: nordöstl. NAm.

4. *A. sibirica* Ledeb., Sibirische T. — Selten als Forstbaum kult., so früher in NÖ (Gablitz, eingegangen). — Hmt.: NAs., NORußland.

5. *A. Pinsapo* Boiss., Andalusische Tanne. — Mitunter als Zierbaum kult., s. slt. als Forstbaum, so ehedem bei Aflenz in NSt (siehe unter Bastard). — Hmt.: Südspanien (Sierra del Pinar).

6. *A. Nordmanniana* (Steven) Spach, Nordmanns-T. — Häufig als Zierbaum kult., mitunter auch als Forstbaum, so in Bgl, NÖ u. St. — Auch als Weihnachtsbaum geschätzt. — Hmt.: Kaukasus, Kleinasien.

7. *A. alba* Mill., Weiß-T. — Syn.: *A. pectinata* (Lam.) DC. [in Lam. et DC.] — Verbr. — In Hochwäldern meist gemischt mit Buche oder Fichte oder anderen Bäumen, hfg., viel seltener in reinen Beständen, in der Bergstufe und Voralpenstufe; etwas kalkmeidend, erfordert höhere Luftfeuchtigkeit. Auch als Forst- und Zierbaum kult.

Bastard.

A. Nordmanniana × *A. Pinsapo* = *A. insignis* Carr. Sehr slt. als Forstbaum kult.: ehedem in NSt (Aflenz, gegen die Bürgeralpe, Widder nach Fritsch, 1929). Der Bestand mit *A. Pinsapo* und ihrem Bastard ist nach Widder (briefl. Mitt.) „schon längst geschlägert worden und verschwunden“.

2. *Pseudotsuga* Carrière, Douglasie, Douglastanne.

Systematik.

Flous F., Revision du genre *Pseudotsuga.* Trav. Lab. Forest. Toulouse, 2, 1936, H. 4, art. 2. 131 Seiten.

---

*) Nomen conservandum.

Nomenklatur.

Sprague T. A. and Green M. L., The botanical name of the Douglas Fir. Kew Bulletin, 1938: 79—80.

Franco J. do A., On the nomenclature of the Douglas Fir. Inst. Super. Agronom. Lisboa, Portugal, 1953. 6 Seiten.

Gleason H. A., Pedanticism Runs Amuck. Rhodora, 57, 1955: 332—335. [Die Auffassung Gleasons widerstreitet dem Artikel 81 des Nomenklatur-Kodex.]

Stafleu F. A., *Pseudotsuga taxifolia* (Poiret) Britton versus *P. Menziesii* (Mirbel) Franco. Taxon, 5, 1956, Nr. 1: 19.

— *Pseudotsuga Menziesii* versus *Pseudotsuga taxifolia*. Taxon. 5, 1956, Nr. 2: 38—39.

1. *Ps. Menziesii* (Mirbel) Franco (1950), Küsten-D. — Syn.: *Ps. taxifolia* (Poir.) Britton (1889); *Ps. mucronata* (Rafin.) Sudworth (1895); *Ps. Douglasii* (Lindl.) Carrière (1867); *Pinus taxifolia* Lambert (1803), non Salisb. (1796); *Abies taxifolia* Poiret (1806!), non Desf. (1804 nomen legitimum), non Du Tour. (1805, nomen illegitimum); *Abies Menziesii* Mirbel (1825); *Abies mucronata* Rafin. (1832); *Abies Douglasii* Lindley (1833). — Nom.: Phyt. 5: 57 (1953) und Stafleu, Taxon, 5/2: 39 (1956). — Hfg. als Zierbaum, zieml. hfg. und in allen Bundesländern auch als Forstbaum kult. — Hmt.: westl. NAm. (Küstengebiet).
2. *Ps. glauca* Mayr, Gebirgs-D. — Syn.: *Ps. taxifolia* (Poir.) Britton subsp. *glaucescens* (Bailly) Schwerin; *Ps. tax.* subsp. *glauca* (Mayr) Schwerin; *Ps. tax.* var. *glauca* (Mayr) C. Schneid.; *Ps. Douglasii* (Lindl.) Carr. var. *glauca* Mayr; *Ps. Douglasii* var. *caesia* Schwerin. — Minder hfg. als Zierbaum und Forstbaum kult., so in Bgl (hfg.), NÖ (Gablitz), wohl auch in anderen Bundesländern, aber von der vorigen Art nicht immer genügend unterschieden. — Hmt.: westl. NAm. (Gebirge).

3. *Tsuga* Carrière, Schierlingtanne.

(Hemlocktanne.)

Systematik.

Flous F., Revision du genre *Tsuga*. Trav. Lab. Forest. Toulouse, 2, 1936, H. 4, art. 3. 136 Seiten.

Ts. americana (Mill.) Farwell, Kanadische Sch. — Syn.: *Ts. canadensis* (Link) Carr. — Mitunter als Zierbaum kult., slt. auch als Forstbaum, so früher im Bgl (eingegangen). — Hmt.: östl. NAm.

4. *Picea* Agosti, Fichte.

Verbreitung und Ökologie.

Tschermak L., Die natürliche Verbreitung der Fichte in Österreich. Forstwissenschaftl. Centralblatt, 68, 1949: 654—669.

Aichinger E., Fichtenwälder und Fichtenforste als Waldentwicklungstypen. Angewandte Pflanzensoziologie, Heft VII. 1952. 179 Seiten.

Traunmüller J., Die Fichte in der Lebensgemeinschaft des Waldes. Natur und Land, 38, 1952: 57—60.

Malý K., Beiträge zur Kenntnis der *Picea omorika*. Glasnik zemaljskog Muz. u Bosni i Hercegovini, 46, 1934: 37—64.

Fukarek P., Današnje rasprostranjenje Pančićeve omorike (*Picea omorika* Panč.) i neki podaci o njenim sastojinama. Das heutige Verbreitungsgebiet der Omorica-Fichte und einige Mitteilungen über ihre Bestände. Godišnjak Biološkog Instituta u Sarajevo, 3, 1950: 141—198. Serbisch mit deutscher Zusammenfassung. [Das Verbreitungsgebiet beschränkt sich auf Ost-Bosnien und Südwest-Serbien, und zwar ausschließlich auf das Gebiet des Drina-Flusses, bes. auf dessen Mittellauf; es reicht nur wenig auf den Oberlauf. Alle Angaben aus anderen Gegenden sind irrtümlich.]

Gliederung der Gattung.

Sektion 1. *Eupicea: P. pungens, Engelmanni, glauca, orientalis, excelsa.*

Sektion 2. *Omorika: P. falcata, Omorika.*

1. *P. pungens* Engelm., Stech-F. — Häufig als Zierbaum kult., mitunter auch als Forstbaum, so in Bgl (wenig), NÖ (Gablitz, Hinterbrühl) und St, früher auch in Ti (eingegangen). — Hmt.: westl NAm. — Häufig kult. werden folgende Varietäten:
   b) var. *glauca* Beissner*) (incl. var. *coerulea* Beissner), Blau-F., als Forst- und Zierbaum;
   c) var. *argentea* Beissner, Silber-F., als Zierbaum.

2. *P. Engelmanni* (Parry) Engelm., Engelmanns-F. — Mitunter als Zierbaum und Forstbaum kult., so in Ti und früher auch St und NÖ (Gablitz, eingegangen).

3. *P. glauca* (Moench) Voss, Schimmel-F. — Syn.: *P. alba* (Ait.) Link; *P. canadensis* (Mill.) Britt. St. et Pogg. — Zieml. slt. als Zierbaum kult., mitunter als Forstbaum, so in NÖ (Umgebung des Mödlingtales) und früher in Ti (eingegangen). — Hmt.: nördl. NAm. — Nicht zu verwechseln mit *Picea pungens* var. *glauca* (Nr. 1 b)!

4. *P. orientalis* (L.) Link, Kaukasus-F., Sapindus-F. — Häufiger Zierbaum, selten forstlich kult., so ein kleiner Versuchsbestand in NÖ (Versuchsgarten der Hochschule für Bodenkultur nächst der Knödelhütte bei Hütteldorf).

5. *P. excelsa* (Lam.) Link, Gewöhnliche F. — Syn.: *P. Abies* (L.) Karsten (regelgemäßer, aber verwirrender Name); *P. vulgaris* Link. — Nom.: ÖBZ, 91: 213. — Verbr. u. hfg. — Waldbaum der Voralpenstufe und z. T. der oberen Bergstufe, geht bis zur Baumgrenze, in Zwergformen noch über diese hinaus; s. hfg.; bodenvag. Als Forstbaum s. hfg. und oft auch in tieferen Lagen kult.; ebenso als Ziergehölz (Baum und Heckenpfl.) hfg. — Gliedert sich in zwei Unterarten:
   A. subsp. *excelsa* (Lam., Link). — Syn.: subsp. *vulgaris* (Link) A. et G.; *P. Abies* (L.) Karsten subsp. *vulgaris* (Link) Domin. — Der allg. verbreitete Typus. — Dazu:
      b) var. *fissilis* Pacher et Zwanziger, Hasel-Fichte.
   B. subsp. *alpestris* (Brügg.) A. et G., Voralpen-Fichte, Weißrindige F. — Syn.: *P. Abies* (L.) Karsten subsp. *alpestris* (Brügg.) Domin; *P. alpestris* (Brügg.) Stein. — Höhere Voralp. v. NÖ, St, Ti.

6. *P. falcata* (Raf.) Valck.-Suringar, Sitka-F. — Syn.: *P. sitchensis* (Bongard) Carr. — Als Zierbaum und Forstbaum kult., so in NÖ (mehrfach), OÖ (mehrfach), St, Ti. — Hmt.: nordwestl. NAm.

7. *P. Omorika* (Pančić) Purkyně, Omorika-F. — Mitunter als Zierbaum und Forstbaum kult., so in NÖ (bes. Kiental bei Hinterbrühl) und St (Mariagrün bei Graz). — Hmt.: Südwest-Serbien, Ost-Bosnien.

---

*) Wird von Forstleuten und Gärtnern oft kurz als *Picea glauca* bezeichnet, was zu Verwechslungen mit Nr. 3 (Schimmel-Fichte) führen kann.

5. *Larix* Mill., Lärche.

Systematik.

Cieslar A., Studien über die Alpen- und Sudetenlärche. Centralbl. f. d. ges. Forstwesen, 40, 1914. 16 Seiten.

Rubner K., Zur Frage der Entstehung der alpinen Lärchenrassen. Zeitschr. f. Forstgenetik u. Forstpflzüchtg., 3, 1954, H. 3: 49—51.

Schreiber M., Beitrag zur Kenntnis der forstlichen und biologischen Eigenschaften einiger Klimarassen der europäischen Lärche (*Larix decidua* Mill.). Zentralbl. f. d. ges. Forstwesen, 66, 1940, H. 9—12. 78 Seiten.

Schweppenburg G. v., Zur Systematik der Gattung *Larix*. Mitteil. Deutsch. Dendrolog. Ges., 47, 1935: 1—7.

Tschermak L., Die Formen der Lärche in den österreichischen Alpen und der Standort. Centralbl. f. d. ges. Forstwesen, 50, 1924: 201—283.

Verbreitung und Ökologie.

Ostenfeld C. H. und Syrach-Larsen C., *Larix*. Pflanzenareale, Reihe 2, Heft 7, 1930: Karte 62—64, S. 59—63.

Tschermak L., Die autochthone Lärche der tieferen Lagen in den Ostalpen. Wiener Allg. Forst- u. Jagdzeitung, 48, 1930: 228—230.

— Die natürliche Holzartenverbreitung (mit besonderer Berücksichtigung der Lärche) und die ökologischen Bedingungen im Waldviertel und Dunkelsteiner Wald in Niederösterreich. Centralbl. f. d. gesamte Forstwesen, 58, 1932: 73—106.

— Aus der Heimat der europäischen Lärche. Forstarchiv, 8, 1932: 14—20, 49—57.

— Die Mischung Lärche-Buche in den Ostalpen. Forstarchiv, 9, 1933: 65—72.

— Die natürliche Verbreitung der Lärche in den Ostalpen. Mitteil. a. d. forstl. Versuchswesen Österreichs, Heft 43, 1935. 361 Seiten.

Hueck K., Die natürliche Verbreitung der Lärche in den Ostalpen. Naturschutz, 16, 1935: 221—224.

1. *L. leptolepis* (Sieb. et Zucc.) Gordon, Japanische L., Hondo-L. — Syn.: *L. Kaempferi* (Lamb.) Sargent, non (Lindl.) Fortune. — Mitunter als Zierbaum kult., auch hfg. als Forstbaum, so in allen Bundesländern. — Hmt.: Japan.

2. *L. sibirica* Ledeb., Sibirische L. — Syn.: *L. decidua* Mill. subsp. *sibirica* (Ledeb.) Domin. — Slt. als Forstbaum kult., so in Bgl (wenig), NÖ (Gablitz). — Hmt.: Sibirien, Rußland.

3. *L. decidua* Mill., Europäische L. — Syn.: *L. europaea* DC. [in Lam. et DC.]. — Syst.: Phyt. 5: 57. — Davon wächst in Österreich nur: subsp. *decidua* (Mill.). — Syn.: *L. decidua* Mill. subsp. *europaea* (Lam. et DC.) Domin. — Verbr. (fehlt Bgl). — Lichte Wälder der Voralpenstufe und oberen Bergstufe, mßg. hfg.; bodenvag, etwas kalkliebend. Als Forstbaum mitunter auch in tieferen Lagen kult.; im Burgenland nachweislich nur aufgeforstet.

6. *Pinus* L., Föhre, Kiefer.

Systematik der ganzen Gattung *Pinus*.

Shaw G. R., The genus *Pinus*. Cambridge 1914. 96 Seiten.

Pilger R., in Natürl. Pflfam., 2. Aufl., Bd. 13, 1926.

Scharfetter R., Ein Beitrag zur Biographie der Gattung *Pinus*. Angewandte Pflanzensoziologie, Festschrift Aichinger, 1954: 43—49.

Systematik, Verbreitung und Ökologie von *Pinus Cembra*.

Nevole J., Die Verbreitung der Zirbe in der österr.-ungar. Monarchie. Wien 1914. 89 Seiten.

Vierhapper F., Zirbe und Bergkiefer in unseren Alpen. Zeitschrift des D. u. Oe. Alpenvereines, 1915 und 1916. 57 Seiten.

Rohmeder E., Die Zirbelkiefer (*Pinus cembra*) als Hochgebirgsbaum. Jahrbuch d. Ver. z. Schutze d. Alpenpflanzen u. -Tiere, 13, 1941: 27—39.

Tschermak L., Beitrag zur Kenntnis des Klimas der Zirbenstandorte. Mitteil. d. Akad. d. Deutschen Forstwissenschaft, 2, 1942: 143—171.

Handel-Mazzetti Hermann Frh. v., Der höchste Standort der Zirbe (*Pinus Cembra* L.) in den Ostalpen. Angewandte Pflanzensoziologie, Festschrift Aichinger, 1954: 124.

Lämmermayr L., Untersuchungen über die lichtklimatischen Verhältnisse im Gebiete des Zirbitzkogels und über den Lichtgenuß der Zirbe. ÖBZ, 74, 1925: 15—26. [Besprechung der Legzirben auf Seite 19 u. 20.]

— Die Legzirbe in den Alpen. Zeitschr. d. D. u. Oe. Alpenvereines, 1932.

— Neue Beobachtungen und Untersuchungen an den Legzirben des Zirbitzkogels. ÖBZ, 82, 1933: 197—206.

Scheibenpflug H., Die Legzirbe. Blätter für Naturkunde und Naturschutz, 23, 1936: 128—132.

Systematik von *Pinus nigra* und Verwandten.

Ronniger K., Über den Formenkreis von *Pinus nigra* Arnold. VZBG, 73, 1923 (1924): (127)—(130).

Schwarz O., Über die Systematik und Nomenklatur der europäischen Schwarzkiefern. Notizbl. d. Botan. Gart. u. Mus. Berlin-Dahlem, 13, 1936: 226—243.

— Zweiter Nachtrag dazu. Ebenda, 1939: 381—384.

Verbreitung, Ökologie und Nutzung von *Pinus nigra*.

Höss F., Monographie der Schwarzföhre, *Pinus austriaca*, in botanischer und forstlicher Beziehung. Wien 1831. Folio, 8 und 20 Seiten, 2 Farbtafeln. [Der Name *P. austriaca* ist eine willkürliche Umbenennung, da *P. nigra* Arnold und *P. nigricans* Host als Synonyme angeführt werden.]

Rosenkranz F., Über ein eigenartiges Vorkommen der Schwarzföhre (*Pinus nigra*) in Niederösterreich. ÖBZ, 73, 1924: 110—116. [Bei Hollenburg a. d. Donau.]

Schmied H., Über die österreichische Schwarzkiefer. Natürliche Verbreitung und Formationen. Centralbl. f. d. ges. Forstwesen, Wien, 55, 1929: 189—199, 299—308, 348—358.

Tschermak L., Die Schwarzkiefer in Niederösterreich. Die Landwirtschaft, Wien, 1932: 110—112.

Schwarz H., Die klimatischen Bedingungen des besten Gedeihens der österreichischen Schwarzföhre in Niederösterreich. Zeitschr. f. Weltforstwirtsch., 1, Heft 6, 1934: 369—379.

Rosenkranz F., Von der Schwarzföhre in Niederösterreich und ihrer wirtschaftlichen Nutzung. Blätter f. Naturkunde u. Naturschutz, 23, 1936: 67—70.

Mazek-Fialla K., Die Harzgewinnung in Österreich, 2. Aufl. Wien 1947. 232 Seiten.

Neumayer H., Über einen neuen natürlichen Standort von *Pinus nigra* in Kärnten. Mitteil. Naturw. Ver. Univ. Wien, 7, 1909: 152—153.

Benz R. Frh. v., Schwarzkiefer [in Kärnten]. Carinthia II, 103 (23), 1918: 85—88.

— *Pinus nigra* in den Gailtaler Alpen. Carinthia II, 105 (25), 1915: 24—25.

Verbreitung und Ökologie von *Pinus silvestris*.

Aichinger E., Die Rotföhrenwälder als Waldentwicklungstypen. Angewandte Pflanzensoziologie, Heft VI, 1952. 68 Seiten.

Tschermak L., Einige geschichtliche Angaben über die Verbreitung der Weiß-Föhre, *Pinus silvestris* L., in Österreich. Angewandte Pflanzensoziologie, Festschrift Aichinger, 1954: 50—70.

Verbreitung und Ökologie von *Pinus Mugo*.

Vierhapper F., Zur Kenntnis der Verbreitung der Bergkiefer (*Pinus montana*) in den östlichen Zentralalpen. ÖBZ, 64, 1914: 369—407. [Mit ausführlichem Schriftenverzeichnis.]

— Zirbe und Bergkiefer in unseren Alpen. Zeitschrift des D. u. Oe. Alpenvereines, 1915 und 1916. 57 Seiten.

Systematik u. Verbreitung von *Pinus rotundata* u. *P. uncinata.*
Podhorsky J., Die Spirke in den Ostalpen. Schweiz. Zeitschr. f. Forstwesen, 90, 1939, Nr. 4: 105—121. — Wiener Allg. Forst- u. Jagdzeitung, 1939, Nr. 3 u. 4, S. 15—17 u. 23—24.

Gliederung der Gattung *Pinus.*
Untergattung I. *Haploxylon.*
Sektion 1. *Strobus: P. Strobus, Peuce.*
Sektion 2. *Cembra: P. Cembra.*
Untergattung II. *Diploxylon.*
Sektion 3. *Eupitys: P. nigra, silvestris, Mugo, rotundata, uncinata.*
Sektion 4. *Banksia: P. divaricata, contorta, Murrayana.*

1. *P. Strobus* L., Strobe, Weymouths-Kiefer. — Häufig als Forstbaum kult., u. zw. in allen Bundesländern, hfg. auch als Zierbaum. — Hmt.: östl. NAm.
2. *P. Peuce* Grisebach, Balkan-Strobe, Rumelische Kiefer. — Als Forstbaum nur in einem kleinen Versuchsbestand in NÖ (Versuchsgarten der Hochschule für Bodenkultur nächst der Knödelhütte bei Hütteldorf). — Hmt.: Gebirge der Balkanländer.
3. *P. Cembra* L., Zirbe, Zirbel-Kiefer, Arve. — Höhere Voralp. (fehlt NÖ!), bes. in den Zentralalpen mäßig häufig, auch in den nördl. Kalkalpen nicht selten; bodenvag. Auch in Forstkultur. Höchster Standort in den den Ostalpen bei Kühtai im westl. NTi, etwa 2590 m (3 Bäumchen). — Dazu:
   β) forma *prostrata* Lämmermayr, Leg-Zirbe. — Stellw. an der Baumgrenze, so in St, Kt, Sb, OTi.
4. *P. nigra* Arnold, Schwarz-Föhre. — Syn.: *P. nigricans* Host; *P. austriaca* Höss; *P. Laricio* Poir. subsp. *nigra* (Arnold) Richter; *P. nigra* Arnold var. *austriaca* (Höss) Aschers. et Graebn.; *P. nigra* Arnold forma *austriaca* (Höss) Ronniger. — Nom.: ÖBZ, 91: 215; Phyt. 2: 65. — MBgl*), südöstl. NÖ, SüdKt; als Forstbaum wohl in allen Bundesländern kult. — Wildwachsend auf Dolomit und Kalkböden, gern an Felsen; kult. auf allen Bodenarten. — Hauptverbrtg.: SOEur.
5. *P. silvestris* L., Rot-Föhre (Weiß-Föhre). — Verbr. u. hfg. — Lichte Wälder und felsige Stellen, von der Ebene bis in die untere Voralpenstufe hfg.; auch als Forstbaum kult.; bodenvag. — Gliedert sich in folgende zwei Unterarten:
   A. subsp. *silvestris* (L.) — Syn.: var. *genuina* Heer. — Der allgemein verbreitete Typus.
   B. subsp. *engadinensis* (Heer) A. et G., Engadin-Föhre. — Syn.: var. *engadinensis* Heer; *P. engadinensis* (Heer) Fritsch. — Voralp. v. NÖ, St, Kt, Sb, Ti (auch OTi), Vb.
6. *P. Mugo* Turra, Leg-Föhre, Krummholz-Kiefer, Latsche. — Syn.: *P. montana* Mill.; *P. Mugo* Turra subsp. *Mughus* (Scop.) Domin; *P. Mughus* Scop.; *P. Pumilio* Haenke. — Nom.: ÖBZ, 91: 214. — Alp. u. Voralp.

---

*) Über die Ursprünglichkeit der Schwarzföhre im Bgl bei Unter-Kohlstätten vgl. Gáyer J. in Mitt. Naturw. Ver. f. Stmk., 64/65, 1929: 162 und Neumayer in VZBG, 79, 1929: 344. — Auch in letzter Zeit wurde die Schwarzföhre daselbst unter vollkommen natürlich erscheinenden Standortsverhältnissen von Erich Hübl beobachtet.

(verbr.) — In der Krummholzstufe hfg., stellw. tiefer herabsteigend; kalkliebend. — Umfaßt (abgesehen von den später folgenden zwei Arten) die nachstehenden beiden Varietäten:

a) var. *Mughus* (Scop.) Zenari. — Syn.: *P. montana* Mill. subsp. *Mughus* (Scop.) A. et G.; *P. Mughus* Scop. s. str. — Alp. v. SüdKt.

b) var. *Pumilio* (Haenke) Zenari. — Syn.: *P. montana* Mill. subsp. *Pumilio* (Haenke) A. et G.; *P. Pumilio* Haenke s. str. — Alp. u. Voralp. (verbr.).

7, 8. *P. uncinata* Ramond s. l. — Umfaßt die zwei folgenden Arten, die vielleicht besser nur als Unterarten zu bewerten sind. *P. rotundata* kann eine geographische Rasse von *P. uncinata* sein, möglicherweise aber auch eine hybridogene Art, entstanden aus *P. uncinata* und *P. Mugo* var. *Pumilio*.

7. *P. rotundata* Link, Moor-Föhre, Moor-Spirke. — Syn.: *P. uliginosa* Neumann; *P. Mugo* Turra subsp. *rotundata* (Link) Janchen et Neumayer (1942); *P. Mugo* Turra subsp. *uliginosa* (Neumann) Schwarz (1949); *P. uncinata* Ramond subsp. *rotundata* (Link) Neumayer (1942); *P. uncinata* Ramond var. *rotundata* (Link) Antoine; *P. montana* Mill. var. *rotundata* (Link) Willkomm; *P. Mugo* Turra var. *rotundata* (Link) Hoopes. — Nom.: ÖBZ, 91: 214. — NÖ, OÖ, OSt, NKt, Sb, zerstreut. — Moore niederer Lagen. — Angaben über ein Vorkommen westlicher als Sb und über Aufforstungen beziehen sich wohl wenigstens zum größten Teil auf *P. uncinata*. — Zu *P. rotundata* gehört:

b) var. *Pseudopumilio* (Willk.) Neumayer. — Syn.: *P. Mugo* Turra subsp. *uliginosa* (Neum.) Schwarz var. *Pseudopumilio* (Willk.) Soó; *P. Pseudopumilio* (Willk.) Beck. — Nom.: Phyt. 5: 57. — NÖ (Karlstift). — Sonstige Angaben gehören wohl eher zu *P. Mugo* var. *Pumilio*.

8. *P. uncinata* Ramond, Haken-Föhre, Schnabel-Kiefer, Berg-Spirke. — Syn.: *P. Mugo* Turra subsp. *uncinata* (Ramond) Domin; *P. montana* Mill. subsp. *uncinata* (Ramond) A. et G.; *P. uncinata* Ramond var. *rostrata* Antoine; *P. montana* Mill. (subsp. *uncinata*) var. *rostrata* (Antoine) A. et G.; *P. Mugo* Turra var. *rostrata* (Antoine) Hoopes. — Nom.: ÖBZ, 91: 214. — NTi, Vb, stellw. hfg.; kult. ebenda, außerdem in OÖ und Sb. — Wild auf Schotterböden und an Felsen.

9. *P. divaricata* (Ait.) Dum.-Cours., Banks-Kiefer. — Syn.: *P. Banksiana* Lamb. — Nom.: Phyt. 5: 57. — Nur mehr wenig als Forstbaum kult., so im Bgl (häufig), in NÖ (Rosaliengebirge und ein kleiner Versuchsbestand bei der Knödelhütte), OÖ (Bezirke Ried und Braunau, auch verw.) und Vb (Illau vor Nofels und Au im Bregenzer Wald). — Hmt.: nordöstl. NAm.

10. *P. contorta* Dougl., Dreh-Kiefer. — Als Forstbaum nur in einem kleinem Versuchsbestand in NÖ (Versuchsgarten der Hochschule für Bodenkultur nächst der Knödelhütte bei Hütteldorf). — Hmt.: nordwestl. NAm.

11. *P. Murrayana* Balfour, Murray-Kiefer. — Syn.: *P. contorta* Dougl. var. *Murrayana* (Balf.) Engelm. — Als Forstbaum nur in einem kleinen Versuchsbestand in NÖ (Versuchsgarten der Hochschule für Bodenkultur nächst der Knödelhütte bei Hütteldorf). — Hmt.: Gebirge des westl. NAm.

Bastarde.

4 × 5. *P. nigra* × *P. silvestris* = *P. Neilreichiana* H. Reichhardt (*nigra* > *silv.*). — Syn.: *P. permixta* Beck (*silv.* > *nigra*). — NÖ (Pottenstein a. d. Triesting, Großau, Vöslau).

4 × 6. *P. nigra* × *P. Mugo* = *P. Wettsteinii* Fritsch (Wiener Botan. Garten) erwies sich nach G. v. Beck als reine *P. nigra*.

5 × 6. *P. silvestris* × *P. Mugo* = *P. Celakovskiorum* Aschers. et Graebn. — Syn.: *P. rhaetica* Wettst., non Brügg. — NÖ, Sb, NTi.

5 × 7. *P. silvestris* × *P. rotundata* = *P. digenea* Beck (non Wettst.). — NÖ, Vb.

Namensverzeichnis zur Gattung *Pinus*.

HAUPTABTEILUNG: *ANGIOSPERMAE,* DECKSAMER.

1. Klasse. *Dicotyledones*, Zweikeimblättler.

1. UNTERKLASSE. *APETALAE,* FEHLKRONER.
(Syn.: *Monochlamydeae.*)

1. Ordnung. *Fagales,* Buchenartige.

1. Familie. *Betulaceae*, Birkengewächse.
(Syn.: *Corylaceae,* Haselgewächse.)

Systematik.

Abbe E. C., Studies in the phylogeny of the *Betulaceae.* Botan. Gazette, 95, 1935: 1—67.

Ascherson P. und Graebner P., *Betulaceae,* in: Synopsis der mitteleuropäischen Flora, Bd. IV: 369—433. 1910—1911.

Hjelmquist H., Studies on the floral morphology and phylogeny of the *Amentiferae.* Botaniska Notiser, suppl. vol. 2/1, 1948. 171 Seiten.

Winkler Hubert, *Betulaceae.* Pflreich IV 61. Leipzig 1904. 149 Seiten.

Gliederung der Familie.

Unterfamilie I. *Betuloideae.*
 Tribus 1. *Betuleae: Betula, Alnus.*
Unterfamilie II. *Coryloideae.*
 Tribus 2. *Carpineae: Carpinus, Ostrya.*
 Tribus 3. *Coryleae: Corylus.*

1. *Betula* L., Birke.

Systematik.

Lindquist B., On the variation in Scandinavian *Betula verrucosa* Ehrh. with some notes on the *Betula* series *Verrucosae* Sukacz. Svensk. Botan. Tidskr., 41, 1947: 45—80. [*B. pubescens* Ehrh. ist tetraploid ($2n = 56$). *B. verrucosa* Ehrh. ist diploid ($2n = 28$); ihre in Mitteleuropa verbreitete geographische Rasse kann bezeichnet werden als subsp. *verrucosa* (Ehrh.) mit Syn.: var. *vulgaris* Regel (emend.) = var. *saxatilis* Lindquist.]

Morgenthaler H., Beiträge zur Kenntnis des Formenkreises der Sammelart *Betula alba* L. mit variationsstatistischer Analyse der Phänotypen. Diss. Zürich, 1915. 133 Seiten.

Schneider C., Bemerkungen zur Systematik der Gattung *Betula.* ÖBZ, 65, 1915: 305 bis 312.

Verbreitung und Ökologie.

Fritsch K., Floristische Notizen. IX. *Betula humilis* Schrk. in Kärnten. ÖBZ, 73, 1924: 116—118.

Handel-Mazzetti Hermann, Der einzige Standort der Zwergbirke (*Betula nana* L.) in Tirol. Angewandte Pflanzensoziologie, Festschrift Aichinger, 1954: 123—124. [Wildmoos bei Pfunds. Nächste Standorte in Salzburg: Gerlosplatte und Paß Thurn, in Vorarlberg: Hochkrumbach.]

Vierhapper F., *Betula pubescens* × *nana* in den Alpen. VZBG, 61, 1911: 20—29.

Wettstein W. v., Vegetationsverlauf der Birke (*Betula verrucosa* Ehrh.) in Abhängigkeit von der geographischen Breite. Angewandte Pflanzensoziologie, Festschrift Aichinger, 1954: 83—87.

Gliederung der Gattung.
Sektion 1. *Costatae: B. lutea.*
Sektion 2. *Albae: B. verrucosa, pubescens, papyrifera.*
Sektion 3. *Nanae: B. humilis, nana.*

1. *B. lutea* Michx. fil., Gelb-B. — Forstlich in geringer Menge im Bgl kult. — Hmt.: NAm.

2. *B. verrucosa* Ehrh., Gewöhnliche B., Weiß-B., Warzen-B., Rauh-B. — Syn.: *B. alba* L. partim; *B. pendula* auct., vix Roth. — Verbr. u. hfg. — Sonnige Hügel, lichte Wälder vom Tiefland bis in die untere Voralpenstufe; kalkmeidend. — Auch als Forst- und Zierbaum kult.

3. *B. pubescens* Ehrh., Moor-B., Flaum-B., Haar-B. — Syn.: *B. alba* L. partim. — Verbr. — Moore, bes. Hochmoore, seltener Flachmoore und Sümpfe, zerstreut. — Dazu:
   b) var. *carpatica* (W. K.) Koch, Karpathen-B. — Syn.: *B. carpatica* W. K. — NÖ (Karlstift).

4. *B. papyrifera* Marsh., Papier-B. — Slt. als Forstbaum kult., so früher in NÖ (Purkersdorf, eingegangen). — Hmt.: NAm.

5. *B. humilis* Schrank, Strauch-B. — OÖ (Ibmer Moor, s. slt.), Kt (Dobramoos bei Feistritz-Pulst, Keutschach bei Klagenfurt), Sb? (anscheinend ausgestorben), Vb?? — Moore, bes. Flachmoore, s. slt. — — Hauptverbreitg.: NEur., NAs. (nicht arktisch).

6. *B. nana L.*, Zwerg-B. — Verbr. (fehlt Bgl). — Moore, u. zw. Flach- und Hochmoore, slt. — Fundorte in Salzburg: Hochkönig, Paß Thurn, Gerlosplatte bei Krimml, Krögn bei Lamprechtshausen, Lungau (mehrfach). Einziger Fundort in Tirol: im Wildmoos bei Pfunds (im Wildmoos bei Seefeld ausgestorben). Einzige Fundorte in Vorarlberg: Hochkrumbach und Tannberg bei Lech. — Hauptverbreitg.: nordisch- und arktisch-zirkumpolar.

Bastarde.

2 × 3. *B. verrucosa* × *B. pubescens* = *B. Aschersoniana* Hayek. — Syn.: *B. hybrida* Wettstein, non Blom, vix Bechstein. — St, Sb, NTi, Vb.

3 × 6. *B. pubescens* × *B. nana* = *B. intermedia* (Hartm.) Thomas. — Syn.: *B. alpestris* Fries; *B. lagopina* Hartm. — NÖ (Karlstift im Waldviertel), St (See-Eben der Koralpe), Kt (ebenda), Sb (Überling bei Seetal im Lungau), NTi (Wildmoos bei Seefeld).

2. *Alnus* Mill., Erle.

Verbreitung und Ökologie.

Lämmermayr L., Zur Morphologie und Ökologie der Grünerle bei Graz. Mitteil. Naturw. Ver. f. Stmk., 75, 1939: 67—83.

Gliederung der Gattung.
Sektion 1. *Alnobetula* (= Gattung *Alnaster* Spach): *A. viridis.*
Sektion 2. *Gymnothyrsus: A. incana, glutinosa.*

1. *A. viridis* (Chaix) DC. [in Lam. et DC.], Grün-E. — Syn.: *Alnaster viridis* (Chaix) Spach (1841); *Alnobetula viridis* (Chaix) Schur (1853). —

Verbr. — Feuchte Hänge von der oberen Bergstufe bis in die Krummholzstufe, bes. in den Zentralalpen, hfg.; kalkmeidend.

2. *A. incana* (L.) Moench (1794), Grau-E., Weiß-E. — Syn.: *A. lanuginosa* Gilib. (1792)*). — Verbr. u. hfg. — Auwälder, Ufer, feuchte Stellen, von der Ebene bis in die untere Voralpenstufe; kalkliebend.

3. *A. glutinosa* (L.) Gaertn. (1791), Schwarz-E. — Syn.: *A. rotundifolia* Mill.; *Betula glutinosa* L. (1759), Vill. (1798). — Nom.: Repert. spec. nov., 46: 64. — Verbr. u. hfg. — Bruchwälder, Ufer, besonders auch in stauender Nässe, vom Tiefland bis in die Voralpentäler; kalkmeidend.

Bastarde.

1 × 2. *A. viridis* × *A. incana* = *A. montana* Brügger. — Voralpen v. NTi (Gschnitz).

2 × 3. *A. incana* × *A. glutinosa* = *A. pubescens* Tausch. — Syn.: *A. ambigua* Beck (*inc.* > *glut.*). — Bgl, NÖ, OÖ, St, NTi, Vb.

3. *Carpinus* L., Hainbuche.

C. Betulus L., (Gewöhnliche) H., Weißbuche. — Verbr. — Waldbaum tieferer Lagen, vor allem der Hügelstufe und unteren Bergstufe, hfg. Wird auch als Forstbaum und Ziergehölz, besonders als Heckenstrauch, kultiviert.

4. *Ostrya* Scop., Hopfenbuche.

Verbreitung.

Scharfetter R., Die Hopfenbuche (*Ostrya carpinifolia* Scop.) in den Ostalpen. Mitteil. Deutsch. dendrolog. Ges., 40, 1928: 11—19.

O. carpinifolia Scop., (Europäische) H., Schwarzbuche. — OSt (Weizklamm), SKt (hfg.), OTi (Nikolsdorf), NTi (Südhang der Solsteinkette bei Innsbruck). — Hptverbrtg.: SEur., Mittelmeergebiet; auch im jugoslawischen Teil von SSt zieml. verbr.

5. *Corylus* L., Hasel.

Systematik.

Bobrov E. G., Histoire et systématique du genre *Corylus*. Sovietskaja Botanica, 1936: 11—51. Russisch.

1. *C. Colurna* L., Baum-H. — Mitunter als Zierbaum kult., slt. forstlich, so in geringer Menge im Bgl., auch in NÖ (mehrere alte Bäume im Tiergarten Merkenstein nächst Vöslau, nicht „verwildert"). — Samen genießbar; im Tiergarten dienen die Früchte als Wildäsung. — Hmt.: SOEur., WAs.

2. *C. Avellana* L., (Gewöhnliche) H., Haselstrauch. — Verbr. u. hfg. — Gebüsche, Waldränder, von Tieflagen bis in die untere Voralpenstufe; auch kult. — Von Varietäten erwähnt sei:

   b) var. *glandulosa* (Shuttleworth) Gremli. — Syn: var. *gloiotricha* Beck; *C. glandulosa* Shuttleworth. — Ziemlich hfg.

---

*) Älterer Name, jedoch wie alle Gilibertschen Namen als nicht gültig veröffentlicht anzusehen.

3. *C. maxima* Mill., Lamberts-H., Große H. — Syn.: *C. tubulosa* Willd. — Als Frucht- und Zierstrauch kult., auch verw., so in OÖ und St. — Hmt.: SOEur., Kleinasien. — Dazu:

b) var. *atropurpurea* (Dochnahl) Hubert Winkler, Blut-H. — Syn.: var. *purpurea* (Lodd.) Koehne; *C. tubulosa* Willd. var. *atropurpurea* Dochnahl. — Kult.

2. Familie. *Fagaceae,* Buchengewächse.

Systematik.

Ascherson P. und Graebner P., *Fagaceae,* in: Synopsis der mitteleuropäischen Flora, Bd. IV: 433—544. 1911.

Hjelmquist H., Studies on the floral morphology and phylogeny of the *Amentiferae.* Botaniska Notiser, suppl. vol. 2/1, 1948. 171 Seiten.

Schwarz O., 1936. Siehe unter *Quercus.*

1. *Fagus* L., Buche.

Verbreitung und Ökologie.

Aichinger E., Die Rotbuchenwälder als Waldentwicklungstypen. Angewandte Pflanzensoziologie, Heft V, 1952. 106 Seiten.

Knapp R., Über subalpine Buchenmischwälder in den nördlichen Ostalpen. Berichte d. Bayer. Botan. Ges., 30, 1954: 71—84.

Lämmermayr L., *Fagus silvatica.* Pflanzenareale, Reihe 1, Heft 2, 1926: Karte 17.

Rübel E., Die Buchenwälder Europas. Veröffentl. d. Geobotan. Inst. Rübel in Zürich, Heft 8, 1932. 509 Seiten.

Tschermak L., Die Verbreitung der Rotbuche in Österreich. Ein Beitrag zur Biologie und zum Waldbau der Buche. Mitteil. a. d. forstl. Versuchswesen Österreichs, Heft 41, 1929. 121 Seiten.

— Einiges über die für die Verbreitung der Rotbuche maßgebenden Standortsfaktoren. Schweizerische Zeitschrift für Forstwesen, 81, 1930: 57—81.

— Die Verbreitung der Rotbuche in Österreich, mit geschichtlichen und vorgeschichtlichen Nachweisen der Ursprünglichkeit des Vorkommens. Beitrag zu der von der n. ö. Landes-Landwirtschaftskammer herausgegebenen Schrift „Die Rotbuche", Agrarverlag Wien, 1932: 9—20.

Vierhapper F., Die Buchenwälder Österreichs. Veröffentl. d. Geobotan. Institutes Rübel, Zürich, 8, 1932: 388—442. (In Rübel, siehe oben.)

1. *F. silvatica* L., Gewöhnliche B., Rotbuche. — Verbr. — Als Waldbaum bes. in der Bergstufe und unteren Voralpenstufe hfg., fehlt jedoch im Inneren der Zentralalpen fast gänzlich; bodenvag. Auch als Forst- und Zierbaum kult. — Dazu:

b) var. *atropunicea* Weston, Blut-B. — Syn.: var. *purpurea* Ait. — Nom.: Rep. 50: 289. — Als Zierbaum kult.

1*. *F. orientalis* Lipsky, Kaukasus-B. — Hmt.: SOEur., WAs. — Nach Fritsch, Exkflora, 3. Aufl., 1922: 51, angeblich in NÖ. Offenbar ein Irrtum. Den Wiener Forst-Fachleuten ist nichts davon bekannt, daß *F. orientalis* irgendwo in Österreich in Kultur wäre.

2. *Castanea* Mill., (Edel-)Kastanie.

Verbreitung.

Rosenkranz F., Die Edelkastanie in Niederösterreich. ÖBZ, 72, 1923: 377—393.

Gáyer J., Der letzte Kastanien-Urwald in Ungarn und die Frage der Spontaneïtät der Edelkastanie im Gebiete der pannonischen Flora. Mitteil. d. Deutsch. Dendrolog. Ges., 35, 1925: 111—116.

P a u e r A., Adalékok a köszegvidéki gesztenyések történetéhez. Beiträge zur Geschichte der Kastanienwälder der Umgebung von Köszeg (Güns). Vasvármegye és szombathely város kulturegyesülete és a vasvármegye muzeum II. Annales societatis culturalis comit. Castriferrei et civit. Sabariae et musei comit. Castriferrei, II, 1926—1927: 197—203 und 246—247.

B l ü t e n ö k o l o g i e.

P o r s c h O., Geschichtliche Lebenswertung der Kastanienblüte. ÖBZ, 97, 1950: 269—321.

C. s a t i v a M i l l., Echte (Edel-) K. — Syn.: *C. vesca* Gaertn. — Bgl, NÖ, St, Kt; sonst als Fruchtbaum und Zierbaum kult. u. mitunter verw. — In Laubwäldern, bes. Eichenwäldern wärmerer Lagen eingestreut. Im Bgl in verschiedenen Landesteilen häufig und auch forstlich kult. — Kalkmeidend. — Hauptverbrtg.: WAs. u. SEur. — Über die Ursprünglichkeit der Edelkastanie in den angegebenen Bundesländern vgl. die obengenannten Arbeiten von R o s e n k r a n z, G á y e r und P a u e r.

3. *Quercus* L., Eiche.

S y s t e m a t i k.

C a m u s A., Les chênes. Monographie du genre *Quercus*. (Encyclopédie économique de Silviculture, vol. VI—VIII.) Paris. 3 Bände Text, erschienen 1936—1938, 1938—1939 und 1952—1954 mit zusammen 2830 Seiten. 3 Bände Tafeln, ersch. 1934, 1935—1936 und 1948 mit zusammen 522 makroskopischen Tafeln, 97 anatomischen Tafeln und 435 Seiten Tafelerklärungen. [Behandelt die Eichen der ganzen Erde.]

S c h w a r z O., Entwurf zu einem natürlichen System der Cupuliferen und der Gattung *Quercus* L. Notizbl. Botan. Gart. u. Mus. Berlin-Dahlem, 13, 1936: 1—22.

— Monographie der Eichen Europas und des Mittelmeergebietes. Repert. spec. nov., Sonderbeiheft D. 1936—1939. Seiten 1—200, Tafeln 1—64. [Noch unvollendet.]

S c h n e i d e r C., *Quercus,* in seinem Ill. Handbuch der Laubholzkunde, 1: 161—211. 1904.

G l i e d e r u n g d e r G a t t u n g.

Untergattung I. *Lepidobalanus* (= *Quercus* s. str.):

Sektion 1. *Cerris: Qu. Cerris.*

Sektion 2. *Robur: Qu. pubescens, petraea, Robur.*

Untergattung II. *Erythrobalanus: Qu. rubra* u. *palustris.*

1. *Q u. C e r r i s* L., Zerr-E. — Syn.: *Qu. austriaca* Willd. — Bgl, NÖ, St. — In lichten, trockenen Wäldern niederer Lagen bis in die untere Bergstufe, eingestreut bis mäßig häufig; kalkmeidend bis bodenvag. — Hauptverbrtg.: S- u. SOEur., WAs.

2. *Q u. p u b e s c e n s* W i l l d., Flaum-E. — Syn.: *Qu. lanuginosa* Thuill., non Lam.; *Qu. lanuginosa* var. *β* Lam. (nomen illegitimum). — Bgl, NÖ, St, Kt (Lavanttal). — Lichte, trockene Wälder und Gebüsche, nur in wärmeren Lagen; im Hügelland der pannonischen Stufe hfg. Hauptverbrtg.: SEur., WAs.

3. *Q u. p e t r a e a* (M a t t u s c h k a) L i e b l e i n, Trauben-E., Winter-E. — Syn.: *Qu. sessiliflora* Salisb., *Qu. sessilis* Ehrh. — Verbr. (fehlt Sb). — Mäßig trockene Wälder der Hügel- und Bergstufe, in vielen Gegenden hfg.; bodenvag. Auch forstlich kult.

4. *Q u. R o b u r* L., Stiel-E., Sommer-E. — Syn.: *Qu. pedunculata* Ehrh. — Verbr. — Auwälder sowie feuchte bis mäßig trockene Wälder der Hügel- und unteren Bergstufe, slt. höher ansteigend. Mäßig hfg. bis zerstreut; bodenvag. Auch forstlich und als Zierbaum kult.

5. *Qu. rubra* L., Rot-E. — Syn.: *Qu. borealis* Michx. fil.*); *Qu. rubra* L. var. *borealis* (Michx. f.) Farwell; *Erythrobalanus rubra* (L.) O. Schwarz. — Mitunter als Zierbaum, hfg. und in sämtlichen Bundesländern als Forstbaum kult.; oft verwildernd (wenigstens Jungpflanzen).— Hmt.: nördl. NAm.

6. *Qu. palustris* Muenchhausen, Sumpf-E. — Slt. als Forstbaum kult., so in geringer Menge im Bgl, vielleicht auch in anderen Bundesländern, aber von der vorigen Art nicht genügend unterschieden. — Hmt.: nördl. NAm.

Bastarde.

2 × 3. *Qu. pubescens* × *Qu. petraea* = *Qu. Streimii* Heuff. — Syn. (bzw. verschiedene Bastardformen): *Qu. Kerneri* Simk.; *Qu. Tiszae* Simk. et Fekete; *Qu. badensis* Beck; *Qu. intercedens* Beck; *Qu. Sauteri* DT. et Sarnth. — Bgl, NÖ, St.

2 × 4. *Qu. pubescens* × *Qu. Robur* = *Qu. pendulina* Kit. — Syn.: *Qu. devensis* Simk. — Bgl, NÖ.

3 × 4. *Qu. petraea* × *Qu. Robur* = *Qu. rosacea* Bechst. — Syn.: *Qu. hybrida* Bechst.; *Qu. intermedia* Boenn.; *Qu. brevipes* (Heuff.) Kerner. — Zerstreut; sicher nachgewiesen in Bgl, NÖ, OÖ, St, Ti (auch OTi).

2. Ordnung. *Juglandales*, Walnußartige.

Familie *Juglandaceae*, Walnußgewächse.

Systematik.

Hjelmquist H., Studies on the floral morphology and phylogeny of the *Amentiferae*. Botaniska Notiser, suppl. vol. 2/1, 1948. 171 Seiten.

1. *Juglans* L., Walnuß(baum).

Systematik und Verbreitung.

Bertsch K., Der Nußbaum (*Juglans regia* L.) als einheimischer Waldbaum. Verh. d. Württemb. Landesstellen für Naturschutz und Landschaftspflege, Heft 20, 1951: 65—68.

Werneck H. L., Die Formenkreise der bodenständigen Wildnuß in Ober- und Niederösterreich. VZBG, 93, 1953: 112—119.

Gliederung der Gattung.

Sektion 1. *Nigrae: J. nigra, rupestris.*

Sektion 2. *Regiae: J. regia.*

Sektion 3. *Cinereae: J. cinerea, mandschurica, Sieboldiana, cordiformis.*

1. *J. nigra* L., Schwarznuß(baum), Amerikanischer Nußbaum. — Als Zierbaum und nicht slt. als Forstbaum kult., so in Bgl, NÖ, OÖ, St, Kt, Vb; Sb?; früher auch Ti (eingegangen). — Dient auch als Pfropfunterlage für *Juglans regia* (so in Vb). — Hmt.: östl. NAm.

---

*) Die von Sargent vorgenommene Umbenennung der Rot-Eiche in *Qu. borealis*, die auch in Europa Eingang gefunden hat, ist nach neueren amerikanischen Forschungen sachlich nicht begründet, denn sie beruhte auf einer unrichtigen Deutung der Linnéschen *Qu. rubra*.

2. *J. rupestris* Engelm., Felsen-W. — In Vb versuchsweise kult. als Pfropfunterlage für *J. regia*; etwas kälteempfindlich. — Hmt.: südl. NAm.

3. *J. regia* L., Echte(r) W. — Gliedert sich nach H. L. Werneck (siehe oben) in zwei Varietäten, die vielleicht besser als Unterarten zu bewerten wären:

a) var. *regia* (L), Welsch(e) Nuß (eigentliche Walnuß), Persische Nuß, Königsnuß, Kaisernuß. — Syn.: var. *mediterranea* Werneck. — Als Frucht- und Zierbaum in wärmeren Lagen aller Bundesländer kult., auch öfters verw. — Hmt.: Östliches Mittelmeergebiet bis Transkaukasien und Persien.

b) var. *germanica* (Bertsch) Werneck, Deutsche Nuß, Steinnuß, Wildnuß. — Syn.: *Juglans germanica* Bertsch. — Kleinfrüchtig, mit schwer auslösbarem Kern. — Wildwachsend in NÖ u. OÖ, bes. im Flußgebiet der Donau und ihrer Nebenflüsse, bis zur oberen Höhengrenze der Stieleiche; in Auwäldern bes. in OÖ hfg. bestandbildend, südwärts bis Steyr, Almtal, Ischl, St. Wolfgang; bodenvag. — Aus Wildnüssen herausgezüchtete Kultursorten werden in Bauerngärten kultiviert. — Nach der Gestalt des Steinkernes (der harten Nußschale) unterscheidet Werneck vier von ihm benannte Formen: f. *obovata*, Walzennuß; f. *acuminata*, Spitznuß; f. *rostrata*, Schnabelnuß; f. *globosa*, Kugelnuß. — Durch rote Samenschale gekennzeichnet ist: f. *rubra*, Donau-Blutnuß oder Rote Donau-Walnuß. Diese ist aber nach Werneck in Österreich nicht heimisch; sie ist also wohl ein Abkömmling von var. *regia*.

4. *J. cinerea* L., Butternuß(baum). — Slt. als Zierbaum kult., in Vb versuchsweise als Pfropfunterlage für *J. regia*, slt. als Forstbaum, so früher in NÖ (Gablitz, eingegangen). — Hmt.: östl. NAm.

5. *J. mandschurica* Maxim., Mandschurische(r) W. — In Vb versuchsweise kult. als Pfropfunterlage für *J. regia*. — Hmt.: NOAs.

6. *J. Sieboldiana* Maxim., Japanische(r) W. — In Vb versuchsweise kult. als Pfropfunterlage für *J. regia*. — Hmt.: Japan, Sachalin.

7. *J. cordiformis* Maxim., Herzförmige Walnuß. — In Vb versuchsweise kult. als Pfropfunterlage für *J. regia*. — Hmt.: Japan.

2. *Carya* Nutt., Hickory(nußbaum).

(Syn.: *Hicoria* Rafin.)

Nomenklatur.

Schneider C., Handbuch der Laubholzkunde, Bd. 1, S. 803 („Nachträge").

Gliederung der Gattung.

Sektion 1. *Eucarya: C. tomentosa, ovata, glabra.*
Sektion 2. *Apocarya: C. cordiformis, illinoënsis.*

1. *C. tomentosa* (Lam.) Nutt., Spott-Hickory (nußbaum), Spottnuß. — Syn.: *C. alba* (L.) K. Koch, non (Michx.) Nutt. (nomen confusum); *Juglans alba* L. (1753); *Juglans tomentosa* Lam. (1797). — Als Forstbaum s. slt. kult., so in NÖ (Forstl. Versuchsgarten der Hochschule für Bodenkultur bei der Knödelhütte nächst Hütteldorf). — Hmt.: östl. NAm.

2. *C. ovata (Mill.)* Britt., Weiße(r) Hickory(nußbaum). — Syn. *C. alba* (Michx.) Nutt., non (L.) K. Koch (nomen confusum); *Juglans ovata* Mill. (1768); *Juglans alba* Michx. (1803), non Linné (1753). — Als Fruchtbaum und Forstbaum slt. kult., so in NÖ (bei Kierling und im Forstl. Versuchsgarten der Hochschule für Bodenkultur, hier in größerer Anzahl und schon länger als Nr. 1 und Nr. 3)*), früher auch in Sb (Hallein, eingegangen). — Hmt.: östl. NAm.
3. *C. glabra* (Mill.) Sweet (1827), C. Schneid. (1906), Ferkel-Hickory (nußbaum), Ferkelnuß. — Syn.: *C. porcina* (Michx. fil.) Nutt.; *Juglans glabra* Mill. (1768): *Juglans porcina* Michx. fil. (1810). — Als Forstbaum s. slt. kult., so in NÖ (Forstl. Versuchsgarten der Hochschule für Bodenkultur bei der Knödelhütte nächst Hütteldorf). — Hmt.: östl. NAm.
4. *C. cordiformis* (Wangenheim) K. Koch (1869), C. Schneid. (1906), A. et G. (1910), Bitter-Hickory(nußbaum).—Syn.: *C. amara* (Michx. fil.) Nutt.; *Juglans cordiformis* Wangenheim (1787); *Juglans amara* Michx. fil. (1810).—Als Forstbaum s. slt. kult., so früher in NÖ (Tullnerbach, eingegangen), Sb (Hallein, eingegangen), Vb. ? — Hmt.: östl. NAm.
5. *C. illinoënsis* (Wangenheim) K. Koch, Pekan-Hickory(nußbaum), Pekannuß. — Syn.: *C. olivaeformis* (Michx.) Nutt.; *C. Pecan* Engl. et Graebn.; *Juglans Pecan* Marsh.?; *Juglans illinoënsis* Wangenheim (1787); *Juglans olivaeformis* Michx. (1803). — Nom.: Fernald, Rhodora, 49, 1947: 194/195. — Als Fruchtbaum s. slt. kult., so NÖ (Wien); an verschiedenen anderen Orten Österreichs in letzter Zeit versuchsweise in Kultur genommen, der Erfolg bleibt abzuwarten (wärmebedürftig, frostempfindlich). — Hmt.: südl. NAm.

3. Ordnung. *Salicales*, Weidenartige.

Familie *Salicaceae*, Weidengewächse.

Systematik.

Hjelmquist H., Studies of the floral morphology and phylogeny of the *Amentiferae*. Botan. Notiser, suppl. vol. 2/1, 1948. 171 Seiten.

1. *Populus* L., Pappel.

Bearbeitet unter Mitwirkung von Dozent Dr. Wolfgang v. Wettstein (Mariabrunn bei Wien).

Systematik.

Ascherson P. und Graebner P., *Populus*, in: Synopsis der mitteleuropäischen Flora, Bd. IV: 14—54. 1908.

Dode L. A., Extraits d'une monographie inédite du genre *Populus*. Mém. Soc. d'hist. nat. d'Autun, 18, 1905: 161—231.

Gombocz E., A *Populus*-nem monographiája. Monographia generis *Populi*. Math. és Term. Közl., 30. kötet, 1. sz. Budapest 1908. 238 Seiten.

— Vizsgálatok hazai nyárfákon. Untersuchungen über ungarische Pappelarten. Botanikai Közlemények, 25, 1928: 5—58, (2)—(18).

*) „Der im Forstl. Versuchsgarten der Hochschule befindliche Caryen-Bestand, der auf eine Pflanzung aus dem Jahre 1886 zurückgeht, besteht zum Großteil aus *Carya alba* Nutt. Zur Nachbesserung von Fehlstellen wurden einige *Carya porcina* Nutt. und auch einige *Carya tomentosa* Nutt. herangezogen. Auch von diesen Caryen-Arten sind heute noch einige vorhanden. Die Zahl der im Garten vorhandenen heute ungefähr 68 Jahre alten Caryen beträgt 150 Stück. Ihre Durchschnittsstärke 16 cm, ihre Höhe ungefähr 10—14 m." (Prof. Dr. Max Schreiber, 3. Nov. 1955.)

Kultur (und Systematik).
Houtzagers G., Het Geslacht *Populus* in Verband met zijn Beteekenis voor de Houtteelt. Wageningen 1937.
— übersetzt von Kemper W., Die Gattung *Populus* und ihre forstliche Bedeutung. Hannover 1941. 196 Seiten.
— übersetzt von Fenaroli L., Il genere *Populus* e la sua importanza nella selvicoltura. Casale Monferrato 1950.
Das Pappeljahrbuch. Altes und Neues, Fortschritte und Erfahrungen für den Pappelanbauer und Pappelverwerter. (Jahrbücher der Gesellschaft für forstliche Arbeitswissenschaft.) Hannover (M. u. H. Schaper) 1947. 150 Seiten, bebildert.
Wettstein W. v., Die Pappelkultur. Schriftenreihe der Österr. Gesellsch. für Holzforschung, Heft 5. Wien 1952, 52 Seiten.
— Die Pappel und ihr Holz. Heraklith-Rundschau, Heft 33, Juni 1955: 2—13.

Verbreitung und Ökologie.
Hagen K., Weibliche Pyramidenpappeln in Wien. Blätter f. Naturkunde und Naturschutz, 22, 1935: 38—39.

Gliederung der Gattung. Anordnung der Sektionen und Untersektionen nach W. v. Wettstein. Die Bastarde verschiedener Sektionen oder Untersektionen sind (nach Houtzagers, abweichend von dem sonstigen Gebrauch des „Catalogus") nicht hinter der im System vorausgehenden Stammart, sondern in der morphologisch näherstehenden Sektion bzw. Untersektion eingeordnet.

Sektion 1. *Leuce.*
Subsektion 1 a. *Trepidae. P. grandidentata, tremuloides, tremula.*
Subsektion 1 b. *Albidae. P.* × *canescens, alba.*
Sektion 2. *Aegirus: P. deltoides,* × *canadensis* s. l., *angulata,* × *robusta, nigra.*
Sektion 3. *Tacamahaca: P.* × *gileadensis* (= *candicans), balsamifera* (= *Tacamahaca), tristis, Maximoviczii, Simonii,* × *generosa, trichocarpa,* × *berolinensis, laurifolia.*

1. *P. grandidentata* Michx., Großzahn-P., Großzahn-Aspe, Großzahn-Espe. — Als Forstbaum kult. in größerer Menge und in den meisten Bundesländern, so in Bgl (hfg.), NÖ, St, Kt, Ti, Vb. — Hmt.: östl. NAm.

2. *P. grandidentata* Michx. × *P. tremuloides* Michx. — Kult. bisher nur im Zuchtgarten der Forstlichen Versuchsanstalt Mariabrunn bei Wien.

3. *P. grandidentata* Michx. × *P. tremula* L. — Wurde in Kanada, Belgien und Deutschland gezüchtet. — Forstlich kultiviert in den meisten Bundesländern, bes. auf Ödlandflächen; so in NÖ (Orth a. d. Donau, 1943).

4. *P. tremuloides* Michx., Amerikanische Zitter-P., Amerik. Aspe (Espe). — Als Zierbaum slt. kult., stellw. auch als Forstbaum, so im Bgl (wenig), in NÖ (Tulln), St (Frohnleiten). Außerdem wichtig als Stammelter der Bastarde mit *P. tremula* und *P. grandidentata.* — Hmt.: (fast ganz) NAm.

5. *P. tremuloides* Michx. × *P. tremula* L. — Besonders in Schweden in großem Maßstab kult. — Wird in den nächsten Jahren in den meisten Bundesländern forstlich kultiviert werden, bes. auf trockenen schlechten Böden noch ertragreich.

6. *P. tremula* L., (Europäische) Zitter-P., Aspe, Espe. — Verbr. — Lichte Wälder und Gebüsche, von der Ebene bis in die obere Bergstufe, mßg. hfg.; bodenvag. Auch kult. u. verw.

7. *P. canescens* (Ait.) Sm. (= *P. tremula* L. × *P. alba* L.), Grau-P. — Syn.: *P. hybrida* MB.; *P. ambigua* Beck. — Als Zier- und Nutz-

baum (Holz) kult., wohl in allen Bdld.; auch hfg. wildwachsend, nur im Bgl und Vb noch nicht nachgewiesen.

8. *P. alba* L., Silber-P., Weiß-P. — Verbr. — Auwälder und Flußufer, bes. in niederen Lagen zieml. hfg. (in Ti u. Vb vielleicht nur eingebürgert); auch kult.

9. *P. deltoides* Marsh. [partim, non C. Schneid.], Virginische P., Halsketten-P. (minder sinnvoll: Rosenkranz-P.). — Syn.: *P. virginiana* Foug.; *P. monilifera* Ait.; *P. deltoides* Marh. var. *monilifera* (Ait.) Henry. — Nom.: Rep. 48: 251. — Als Zierbaum kult., forstlich nur Bastarde davon. — Hmt.: nordöstl. NAm.

10—13. *P. canadensis* Moench s. l., Kanada-P. i. weit. Sinn, ist ein Sammelname für Kreuzungen von *P. deltoides* (oder *P. angulata*) mit *P. nigra* und deren Rückkreuzungen mit den europäischen oder amerikanischen Stammeltern. Einzelne wohlumschriebene Typen aus diesem Kreuzungsschwarm, deren genaue Abstammung meist gar nicht sicher bekannt ist, die aber forstliche Bedeutung erlangt haben, werden am besten im Anschluß an Houtzagers und andere forstliche Praktiker mit binären Namen bezeichnet. Hierher gehören die nachfolgenden vier Pappeln (Nr. 10 bis 13). Dazu kommt die im Jahre 1955 aus Deutschland eingeführte Auslesezüchtung „Mooser-Pappel". — Von der Internationalen Pappel-Kommission wurde im Jahre 1953 in London beschlossen, die nachstehenden Nummern 10 bis 13 und alle Züchtungen gleicher Herkunft unter der Gruppenbezeichnung „Euro-amerikanische Bastarde" zusammenzufassen.

10. *P. serotina* Hartig, Schweizer P., Spät-P., Spättreibende T. — Syn.: *P. helvetica* Poederlé; *P. nigra* L. var. *helvetica* (Poederlé) Poir.; *P. canadensis* Moench var. *serotina* (Hartig) Rehder. — Wahrscheinlich *P. nigra* ♀ × *P. deltoides* ♂ (oder vielleicht *P. nigra* ♀ × *P. angulata* ♂). — Ein schon seit 1755 (Duhamel) aus Frankreich bekannter Bastard, der gegenwärtig besonders in Holland und Belgien sehr verbreitet ist. — Als Forstbaum kult. im Bgl (Bezirk Neusiedl, hfg.), in NÖ, OÖ, St, Kt.

11. *P. marylandica* Bosc*) (apud Poiret, 1816), Maryland-P. — Syn.: *P. canadensis* Moench var. *marylandica* (Bosc) Rehder. — Wahrscheinlich *P. nigra* ♀ × *P. serotina* ♂ (nach Houtzagers). — Die bisher als *P. canadensis* s. l. in Österreich kultivierte Pappel ist größtenteils *P. marylandica.* Sie ist eine der Gebrauchspappeln in den forstlichen Anzuchtgärten. Wird in allen Bundesländern als Forstbaum kult., u. zw. in weiblichen Exemplaren. — Die ziemlich junge Züchtung (1943), „Drapal-Pappel" oder auch „Erla-Pappel" genannt, ist aus einer unkontrollierten Befruchtung von *P. marylandica* ♀ mit *P. nigra,* demnach aus der Rückkreuzung des Bastardes mit dem einen Elter, hervorgegangen. Sie wurde von Forstmeister Ottokar Drapal auf dem Gute des Schlosses Erla bei St. Pantaleon an der Erla (nördlich von St. Valentin, NÖ) ausgelesen. Kultiviert wird sie in NÖ, OÖ, Kt und Sb. (Steht auch in Gebrauchsprüfung in Bayern und Württemberg.)

*) Die übliche Schreibung *marilandica* (mit *i*) beruht auf einem Rechtschreibfehler, der nicht beibehalten werden sollte.

12. *P. regenerata* Henry, Regenerata-P. — Syn.: *P. canadensis* Moench var. *regenerata* (Henry) Rehder; *P. deltoides* C. Schneid. et auct. nonnull., non Marsh. — Wahrscheinlich *P. nigra* ♀ × *P. deltoides* ♂. Sie ist die *P. canadensis* s. str. vieler neuerer Autoren; geht auch unter dem Sortennamen „Harff-Pappel". — In allen Bundesländern als Forstbaum kult., mitunter auch als Zierbaum.

13. *P. robusta* C. Schneid. (1904), Robusta-P. — Wahrscheinlich *P. Eugeneï* C. Schneid. (1904) × *P. nigra* subsp. *plantierensis.* — In allen Bundesländern als Forstbaum kult. Beliebt wegen des schmalkronigen Wuchses, wogegen die vorausbesprochenen euro-amerikanischen Bastarde (Nr. 10—12) alle breitkronig sind. — Die *P. Eugeneï* ist *P. regenerata* × *P. nigra* subsp. *pyramidalis.* Sowohl *P. Eugeneï* als auch *P. robusta* wurden in Plantière bei Metz (Lothringen) gezüchtet.

14. *P. angulata* Ait., Karolina-P. — Syn.: *P. carolinensis* Foug.; *P. deltoides* Marsh. partim; *P. deltoides* Marsh. var. *missouriensis* (Henry) Rehder. — Wird als *P. caroliniana* besonders in Italien in ausgedehntem Maße kultiviert. Einige hierhergehörige Sorten werden in NÖ, OÖ, St, Kt und Sb forstlich verwendet. Sie wird auch als Zierbaum gepflanzt. Stammt aus den südlichen USA. (Missisippi-Gebiet). Diente als Mutterbaum des Bastardes Nr. 15 (*P. Wettsteinii*).

14*. *P. gileadensis* = *P. candicans* = *P. angulata* × *balsamifera,* siehe Nr. 17.

14**. *P. generosa* = *P. angulata* × *trichocarpa,* siehe Nr. 22.

15. *P. Wettsteinii* forest. austr., Wettstein-P. = *P. angulata* ♀ × ? *P.* e sectione *Tacamahaca* (? *P. trichocarpa* vel? *P. generosa*), gewöhnlich als *P. angulata*-Hybride bezeichnet. — Der Mutterbaum war im Botanischen Garten Berlin-Dahlem als *P. angulata* betafelt (Überprüfung nicht mehr möglich). Als Vaterpflanze diente wohl sicher eine Sippe der *Balsamifera*-Verwandtschaft, dagegen kaum *P. serotina,* wie Houtzagers annahm. (Nach Wolfgang v. Wettstein, briefl. Mitteilung.) Da für eine so viel kultivierte Züchtung, gerade weil die genaue Herkunft unbekannt ist, nach einer kurzen Bezeichnung ein Bedürfnis besteht, so wird hier der Name *P. Wettsteinii* zum allgemeinen Gebrauche vorgeschlagen (E. Janchen). — Ein sehr raschwüchsiger euro-amerikanischer Bastard. — Als Forstbaum hfg. kult., wohl in allen Bundesländern.

16. *P. nigra* L., Schwarz-P. — Verbr. — In Auwäldern niederer Lagen hfg., auch auf Schotterbänken der Flüsse, sonst slt. Auch als Zierbaum und Forstbaum kult. — Gliedert sich in vier Unterarten:

A. subsp. *nigra* (L.). — Syn.: subsp. *genuina* Čelak.; var. *typica* C. Schneid. — Nom.: Phyt. 5: 69. — Verbrtg.: M-, S- u. OEur., W- u. MAs., WSibirien.

B. subsp. *pyramidalis* (Rozier) Čelak., Pyramiden-P., Spitz-P.*) — Syn.: subsp. („Rasse") *italica* (Duroi) A. et G.; var. *italica* Duroi; var. *pyramidalis* (Rozier) Spach; var. *fastigiata* Valck.-Suring.; *P. italica* (Duroi) Moench; *P. pyramidalis* Rozier. — Nom.: Phyt. 5: 69. — Als Alleebaum hfg. kult., vorwiegend männliche Bäume. — Hmt.: wahrscheinlich Russisch-Turkestan (oder Persien?). Aus Vorderasien über Italien nach Mittel-Europa eingeführt.

*) Der Name „Spitz-Pappel" ist aus sachlichen Gründen vorzuziehen, denn die Kronenform des Baumes entspricht keiner Pyramide, nicht einmal einem Kegel.

C. subsp. *betulifolia* (Pursh) Wettstein, Englische Schwarz-P. — Syn.: *P. hudsonica* Michx. fil.; *P. betulifolia* Pursh; *P. nigra* L. var. *hudsonica* (Michx. fil.) C. Schneid.; *P. nigra* L. var. *betulifolia* (Pursh) Torrey. — Westeuropäische Rasse: England u. großenteils auch Frankreich; im östl. Nordamerika eingebürgert. Kult.: Bot. Gart. Wien. — Junge Zweige, Blattstiele und junge Blätter behaart. — Ist das eine Stammelter des nachstehenden intraspezifischen Bastardes.

D. subsp. *plantierensis* (Dode) Wettstein, Plantières-P., Flaumige Spitzpappel. = *P. nigra* subsp. *betulifolia* ♀ × *P. nigra* subsp. *pyramidalis* ♂. — Wurde in Metz-Plantières von Simon-Louis erzeugt. — Ist nach Houtzagers) das eine Stammelter von *P. robusta* (Nr. 13).

16*. *P. nigra* × *P. marylandica*, Drapal-P., siehe Nr. 11.

16**. *P. berolinensis* = *P. nigra* subsp. *pyramidalis* × *P. laurifolia*, siehe Nr. 24.

17. *P. gileadensis* Rouleau, Ontario-P., Weißliche Balsam-P. — Syn.: *P. candicans* Michx. fil. et auct. plur., non Ait.; *P. ontariensis* auct., an Desf.?; *P. balsamifera* L. var. *candicans* A. Gray. — Nom.: Phyt. 2: 74. — Ursprung unbekannt; wahrscheinlich *P. angulata* × *P. balsamifera*. — Als Zierbaum kult., kaum forstlich. — Hmt.: nordöstl. NAm.

18. *P. balsamifera* L., (Echte) Balsam-P. — Syn.: *P. Tacamahaca* Mill. — Nom.: Phyt. 2: 74. — Als Zierbaum kult.; mitunter verwildert, so in NÖ und St. Als Forstbaum in Ti verbr. — Hmt.: nördl. NAm. — Die forstlich kultivierten Balsam-Pappeln gehören meist zu *P. Simonii* Carr. (siehe Nr. 21).

19. *P. tristis* Fischer, Himalaya-Balsam-P., Düstere P. — Als Zierbaum kult., slt. verw., so in NÖ. — Hmt.: Himalaya.

19*. *P. Maximoviczii* Henry, Japanische Balsam-P. — Heimat: Nord-Japan, Korea. — Ist das eine Stammelter von *Populus „Oxford"*.

20. *P. „Oxford"*, Oxford-P. = *P. Maximoviczii* Henry ♀ × *P. berolinensis* Dippel ♂ (nach Houtzagers). — Als Forstbaum kult. im Bgl (Bezirk Neusiedl, hfg.) und in Sb (Salzachauen).

21. *P. Simonii* Carr., Chinesische Balsam-P., Simon-P. — Syn.: *P. balsamifera* L. var. *Simonii* (Carr.) Dieck. — Als Forstbaum hfg. und wohl in allen Bundesländern kult. — Leidet nicht durch Wildverbiß. — Heimat: Nord-China.

22. *P. generosa* Henry, Edel-P. = *P. angulata* ♀ × *P. trichocarpa* ♂ (entstanden 1912). — Als Forstbaum kult. im Bgl (Bezirk Neusiedl, hfg.); auch in NÖ (Hohenau). Hat sonst in Österreich keine Bedeutung erlangt.

23. *P. trichocarpa* Torr. et Gray (ex Hook.) — Westamerikanische Balsam-P., Kalifornische Balsam-P. — Heimat: nordwestl. NAm. (Kalifornien bis Alaska) — Die reine Art ist in Österreich sehr selten, hauptsächlich nur als Zierbaum, in Kultur; ist dagegen wichtig als das eine (männliche) Stammelter von *P. generosa* Henry (siehe die vorige), vielleicht auch von *P. Wettsteinii* (Nr. 15).

24. *P. berolinensis* (Regel) Dippel, Berliner (Balsam-) P. = *P. laurifolia* Ledeb. ♀ × *P. nigra* subsp. *pyramidalis* ♂ (nach Houtzagers). — Ist das eine Stammelter von *P. „Oxford"* (siehe Nr. 20).

25. *P. laurifolia* Ledeb., Altai-Balsam-P., Lorbeer-P. — Heimat: Altai-Gebirge, Sibirien. — Ist (nach Houtzagers) das eine Stammelter von *P. berolinensis* (siehe die vorige).

Bastarde. Die Bastarde sind, da es sich fast durchwegs um kultivierte Nutzpflanzen handelt, die als Bastarde vermehrt und gezüchtet werden, zwischen den Arten eingereiht, und zwar teils hinter den im System vorangehenden Elternarten, teils vor den im System nachfolgenden Elternarten. Zu den Bastarden gehören folgende Nummern: 2, 3, 5, 7, 10, 11, 12, 14, 15, 16 D, 17, 20, 22, 24.

Namensverzeichnis zur Gattung *Populus*.

Salix L., Weide.

Mit zahlreichen Verbesserungen von K. H. Rechinger fil. (Wien)*) und mit einigen Verbesserungen von Alfred Neumann (Stolzenau a. d. Weser).

Systematik der ganzen Gattung (zeitlich geordnet).

Kerner A. v., Niederösterreichische Weiden. VZBG, 10, 1860, Abh.: 3—56, 179—282.

— und Kerner J., Herbarium österreichischer Weiden. 11. Dekaden. Innsbruck 1863 bis 1870.

Wimmer F., *Salices* Europaeae. Breslau 1866. 286 Seiten.

Andersson N. J., Monographia *Salicum* hucusque cognitarum. Kongl. Svenska Vetenskaps-Akad. Handl., Bd. 6, Nr. 1. Stockholm 1867. 180 Seiten.

Camus A. et E. G., Classification des Saules d'Europe et Monographie des Saules de France. Journ. de Bot., 18, 1904: 177—213, 245—296, 367—372; 19, 1905: [1]—[68], [87]—[144]; 20, 1906: [1]—[116].

Toepffer A., Die *Salix*-Flora von Kärnten. Carinthia II, 98 (18), 1908: 102—106.

Seemen O. v., *Salix*. In: Ascherson P. und Graebner P., Synopsis der mitteleuropäischen Flora, Bd. 4: 54—350. 1908—1910.

Toepffer A., *Salices* Bavariae. Versuch einer Monographie der bayerischen Weiden unter Berücksichtigung der Arten der mitteleuropäischen Flora. Berichte d. Bayer. Botan. Ges., 15 (Jubil.-Bd.), 1915: 17—233.

Schneider C., Über die systematische Gliederung der Gattung *Salix*. ÖBZ, 65, 1915: 273—278.

Görz R., Über norddeutsche Weiden. Repert. spec. nov., Beihefte, Bd. 13, 1922. 127 Seiten.

Toepffer A., *Salix*. In: Kirchner O., Loew E. u. Schröter C., Lebensgeschichte der Blütenpflanzen Mitteleuropas, Bd. II/1, 1925: 298—468.

Schröter C., Die Weiden (*Salices*) der alpinen Höhenstufe. In: Das Pflanzenleben der Alpen. Zürich 1926: 288—319.

Floderus Bj., *Salicaceae*. In: Holmberg O. R., Skandinaviens Flora, Bd. 1 b, Häfte 1, S. 2—160. 1931.

*) Alle Bemerkungen über Zweifelhaftigkeit oder Unwahrscheinlichkeit einzelner Bastarde stammen von K. H. Rechinger. Die Gesamtanordnung der Arten wurde von ihm nicht beeinflußt.

Buser R., Kritische Beiträge zur Kenntnis der Schweizerischen Weiden. (Verfaßt 1883, herausgegeben von Walo Koch 1940.) Berichte d. Schweiz. Botan. Ges., 50, 1940: 567—788.

Scharfetter R., Biographien von Pflanzensippen, 1953: 74—97. [Auch das dort angeführte Schrifttum.]

Janchen E., in Phyton, 5, 1953: 69.

Neumann A., Floristische Beiträge zur geobotanischen Geländearbeit in Deutschland. (II.) *Salix*-Bestimmungsschlüssel für Mitteldeutschland. Wissenschaftl. Zeitschr. d. Univ. Halle, 4, 1955: 755—766.

— Die mitteleuropäischen *Salix*-Arten. Angewandte Pflanzensoziologie (Klagenfurt), 1956. (Noch nicht gedruckt.) — Siehe die Bemerkung nach „Gliederung der Gattung".

Systematik einzelner Arten und Artgruppen.

Floderus Bj., Two Linnean species of *Salix* and their allies. Arkiv för Botanik, Bd. 29 A, Nr. 18, 1940. 54 Seiten. [Behandelt die Verwandtschaftskreise von *S. phylicifolia* L. s. l. und *S. myrsinites* L. s. l.]

— Some new *Salix* species and hybrids. Botan. Notiser, 1940: 227—230. [*S. Traunsteineri* A. et J. Kerner von Kitzbühel (NTi) ist nicht *S. caprea* × > *purpurea*, sondern *S. helvetica* × *purpurea*.]

— (†), herausgegeben von Grapengiesser S., Salicological Studies. Svensk Botan. Tidskr., 44/1, 1950: 94—95. [Überzeugender Nachweis, daß *Salix appendiculata* Vill. der prioritätsberechtigte Name für *S. grandifolia* Ser. ist.]

Gáyer J. (Gy.), Phytographische Notizen. Magy. Botan. Lapok, 31, 1932: 44—46. [Behandelt u. a. *Salix herbacea* × *S. serpyllifolia* = *S. Festii* Gáyer, vom Preber und Trübeck in Nordwest-Steiermark.]

Grapengiesser S., Anteckningar till de skandinaviska *Salix*-Arterna. Botaniska Notiser, 108, 1955: 321—340. (Mit ausführlichem Schriftenverzeichnis.) [*S. helix* L. ist sicher = *S. purpurea* × *viminalis*.]

Rechinger K. H. fil., Salicologische Fragmente 1—4. Repert. spec. nov., 95, 1938: 87—94. [*Salix silesiaca* Willd. wächst nicht in Steiermark, überhaupt nirgends in den Alpen. Von der skandinavischen *S. arbuscula* L. sind die westalpine *S. foetida* Schleich. und die ostalpine *S. Waldsteiniana* Willd. als eigene Arten abzutrennen. *S. grandifolia* Ser. var. *cinerascens* Buser wurde oft irrtümlich für *S. scrobigera* (= *S. appendiculata* × *S. cinerea*) gehalten.]

— Zwei verkannte *Salix*-Arten in den Ostalpen. Sitzber. Österr. Akad. Wiss., m.-n. Kl., Abt. I, 156, 1947: 499—508. [*S. pubescens* Schleich. (= *S. albicans* Bonjean, non Schleich.) ist eigene Art, nicht *S. glauca* × *grandifolia*. *S. Mielichhoferi* Sauter ist eigene Art, nicht *S. hastata* × *nigricans*, auch nicht *S. arbuscula* s. l. × *nigrans* oder *S. breviserrata* × *nigricans*.]

Toepffer A., Über einige österreichische, besonders Tiroler Weiden. [I.] ÖBZ, 58, 1908: 479—487.

— Salicologische Mitteilungen. Nr. 1—6. München, Selbstverlag, 1908—1913.

— Über einige österreichische, besonders Tiroler Weiden. II. ÖBZ, 63, 1913: 342—352.

Wołoszczák E., Salicologische Betrachtungen. VZBG, 70, 1920: 33—48. [Behandelt vor allem *S. fragilis* L. und *S. Russelliana* Sm., auch *S. amygdalina* L. und *S. ligustrina* Host (= *S. triandra* L.).]

Korbweidenkultur.

Wissmann H. v., Korbweidenanbau. Berlin 1913. — 2. Auflage, bearbeitet von Wagner H., Ludwigs K. und Ulbrich E., Korbweidenbau. Anleitungen der Deutschen Landwirtschaftsgesellschaft, Heft 16. Berlin 1927. 117 Seiten.

Stellwag-Carion F., Korbweidenkultur in Österreich. Zentralblatt f. d. gesamte Forstwesen, 59, 1933, Nr. 1: 7—10.

Wagner H., Die amerikanische Korbweide. Jubiläumsheft d. Deutsch. Naturwiss. Ver. Poznan [Posen], 1937: 123—128.

Hilf H. H., Das Flechtweidenbuch. Altes und Neues, Fortschritte und Erfahrungen für den Weidenanbauer und Weidenverwerter. Jahrbücher der Gesellschaft für forstliche Arbeitswissenschaft. Hannover (M. u. H. Schaper), 1949. 224 S. (Mit ausführlichem Schriftenverzeichnis.)

Krickl M., Grundsätzliche Richtlinien zur Anlage und Kultur der Korbweiden. In: Die Bodenkultur, Wien, 4. Sonderheft, Juli 1953: 165—174.

Gliederung der Gattung.

Hauptgruppe I. *Arboreae,* Spätblühende Weiden.

Sect. 1. *Lucidae: S. pentandra.*
Sect. 2. *Fragiles: S. fragilis, elegantissima.*
Sect. 3. *Triandrae: S. triandra* (= *amygdalina*).
Sect. 4. *Albae: S. alba, babylonica.*
Sect. 5. *Nigrae: S. Humboldtiana.*

Hauptgruppe II. *Glaciales,* Gletscher-Weiden.

Sect. 6. *Reticulatae: S. reticulata.*
Sect. 7. *Herbaceae: S. herbacea.*
Sect. 8. *Retusae: S. retusa, serpyllifolia.*

Hauptgruppe III. *Frigidae,* Alpen-Weiden.

Sect. 9. *Sericeae: S. glaucosericea* (= *glauca* partim).
Sect. 10. *Myrtosalices: S. breviserrata* (= *dubia*), *alpina* (= *Jacquinii*).
Sect. 11. *Arbusculae: S. foetida* (= *venulosa*), *Waldsteiniana* (= *prunifolia*).
Sect. 12. *Villosae: S. helvetica.*
Sect. 13. *Caesiae: S. caesia.*

Hauptgruppe IV. *Squarrosae,* Salchern.

Sect. 14. *Nigricantes: S. hastata, glabra, Hegetschweileri* (= *rhaetica*), *Mielichhoferi, nigricans* (= *myrsinifolia*).
Sect. 15. *Capreae: S. caprea, appendiculata* (= *grandifolia*). *pubescens* (= *albicans*), *aurita, cinerea.*

Hauptgruppe V. *Virgatae,* Felbern (und Moor-Weiden).

Sect. 16. *Pruinosae: S. daphnoides, acutifolia.*
Sect. 17. *Incanae: S. Elaeagnos* (= *incana*).
Sect. 18. *Viminales: S. dasyclados, viminalis.*
Sect. 19. *Cordatae: S. cordata* (= *S. americana*).
Sect. 20. *Repentes: S. repens* (incl. *rosmarinifolia*).
Sect. 21. *Purpureae: S. purpurea.*

Bei der vorstehenden Anordnung ist vor allem die Zahl der Nektarien berücksichtigt. Daher folgen auf die *Arboreae* zunächst die *Glaciales,* dann die *Frigidae,* an welche sich die *Squarrosae* und *Virgatae* ungezwungen anschließen. — Alfred Neumann (siehe Schriftenverzeichnis 1956) ist auf Grund der leichteren bzw. schwereren Bastardierungsfähigkeit und zugleich auf Grund vegetativer und ökologischer Merkmale zu einer wesentlich anderen Anordnung gelangt, bei welcher die *Glaciales* ganz am Ende stehen. Bei Verwendung der vorstehenden Gruppennamen, wäre sie folgendermaßen zu kennzeichnen: *Arboreae* (*S. triandra* am Schluß derselben als eigene Gruppe), *Virgatae* (mit Einschluß von *S. caesia*), *Squarrosae* (*Capreae, Nigricantes*), *Frigidae* (ohne *S. caesia*), *Glaciales.*

1. *S. pentandra* L., Lorbeer-W. (Leder-W.). — NÖ, OÖ, Kt, Sb, NTi, ziemlich selten; sonst mitunter als Ziergehölz kult. — Moore, feuchte Wälder, Ufer, in den Voralpentälern ziemlich hoch ansteigend; kalkmeidend.

2. *S. fragilis* L., Bruch-W., Knack-W., Pock-W. — Verbr., zieml. hfg.; auch als Kopfweide zur Gewinnung von Flechtruten und Rinde (Gerb- und Heilmittel) und als Zierbaum kultiviert. — Auwälder, Ufer; vorwiegend im Tiefland; bodenvag.

3. *S. elegantissima* K. Koch, Japanische Trauer-W. — Als Zierbaum nicht selten kult., frosthärter als *S. babylonica.* Verwildert in Kt (Millstätter See). — Heimat: Japan.

4. *S. triandra* L. (amplif. Seringe 1815), Mandel-W., Greveling. — Syn.: *S. amygdalina* L. (amplif. Koch). — Verbr., mäßig häufig; auch als Flecht-

weide kultiviert. — Auen, Ufer; Tiefland bis Voralpentäler; kalkhold. — Gliedert sich in zwei Unterarten, nämlich:

A. subsp. *triandra* (L.), Reingrüne Mandel-W. — Syn.: var. *triandra* (L.); var. *viridis* Spenner; var. *typica* Beck; *S. amygdalina* L. var. *concolor* Koch; *S. triandra* L. s. str.

B. subsp. *amygdalina* (L.) A. Neumann, Blaugrüne Mandel-W. — Syn.: var. *glaucophylla* Ser.; var. *amygdalina* (L.) Kerner; *S. amygdalina* L. var. *discolor* Koch; *S. amygdalina* L. s. str.

5. *S. alba* L., Silber-W. — Verbr. u. hfg.; auch als Kopfweide zur Gewinnung von Flechtruten und Rinde (Gerb- und Heilmittel) und als Zierbaum kultiviert. — Auen, Ufer; Tiefland bis Voralpentäler; kalkhold bis bodenvag. — Dazu:

B. subsp. *vitellina* (L.) Arcang., Dotter-W. — Syn.: var. *vitellina* (L.) Seringe; *S. vitellina* L. — Nom.: Phyt. 5: 69. — Als Zierbaum und Kopfweide sowie als Flechtweide kultiviert. — Mit der Hängeform:

β) forma *tristis* Seringe, Trauer-Dotterweide. — Syn.: forma *pendula* hort. — Zierbaum.

5*. *S. babylonica* L. (Echte) Trauer-W., Tränen-W. — Als Zierbaum slt. kultiviert, wärmebedürftig; in Österreich vielleicht überhaupt nicht. — Heimat: SAs. (Transkaukasien bis Japan).

6. *S. Humboldtiana* Willd. Humboldt-W. — Syn.: *S. chilensis* Molina. — Als raschwüchsiger Forstbaum in neuester Zeit viel kult., bes. in Weichholzauen an der Donau, Salzach und Drau, doch auch anderwärts, sicher im Bgl, NÖ, OÖ, Kt, Sb. — Hmt.: SAm.

7. *S. reticulata* L., Netz-W. — Alp. (verbr.), mßg. hfg. — Alpenmatten, Gesteinsfluren, nur über der Waldgrenze; sehr kalkliebend.

8. *S. herbacea* L., Kraut-W. — Alp. (verbr.), bes. Zentralalpen, daselbst mßg. hfg. — Schneetälchen und Schneeböden, auch feuchte Schuttfluren, fast nur über der Waldgrenze; kalkfliehend, daher in den Kalkalpen sehr selten.

9. *S. retusa* L., Stumpfblatt-W., Teppich-Weide (nach Neumann). — Syn.: *S. retusa* L. subsp. *retusa* (L.) Schinz et Keller. — Alp. (verbr.), hfg. — Feuchte Schuttfluren, steinige Triften, Felsfluren, vorwiegend über der Waldgrenze; kalkliebend, doch auch auf Urgestein.

10. *S. serpyllifolia* Scop., Quendel-W. — Syn.: *S. retusa* L. subsp. *serpyllifolia* (Scop.) Arcang. — Nom.: Phyt. 5: 70. — Alp. v. St, Kt, Sb, OTi, NTi, Vb. — Steinige Triften, Felsfluren, bes. auch exponierte Grate, nur über der Waldgrenze; im allg. höher als *S. retusa*; mßg. hfg.; kalkliebend.

11. *S. glaucosericea* Floderus, Seiden-W. — Syn.: *S. glauca* auct. alpin., non L. s. str.; *S. sericea* Vill., non Marsh.; *S. glauca* L. subsp. *sericea* (Vill.) Neumann. — Alp. v. WKt u. Ti (auch OTi), Zentralalpen, slt. — Feuchte Schuttfluren, Gletscherbachufer, meist über der Waldgrenze; kalkfliehend. — Hauptverbreitung: Westalpen.

12. *S. breviserrata* Floderus, Matten-W. (nach Neumann), West-Myrten-W. — Syn.: *S. dubia* auct. mult., non Suter, non Andersson*); *S. arbutifolia* Willd., non Pallas; *S. myrsinites* auct. alpin, non L.; *S. myrsinites* L. subsp. *serrata* (Neilr.) Schinz et Thellung; *S. myrsinites* L. var. *serrata* Neilr. — Alp. v. St, Kt, Sb, Ti (auch OTi), Vb; bes. Zentralalpen; mßg. hfg. — Matten, Triften, Schuttfluren; vorwiegend alpine u. Krummholzstufe, slt. tiefer; kieselhold.

13. *S. alpina* Scop.**) Myrten-W., Ost-Myrten-W. — Syn.: *S. Jacquinii* Host; *S. Jacquiniana* Willd.; *S. myrsinites* L. subsp. *Jacquiniana* (Willd.) Arcang.; *S. myrsinites* L. var. *integrifolia* Neilr. — Nom.: Phyt. 5: 70. — Alp. v. NÖ, OÖ, St, Kt, Sb, Ti***) (fehlt Vb), bes. östl. Kalkalpen; mßg. hfg. — Matten, Triften, Schuttfluren; vorwiegend alpine u. Krummholzstufe, slt. tiefer; kalkhold.

14. *S. foetida* Schleich., West-Bäumchen-W., Ruch-Weide (nach Neumann). — Syn.: *S. venulosa* O. Schwarz, non Sm.; *S. arbuscula* auct. alpin. partim, non L. s. str.; *S. arbuscula* L. subsp. *foetida* (Schleich.) Braun-Blanquet. — Alp. v. WTi, Zentralalpen, slt. — Steinige Triften u. Matten der Krummholz- u. alpinen Stufe. kieselhold. — Hauptverbreitung: Westalpen.

15. *S. Waldsteiniana* Willd., Ost-Bäumchen-W., Braun-Weide (nach Neumann). — Syn.: *S. prunifolia* O. Schwarz, non Sm.; *S. arbuscula* L. subsp. *Waldsteiniana* (Willd.) Braun-Blanquet; *S. arbuscula* L. var. *Waldsteiniana* (Willd.) Koch. — Nom.: Phyt. 2: 74. — Alp. (verbr.), bes. nördl. u. südl. Kalkalpen; zieml. hfg. — Steinige Triften, Matten der Krummholz- (und unteren alpinen) Stufe; kalkhold.

16. *S. helvetica* Vill., Schweizer W. — Syn.: S. *Lapponum* L. subsp. *helvetica* (Vill.) Schinz et Keller. — Alp. v. St, Kt, Sb, Ti (auch OTi), Vb; Zentralalpen zerstr., Kalkalpen s. slt. — Schuttfluren, Bachufer, kalkmeidend.

17. *S. caesia* Vill., Blau-W. — Alp. v. NTi, Vb, slt. — Bachufer, feuchte Stellen der Krummholz- und alpinen Stufe; bodenvag.

18. *S. hastata* L., Spieß-W., Bleich-W. — Alp. u. Voralp. v. OÖ, St, Kt, Sb, Ti (auch OTi), Vb, zerstr. — Triften, Schuttfluren, Bachufer, feuchte Stellen der höheren Voralpenstufe und alpinen Stufe; bodenvag. — Sehr formenreich.

19. *S. glabra* Scop., Kahl-W., Glanz-W. — Alp. u. Voralp. (verbr.), bes. Kalkalpen, zieml. hfg. — Gebüsche der höheren Voralpenstufe und der Krummholzstufe; kalkstet.

20. *S. Hegetschweileri* Heer, Hochtal-W. — Syn.: *S. rhaetica* A. Kerner; *S. phylicifolia* auct. alpin., non L.; *S. bicolor* auct. alpin., non Ehrh.; *S. bicolor* Ehrh. subsp. *rhaetica* (A. Kerner) Floderus. — Voralp. v. NTi (auch OTi?), Vb, (wohl sicher nicht OÖ.), s. zerstr. — Feuchte Ge-

*) *S. dubia* Suter 1802 ist eine *S. hastata*. Vgl. Samuelsson. Vierteljahresschr. d. Naturf. Ges. Zürich 67, 1922: 249. — *S. dubia* Andersson (1868) ist *S. nigricans* × *purpurea*.

**) Partim, pro altera parte ad *S. Waldsteinianam* pertinet. Vgl. Floderus 1940.

***) Die Angaben aus NTi dürften sich z. T. auf *S. breviserrata* Floderus beziehen oder vielleicht auf Übergangsformen zwischen *S. alpina* und *S. breviserrata*.

büsche, Quellfluren der höheren Voralpenstufe; kalkmeidend bis bodenvag. — Hierher gehört auch der vermeintliche Bastard *S. hastata* × *S. bicolor*.

21. *S. Mielichhoferi* Sauter (1849 pro hybr.), Tauern-W. — Alp. v. St, Kt, Sb, Ti (auch OTi), Zentralalpen; für die nördl. Kalkalpen (NTi) sehr fraglich*). — Gesteinsfluren, feuchte Stellen der oberen Voralpenstufe und der alpinen Stufe, zerstr., z. T. hfg.; kieselhold. — Wurde oft irrtümlich als Bastard *S. hastata* × *S. nigricans* betrachtet.

22. *S. nigricans* Sm., Schwarz-W., Neger-W. — Syn.: *S. myrsinifolia* Salisb. — Nom.: Phyt. 5: 70. — Verbr. (fehlt Bgl), mäßig häufig. — Auen, Ufer, feuchte Wiesen; bes. in den Voralpen, im Tiefland slt.; kalkliebend. Sehr formenreich.

23. *S. caprea* L. Sahl-W., Palm-W.**). — Verbr. u. hfg. — Lichte Wälder, Gebüsche, Holzschläge, vom Tiefland bis in die Voralpen; bodenvag. Auch als Ziergehölz kult. — Wichtig als frühzeitige Bienenweide. Liefert die meisten Palmkätzchen.

24. *S. appendiculata* Vill. (1789), Großblatt-W., Schlucht-W. (nach Neumann). Syn.: *S. grandifolia* Ser. (1815)***). Voralp. (fehlt Bgl), zieml. hfg.†). — Bachufer, Gebüsche, lichte Wälder, von der oberen Bergstufe bis in die Krummholzstufe; schwach kalkhold.

25. *S. pubescens* Schleich., Flaum-W. — Syn.: *S. albicans* Bonjean, non Schleich. — Alp. v. NTi, s. slt. (Längental bei Lisens, Sellraintal). — Wurde von manchen Autoren irrtümlich als *S. glaucosericea* × × *S. appendiculata* gedeutet; vgl. Rechgr. fil. 1947.

26. *S. aurita* L., Ohr-W., Salbei-W. — Verbr., mäßig hfg. — Feuchte Gebüsche, Wiesenmoore, vom Tiefland bis in die untere Voralpenstufe; kalkfeindlich.

27. *S. cinerea* L., Asch-W.††). — Verbr. — Feuchte Gebüsche, Wiesenmoore, zieml. hfg., vom Tiefland bis in die Voralpenstufe; bodenvag. — Siehe auch Nr. 23 × 32.

28. *S. daphnoides* Vill., Reif-W., Schimmel-W., Blut-W. — Verbr. (fehlt Bgl). — Ufer, Auen, Waldränder; vom Tiefland bis in die Voralpentäler; zerstr.; bodenvag. Auch als Ziergehölz kult. und verw. — Liefert Palmkätzchen.

29. *S. acutifolia* Willd., Spitz-W.- Kaspische W., Kaspische Blut-W. — Syn.: *S. pruinosa* Bess.; *S. daphnoides* Vill. subsp. *acutifolia* (Willd.) Blytt et Dahl; *S. caspica* hort., non Pallas. — Als Flechtweide kult. — Hmt.: NAs., Rußland, bes. kaspisches Gebiet.

---

*) Wächst aber in Südtirol in den südl. Kalkalpen.

**) Mitunter wird auch *S. viminalis* als Palm-Weide bezeichnet.

***) Vgl. Floderus Bj. (†), herausgegeben von Grapengiesser S., Salicological Studies. Svensk Botan. Tidskr., 44/1, 1950: 94—95.

Die oftmals behauptete und dann wieder in Zweifel gezogene Identität von *S. appendiculata* mit *S. grandifolia* besteht, wie Floderus einleuchtend begründet, vollkommen sicher. [Der allgemein gebräuchliche Name *S. grandifolia* Ser. könnte also nur durch eine Arten-Ausnahmsliste gerettet werden.]

†) Zu *S. appendiculata* gehören auch die irrtümlichen Angaben von *S. silesiaca* aus Ober-Steiermark (Murau und Bösenstein). Vgl. Rechgr. fil. 1938.

††) Als Aschweide wird mitunter auch *S. dasyclados* (Nr. 31) bezeichnet.

30. *S. Elaeagnos* Scop., Lavendel-W., Ufer-W. — Syn.: *S. incana* Schrank. Nom.: Rep. 46: 62. — Verbr. (fehlt Bgl), mßg. hfg. — Ufer und Auen, bes. auf schotterigen Böden; vom Tiefland bis in die Voralpenstufe; kalkliebend. Zuweilen als Ziergehölz kult.

31. *S. dasyclados* Wimm. (= *S. caprea* × *S. cinera* × *S. viminalis*), Bandstock-W., Filzast-W., Breitblättrige Hanf-W.*), Römer-W.**). — Als Flechtweide kult.

32. *S. viminalis* L., Hanf-W., Korb-W. — Verbr., zerstr. — Auen, sandige Ufer; fast nur in niederen Lagen. Wird auch in sehr zahlreichen Sorten als Flechtweide kultiviert (in Ti und Vb nur kult.).

33. *S. rubra* Huds. (= *S. viminalis* × *S. purpurea*), Rot-W., Rote Blendweide. — Als Flechtweide kult. (siehe auch unter den Bestarden, Nr. 32 × 36). — Hierher gehört vielleicht auch *S. bregensis* Strauß, die Ulbrich-Weide, ein als Flechtweide dienender Kulturbastard, dessen Herkunft nicht sicher zu ermitteln ist, ferner wahrscheinlich auch die Kaiser-Weide.

34. *S. cordata* Muehlenbg., Amerikaner-W. — Syn.: *S. americana* hort. — Als Flechtweide s. hfg. kult. — Heimat: NAm. Wurde um 1880 von dem Korbmachermeister und Weidenbauer Ernst Hoedt aus Amerika nach Deutschland (Tirschtiegel) gebracht, und zwar (angeblich) in Gestalt eines frischen Weidenkorbes, aus welchem dann Stecklinge gemacht wurden. Adolph Toepffer, in Mitt. (Jahrb.) d. Deutsch. Dendrolog. Ges., 1920, S. 331, hat die Amerikaner-Weide als *S. petiolaris* Sm. × *S. cordata* Muehlenbg. gedeutet. Diese lange Zeit hindurch ziemlich allgemein angenommene Deutung ist nach A. Neumann nicht richtig; nach diesem gewiegten Weidenkenner handelt es sich um reine *S. cordata* Muehlenbg.

34 × 36. *S. cordata* × *S. purpurea*. — Kultur-Bastard, Flechtweide, siehe unter den Bastarden.

35. *S. repens* L., Kriech-W. — Syn.: *S. rosmarinifolia* L. — Verbr., zerstr. — Flachmoore, Sümpfe, nasse Wiesen; fast nur in niederen Lagen, bodenvag. — Von dieser vielgestaltigen Art wachsen in Österreich (nach Neumann) folgende drei Unterarten:

A. subsp. *repens* (L.), Echte Kriech-W. — Syn.: subsp. *genuina* Čelak.; subsp. *eu-repens* (Seemen) Domin; Rasse *eu-repens* Seemen; var. *microphylla* Schleich.; *S. repens* L. s. str. — Nom.: Phyt. 5: 70.

B. subsp. *angustifolia* (Wulf.) A. Neumann, Ginster-W. — Syn.: var. *angustifolia* (Wulf.) Gren. et Godr.; *S. angustifolia* Wulf.

C. subsp. *rosmarinifolia* (L.) Čelak., Rosmarin-W. — Syn.: Rasse *rosmarinifolia* (L.) Seemen; var. *rosmarinifolia* (L.) Wimm. et Grab.; *S. rosmarinifolia* L. s. str. — Nom.: Phyt. 5: 70.

36. *S. purpurea* L., Stein-W., Purpur-W. — Verbr. u. hfg. — Ufer und Auen; vom Tiefland bis in die Voralpenstufe; kalkliebend. Wird auch zur Bodenfestigung an Ufern und Halden erfolgreich verwendet und in zahl-

*) Der für *S. dasyclados* mitunter verwendete Name Aschweide sollte besser für *S. cinerea* vorbehalten bleiben.

**) So wird mitunter auch *S. caprea* bezeichnet.

reichen Sorten als Flechtweide kultiviert. Die Rinde dient als Gerb- und Heilmittel. — Formenreich. — Dazu:

b) var. *uralensis* hort., Ural-W. — Syn.: *S. uralensis* hort. — Als sehr gute Flechtweide kult. — Soll nach Seemen (in Ascherson u. Graebner) dasselbe sein wie var. *gracilis* Gren. et Godr.

B. subsp. *Lambertiana* (Sm.) A. Neumann. — Syn.: var. *Lambertiana* (Sm.) Koch; *S. Lambertiana* Sm. — Wird als Flechtweide kultiviert.

Salix-Bastarde.

1. *S. pentandra.*

1 × 2. *S. p.* × *S. fragilis* = *S. tinctoria* Sm. (1815). — Syn.: *S. cuspidata* K. F. Schultz (1819); *S. Friesii* A. Kerner (1860, *pent.* > *frag.*); *S. Pokornyi* A. Kerner (1860, *frag.* > *pent.*). — NÖ, OÖ, Kt, Sb.

1 × 4. *S. p.* × *S. triandra* = *S. Schumanniana* Seemen. — Aus Österreich noch nicht angegeben.

1 × 5. *S. p.* × *S. alba* = *S. Ehrhartiana* Sm. (1819). — NÖ?, OÖ?, Ti (auch OTi). — Von A. Neumann angezweifelt.

2. *S. fragilis.* — Siehe *S. pentandra* (Nr. 1); ferner:

2 × 4. *S. f.* × *S. triandra* = *S. alopecuroides* Tausch (1821). — Syn.: *S. speciosa* Host (1828); *S. subtriandra* Neilr. (1851, *frag.* > *tri.*); *S. Kovátsii* A. Kerner (1860, *tri.* > *frag.*). — NÖ, OÖ.

2 × 5. *S. f.* × *S. alba* = *S. rubens* Schrank (1789), Fahl-W., Russell's W. — Syn.: *S. Russelliana* Sm. apud Willd. (1805)*); *S. pendula* Ser. (1815) partim; *S. excelsior* Host (1828, *frag.* > *alba*); *S. palustris* Host (1828, *alba* > *frag.*); *S. viridis* Fries (1828). — Häufig: NÖ, OÖ, St; sicher auch anderwärts. — Stellenweise häufiger als die reinen Elternarten. — Wird oft als Kopfweide kult.

2×5*. *S. f.* × *S. babylonica* = *S. blanda* Anderss. (1863). — Syn.: *S. Petzoldii* hort. — Kult.: z. B. in OÖ; bes. auf Friedhöfen.

4. *S. triandra.* — Siehe *S. fragilis* (Nr. 2)**); ferner:

4 × 5. *S. t.* × *S. alba* = *S. undulata* Ehrh. (1791). — Syn.: *S. lanceolata* Wimm. (1860), non Seringe (1815), non Sm. (1828). *S. erythroclados* Simk. (1889). — NÖ, OÖ, selten.

4 × 32. *S. t.* × *S. viminalis* = *S. mollissima* Ehrh. (1791) [non Sm. 1804] (*vim.* > *tri.*), Sanddorn-W., Sanddorn-Blendweide, Busch-W. — Syn.: *S. hippophaëfolia* Thuill. (1799); *S. Trevirani* Spreng. (1813, *tri.* > *vim.*); *S. multiformis* Döll (1859). — NÖ, OÖ, selten. — Wird als Flechtweide, öfters auch als Ziergehölz kult.

5. *S. alba.* — Siehe *S. pentandra* (1), *fragilis* (2), *triandra* (3); ferner:

5 × 5*. *S. alba* × *S. babylonica* = *S. sepulcralis* Simk. 1889. — Selten als Zierbaum kult.

---

*) Benannt nach John Russell, Duke of Bedford; ist daher mit Doppel-l zu schreiben, wie bereits bei Willdenow ganz richtig steht.

**) *S. triandra* bastardiert nach A. Neumann auch mit *S. acutifolia* (Nr. 29) und mit *S. purpurea* (Nr. 36).

5 B × 5*. *S. alba* subsp. *vitellina* × *S. babylonica* = *S. chrysocoma* Dode, Gold-Weide. — Als Zierbaum häufiger als die reine *S. babylonica* kultiviert, auch in Österreich.

7. *S. reticulata.*

7 × 9. *S. r.* × *S. retusa* = *S. Thomasii* Anderss. (1868). — Syn.: *S. Eichenfeldii* Gander (1891); *S. Thomasiana* (Rchb.) Gürke (1897). — Alp. v. Ti (auch OTi), selten.

7 × 14. *S. r.* × *S. foetida* = *S. Ganderi* Huter. — Alp. v. Ti (auch OTi), selten. — Zum Teile vielleicht *S. r.* × *S. Waldsteiniana.*

8. *S. herbacea.*

8 × 9. *S. h.* × *S. retusa* = *S. Richenii* J. Murr (*herb.* > *ret.*). — Alp. v. Vb (Arlberg).

8 × 10. *S. h.* × *S. serpyllifolia* = *S. Festii* Gáyer — Alp. v. NWSt (Preber, Trübeck).

8 × 12. *S. h.* × *S. breviserrata.* — Alp. v. OTi. — Zweifelhaft.

9. *S. retusa.* — Siehe *S. reticulata* (7) und *S. herbacea* (8); ferner:

9 × 11. *S. r.* × *S. glaucosericea* = *S. elaeagnoides* Schleich. (1809). — Syn.: *S. buxifolia* Schleich. (1809); *S. lagopina* Ausserdorfer (1886); *S. Ausserdorferi* Huter (1886, *ret.* > *glauc.*); *S. euryadenia* Wołoszczak (1886, *glauc.* > *ret.*); *S. semiorphana* J. Murr (1923, *glauc.* > *ret.*). — Alp. v. OTi, Vb; in Vb als Halbwaise, da *S. glaucosericea* in Vb fehlt.

9 × 12. *S. r.* × *S. breviserrata.* — Sehr zweifelhaft. (In Hegi als „*S. myrsinites* × *retusa*“ für Tirol angegeben.)

9 × 13. *S. r.* × *S. alpina* = *S. retusoides* J. Kerner (1862). — Syn.: *S. semiretusa* Beck (1890). — Alp. v. NÖ (Rax, Göller), OÖ (Hinterstoder), St (Veitsch), Sb (Lungau).

9 × 15. *S. r.* × *S. Waldsteiniana* = *S. gemmia* Buser (1892). — Alp. v. St (Totes Gebirge), NTi (Lechgebiet).

9 × 16. *S. r.* × *S. helvetica* = *S. recondita* Ausserdorfer (1886). — Alp. v. OTi (Virgen).

9 × 18. *S. r.* × *S. hastata* = *S. alpigena* A. Kerner (1864). — Alp. v. Ti (auch OTi).

9 × 19. *S. r.* × *S. glabra* = *S. Fenzliana* A. Kerner (1860). — Alp. v. NÖ, OÖ, St, NTi.

9 × 22. *S. r.* × *nigricans* = *S. Cotteti* Lagger (1864). — Alp. v. OTi. — Zweifelhaft.

10. *S. serpyllifolia.*

10 × 12. *S. s.* × *S. breviserrata.* — Sehr zweifelhaft. (In Hegi als „*S. myrsinites* × *S. serpyllifolia*“ für Tirol angegeben.)

10 × 15. *S. s.* × *S. Waldsteiniana* = *S. relicta* J. Murr. — Voralp. v. NTi (Seefeld, als „Halbwaise“). — Nicht ganz sicher.

12. *S. breviserrata* (= *S. Myrsinites* auct. alpin., non L.). — Siehe: *S. herbacea* (8), *S. retusa* (9); ferner:

12 × 18. *S. br.* × *S. hastata* = *S. semihastata* A. et E. G. Camus (1905). — Alp. v. NTi.

12 × 27. *S. br.* × *S. cinerea* = *S. semimyrsinites* A. et E. G. Camus (1905). — Alp. v. OTi. — Sehr zweifelhaft.

13. *S. alpina* (= *S. Jacquiniana*). — Siehe *S. retusa* (9).

14. *S. foetida* (= *S. arbuscula* subsp. *foetida*). — Einzelne bei den Bastarden von *S. Waldsteiniana* (15) angegebene Funde aus den Zentralalpen von Nordtirol könnten vielleicht zu Bastarden von *S. foetida* gehören.

15. *S. Waldsteiniana* (= *S. arbuscula* subsp. *Waldsteiniana*). — Siehe: *S. reticulata* (7), *retusa* (9), *serpyllifolia* (10); ferner:

15 × 16. *S. W.* × *S. helvetica* = *S. spuria* Willd. apud Schleicher (1807). — Syn.: *S. subconcolor* (Ser.) DT. et Sarnth. (1909). — Alp. v. OTi.

15 × 18. *S. W.* × *S. hastata* = *S. combinata* Huter (1891). — Syn.: *S. algovica* Bornmüller (1895); *S. curiensis* Braun-Blanquet. — Alp. v. NTi. — Sehr zweifelhaft.

15 × 19. *S. W.* × *S. glabra* = *S. halensis* Poell. — NTi (Haller Salzberg). — Zweifelhaft.

15 × 22. *S. W.* × *S. nigricans* = *S. Blumrichii* J. Murr. — NTi (s. slt.), Vb (s. slt.). — Sehr zweifelhaft.

15 × 23. *S. W.* × *S. caprea* = *S. Murriana* Poell. — NTi (Haller Salzberg). — Zweifelhaft.

15 × 24. *S. W.* × *S. appendiculata* = *S. ramosissima* A. et E. G. Camus (1904). — Syn.: *S. fruticulosa* A. Kerner (1864), non Lacroix (1859), non Anderss. (1860). — Alp. v. St, Sb, Ti (auch OTi), Vb.

15 × 26. *S. W.* × *S. aurita* = *S. Poelliana* J. Murr. — Alp. v. Vb. — Sehr zweifelhaft.

16. *S. helvetica.* — Siehe *S. retusa* (9) und *Waldsteiniana* (15); ferner:

16 × 18. *S. h.* × *S. hastata* = *S. Huteri* A. Kerner (1866). — Alp. v. Sb, Ti (auch OTi).

16 × 24. *S. h.* × *S. appendiculata* = *S. Khekii* Wołoszczak (1898). — Syn.: *S. rhaetica* Rouy (1904), non A. Kerner (1865). — Alp. v. OTi (Virgen).

18. *S. hastata.* — Siehe *S. retusa* (9), *breviserrata* (12), *Waldsteiniana* (15), *helvetica* (16); ferner:

18 × 19. *S. h.* × *S. glabra* = *S. calcigena* Poell. — NTi (Halltal). — Zweifelhaft.

18 × 19 × 22. *S. h.* × *S. glabra* × *S. nigricans* = *S. stenostachya* A. Kerner. — Voralp. v. Ti (auch OTi). — Zweifelhaft!

18 × 20. *S. h.* × *S. bicolor.* Dieser vermeintliche Bastard, *S. Hegetschweileri* Heer, ist eine selbständige Art. Siehe Nr. 20.

18 × 22. *S. h.* × *S. nigricans.* Dieser vermeintliche Bastard, *S. Mielichhoferi* Sauter, ist eine selbständige Art. Siehe Nr. 21.

18 × > 22. *S. h.* × < *nigricans* = *S. Blyttiana* Andersson. — Voralp. v. NTi. — Zweifelhaft.

18 × 24. *S. h.* × *S. appendiculata* = *S. pustariae* Rouy. — St (Totes Gebirge), NTi (Haller Salzberg).

18 × 26. *S. h.* × *S. aurita* = *S. Hellwegeri* Poell. — NTi (Halltal). — Zweifelhaft.

18 × 27. *S. h.* × *S. cinerea* = *S. boutignyana* A. et E. G. Camus. — NTi (Halltal). — Zweifelhaft.

19. *S. glabra.* — Siehe *S. retusa* (9) und *S. hastata* (18); ferner:

19 × 22. *S. g.* × *S. nigricans* = *S. subglabra* A. Kerner (1860). — NÖ, OÖ, St, Kt, NTi.

19 × 23. *S. g.* × *S. caprea* = *S. levifrons* Poell (1931). — NTi (Halltal). — Zweifelhaft.

19 × 23. *S. g.* × < *S. caprea* = *S. ampliata* J. Murr (1926, *S. caprea* > > *glabra*). — NTi (Haller Salzberg). — Zweifelhaft.

19 × 24. *S. g.* × *S. appendiculata* = *S. laxiflora* A. et J. Kerner (1867). — OÖ, NTi (s. slt.).

19 × 26. *S. g.* × *S. aurita* = *S. Chaseï* J. Murr. — NTi (Haller Salzberg). — Zweifelhaft.

19 × 27. *S. g.* × *S. cinerea* = *S. permixta* Poell. — NTi (Halltal). — Zweifelhaft.

19 × 36. *S. g.* × *S. purpurea* = *S. issensis* J. Murr. — NTi (Haller Salzberg). — Zweifelhaft.

22. *S. nigricans.* — Siehe *S. retusa* (9), *breviserrata* (12), *Waldsteiniana* (15), *hastata* (18), *glabra* (19); ferner:

22 × 23. *S. n.* × *S. caprea* = *S. latifolia* Forbes (1828). — Syn.: *S. badensis* Döll (1859). — OÖ, St, NTi, Vb. — Zweifelhaft.

22 × 24. *S. n.* × *S. appendiculata* = *S. Milzii* J. Murr (1923). — Vb (Bregenz). — Sehr zweifelhaft.

22 × 26. *S. n.* × *S. aurita* = *S. coriacea* Schleich. (1807, emend. Forbes 1829). — Syn.: *S. conformis* Schleich. (1807, nomen dubium). — St (slt.), NTi (slt.), Vb. — Zweifelhaft.

22 × 27. *S. n.* × *S. cinerea* = *S. vaudensis* Schleich. (1807) [non Kerner 1860]. — Syn.: *S. strepida* Forb. 1828; *S. puberula* Döll 1859; *S. fallax* Wołoszczak 1875; *S. Heimerlii* H. Braun 1881 (*nigr.* > *cin.*). — NÖ, OÖ, St, NTi, Vb. — Häufig.

22 × 30. *S. n.* × *S. Elaeagnos* = *S. glaucovillosa* Hand.-Mazz. — NÖ (Türnitz), St (Kulm bei Schladming). — S. slt.

22 × 35. *S. n.* × *S. repens* = *S. felina* Buser (1895). — Syn.: *S. Heidenreichiana* Zahn (1904). — NTi, Vb. — Zweifelhaft.

22 × 36. *S. n.* × *S. purpurea* = *S. Beckeana* Beck (1890). — Syn.: *S. guseniensis* Wimm. (1866, sphalma, an *S. grisoniensis* Forbes 1828?); *S. vaudensis* A. Kerner (1860, non Schleicher 1807); *S. dubia* Andersson (1868, non Suter 1802). — NÖ, OÖ, NTi. — Zweifelhaft.

23. *S. caprea.* — Siehe *S. nigricans* (22); ferner:

23 × 24. *S. c.* × *S. appendiculata* = *S. macrophylla* A. Kerner (1860, *capr.* > *app.*). — Syn.: *S. attenuata* A. Kerner (1860, *app.* > > *capr.*); *S. dendroides* A. et J. Kerner (1867, *app.* > *capr.*). — NÖ, OÖ, St, Sb, Ti (auch OTi), Vb. — Häufig.

23 × 26. *S. c.* × *S. aurita* = *S. capreola* A. Kerner. — NÖ, OÖ, St, Sb, NTi, Vb.

23 × 27. *S. c.* × *S. cinerea* = *S. Reichardtii* A. Kerner (1860). — NÖ, OÖ, St, Sb, NTi, Vb (zieml. hfg.).

23 × 27 × 32. *S. c.* × *S. cinerea* × *S. viminalis*, siehe *S. dasyclados* (Nr. 31).

23 × 28. *S. c.* × *S. daphnoides* = *S. Erdingeri* J. Kerner (1861, *daphn.* > *capr.*). — Syn.: *S. cremsensis* A. et J. Kerner (1869, *capr.* > > *daphn.*). — NÖ, OÖ, NTi, Vb.

23 × 28 × 32. *S. c.* × *S. daphnoides* × *S. viminalis* = *S. baltica* Lackschewitz, Balten-W. — Wird in Deutschland als Flechtweide wie *S. dasyclados* (Nr. 31 = 23 × 27 × 32) kultiviert. Ob auch in Österreich?

23 × 30. *S. c.* × *S.* Elaeagnos = *S.* Flueggeana Willd. (1805). — Syn.: *S. Kanderiana* Seringe (1808); *S. Seringeana* Gaud. (1815); *S. lanceolata* Seringe (1815) [non Sm. 1828, non Wimm. 1860]; *S. hircina* J. Kerner (1864, *El.* > *capr.*), siehe auch *S. cinerea* × × *S. Elaeagnos* (27 × 30). — NÖ, OÖ, Kt?, NTi, mßg. hfg.; auch kult.

23 × 32. *S. c.* × *S.* viminalis = *S.* Smithiana Willd. (1809), Smith-W. — Syn.: *S. capreaeformis* Wimm. (1849, *capr.* > *vim.*); *S. neisseana* A. Kerner (1860, intermed. vel *capr.* > *vim.*); *S. sericans* Tausch apud A. Kerner (1860, intermed.); *S. Hostii* A. Kerner (1860, *vim.* > *capr.*); *S. vratislaviana* A. Kerner (1860, *vim.* > *capr.*); *S. mollissima* Sm. (1804 partim, non Ehrh. 1791) (partim = *S. cinerea* × *viminalis*). — NÖ, OÖ; auch nicht selten kultiviert; dient auch als Bienen-W. — Ein artgewordener Bastard der vorstehenden Kombination soll nach Heribert Nilsson die *S. cinerea* (Nr. 27) sein, was von anderer Seite, z. B. Alfred Neumann, bestritten wird.

23 × 35. *S. c.* × *S.* repens = *S.* scandica Rouy (1904). — Syn.: *S. Laschiana* Zahn 1905. — NTi, Vb. — Zweifelhaft!

23 × 36. *S. c.* × *S.* purpurea = *S.* Wimmeriana Gren. et Godr. (1855). — Syn.: *S. mauternensis* A. Kerner (1860); *S. Traunsteineri* A. Kerner (1868, *capr.* > *purp.*); *S. discolor* Host (1828), non Muhlbg. (1803), — NÖ, OÖ, St, Kt, Ti.

24. *S.* appendiculata (= *S. grandifolia*). — Siehe *S. Waldsteiniana* (15), *S. helvetica* (16), *glabra* (19), *nigricans* (22), *caprea* (23); ferner:

24 × 26. *S. app.* × *S.* aurita = *S.* limnogena A. Kerner (1864). — NÖ, St, NTi, Vb.

24 × 27. *S. app.* × *S.* cinerea = *S.* scrobigera Wołoszczak (1886). — NÖ, OÖ, St, NTi, Vb. — Selten. Manche Angaben beziehen sich vielleicht auf stark behaarte Formen von *S. appendiculata.*

24 × 30. *S. app.* × *S.* Elaeagnos = *S.* intermedia Host (1828). — Syn.: *S. oenipontana* A. et J. Kerner (1867, *app.* > *El.*). — NÖ, OÖ, St, Kt, Sb, NTi, Vb.

24 × 35. *S. app.* × *S.* repens = *S.* proteïfolia Forbes. — St, NTi (Seefeld), Vb. — Sehr selten, wohl zweifelhaft.

24 × 36. *S. app.* × *S.* purpurea = *S.* austriaca Host (1828, *purp.* > > *app.*). — Syn.: *S. Neilreichii* A. Kerner (1860, *app.* > *purp.*); *S. sphaerocephala* A. Kerner (1864, intermed.); *S. intercedens* Beck (1890). — NÖ, OÖ, St, NTi, Vb.

26. *S.* aurita. — Siehe *S. Waldsteiniana* (15), *nigricans* (22), *caprea* (23), *appendiculata* (24); ferner:

26 × 27. *S. aur.* × *S.* cinerea = *S.* multinervis Döll (1859). — Syn.: *S. lutescens* A. Kerner (1860). — NÖ, OÖ, St, Sb, Vb.

26 × 30. *S. aur.* × *S.* Elaeagnos = *S.* patula Seringe (1815). — Syn.: *S. pallida* Forb., non Willd.; *S. oleaefolia* Anderss., non Vill. — OÖ, NTi (slt.); soll auch als Ziergehölz kult. werden.

26 × 32. *S. aur.* × *S.* viminalis = *S.* fruticosa Döll (1859). — OÖ (Wilhering).

26 × 35. *S. aur.* × *S. repens* = *S. ambigua* Ehrh. (1791). — Syn.: *S. plicata* Fries 1817; *S. globosa* A. Kerner (1860, *repens* > *aur.*). — NÖ, Kt, Sb, NTi, Vb.

26 × 35 C. *S. aur.* × *S. repens* subsp. *rosmarinifolia* = *S. Sonderiana* Junge (zw. 1901 u. 1905). — Syn.: *S. Krašanii* Hayek 1909*). — OÖ.

26 × 36. *S. aur.* × *S. purpurea* = *S. dichroa* Döll (1859). — Syn.: *S. auritoides* A. Kerner (1860, *aur.* > *purp.*); *S. Murrii* Wołoszczak (1898, *purp.* > *aur.*); ? *S. Kochiana* Hartig (1850)?, non Trautvetter (1836). — NÖ, OÖ, St, NTi.

27. *S. cinerea*. — Siehe *S. breviserrata* (12), *nigricans* (22), *caprea* (23), *appendiculata* (24), *aurita* (26); ferner:

27 × 28. *S. cin.* × *S. daphnoides* = *S. Mariana* Wołoszczak (1888). — St (St. Marein), Vb (Frastanz), s. slt. — Zweifelhaft.

27 × 30. *S. cin.* × *S. Elaeagnos* = *S. capnoides* A. et J. Kerner (1869). — (Die von ihrem Autor hierher gestellte *S. hircina* J. Kerner (1864) wird jetzt ziemlich allgemein zu *S. caprea* × *Elaeagnos* gerechnet.) — NÖ, NTi, s. slt.

27 × 32. *S. cin.* × *S. viminalis* = *S. holosericea* Willd. (1796, 1806). — Syn.: *S. nitens* Gren. et Godr. (1855); *S. Zedlitziana* A. Kerner (1860); *S. canthiana* A. Kerner (1860, *cin.* > *vim.*). — NÖ, OÖ, St, Kt. — Auch *S. dasyclados* Wimm. (Nr. 31) wurde von manchen irrtümlich hierher gerechnet.

27 × 35. *S. cin.* × *S. repens* = *S. subsericea* Döll (1859). — St, NTi, Vb. — Zweifelhaft.

27 × 36. *S. cin.* × *S. purpurea* = *S. Pontederana* Willd. (1805). — Syn.: *S. sordida* A. Kerner (1860, *cin.* > *purp.*); *S. Rákosiana* Borb. (1883, *purp.* > *cin.*). — NÖ, OÖ, St, NTi.

28. *S. daphnoides*. — Siehe *S. triandra* (4), *nigricans* (22), *caprea* (23), *cinerea* (27); ferner:

28 × 30. *S. d.* × *S. Elaeagnos* = *S. Reuteri* Moritzi (1844, 1847). — Syn.: *S. Wimmeri* A. Kerner (1852). — NÖ, OÖ, Sb, NTi, Vb.

28 × 32. *S. d.* × *S. viminalis* = *S. digenea* J. Kerner (1874). — Syn.: *S. Gremliana* Schwaiger (1893). — NÖ (Krems), s. slt.

28 × 36. *S. d.* × *S. purpurea* = *S. calliantha* J. Kerner (1865, *purp.* > *daphn.*). — NÖ, St, NTi, slt.; zuweilen als Ziergehölz kult.

30. *S. Elaeagnos* (= *S. incana*). — Siehe *S. nigricans* (22), *caprea* (23), *appendiculata* (24), *aurita* (26), *cinerea* (27), *daphnoides* (28); ferner:

30 × 32. *S. E.* × *S. viminalis* = *S. Kerneri* Erdinger (1865). — NÖ (Krems), s. slt.

30 × 35. *S. E.* × *S. repens* = *S. subalpina* Forbes (1828). — St (Ramsau bei Schladming), Vb (Mauren), slt.

30 × 36. *S. E.* × *S. purpurea* = *S. Wichurae* Pokorny (1864 [non Anderss. 1867], *purp.* > *El.*). — Syn.: *S. bifida* Wulf. (1858, *El.* > > *purp.*). — NÖ, OÖ, St, Kt, NTi.

---

*) Der steirische Fundort (Praßberg) liegt jetzt in Jugoslawien.

32. *S. viminalis.* — Siehe *S. triandra* (4), *caprea* (23), *aurita* (26), *cinerea* (27), *daphnoides* (28), *Elaeagnos* (30); ferner:

32 × 35. *S. v.* × *S. repens* = *S. Friesiana* Andersson (1763). — Syn.: *S. angustifolia* Fries (1832, non Willd. 1806). — NÖ (Moosbrunn).

32 × 36. *S. v.* × *S. purpurea* = *S. Helix* L. (1753). — Syn.: *S. rubra* Huds. (1762); *S. fissa* Hoffmann (1787); *S. elaeagnifolia* Tausch (vor 1824, *vim.* > *purp.*); *S. Forbyana* Sm. (1828, *purp.* > *vim.*); *S. angustissima* Wimm. (1866). — Nom.: Grapengiesser 1955. — NÖ, OÖ, Kt. — Nicht selten. Wird auch als gute Flechtweide und zur Verfestigung von Uferböschungen kultiviert. — Hierher gehört vielleicht auch *S. bregensis* Strauß, die Ulbrich-Weide. — Siehe auch Nr. 33.

34 × 36. *S. cordata* × *S. purpurea.* — Grundlage neuerer Züchtungen von Flechtweiden, welche die wertvollen Eigenschaften der beiden Stammeltern verbinden sollen.

35. *S. repens.* — Siehe *S. Waldsteiniana* (15), *nigricans* (22), *caprea* (23), *appendiculata* (24), *aurita* (26), *cinerea* (27), *Elaeagnos* (30), *viminalis* (32); ferner:

35 × 36. *S. r.* × *S. purpurea* = *S. Doniana* Sm. (1828, *eu-repens* × × *purp.*). — Syn.: *S. parviflora* Host (1828, *rosmarinifolia* × *purp.*). — NÖ, OÖ, St, NTi, Vb.

36. *S. purpurea.* — Siehe *S. Waldsteiniana* (15), *nigricans* (22), *caprea* (23), *appendiculata* (24), *aurita* (26), *cinerea* (27), *daphnoides* (28), *Elaeagnos* (30), *viminalis* (32), *repens* (35).

Namensverzeichnis zur Gattung *Salix.*

4. Ordnung. *Urticales*, Nesselartige.

1. Familie. *Moraceae*, Maulbeergewächse.

Gliederung der Familie.

Unterfamilie I. *Moroideae: Morus, Broussonetia.*
Unterfamilie II. *Artocarpoideae: Ficus.*

1. *Morus* L., Maulbeerbaum.

1. *M. alba* L., Weißer M. — Als Zier- und Nutzbaum (Seidenraupenfutter) kult. (verbr.), slt. verw. — Früchte genießbar, doch minderwertig. — Hmt.: China.
2. *M. rubra* L., Roter M. — Als Zier- und Obstbaum kult. (slt.). — Hmt.: NAm.
3. *M. nigra* L., Schwarzer M. — Als Zier- und Obstbaum kult. (verbr.), s. slt. verw. — Hmt.: SWAs.

2. *Broussonetia* Vent., Papiermaulbeerbaum.

B. papyrifera (L.) Vent., Gewöhnlicher P. — Als Zierbaum kult.; die festen Bastfasern sind zur Papiererzeugung geeignet. — Hmt.: Japan.

3. *Ficus* L., Feigenbaum.

F. Carica L., Echter F. — Kult., slt. und nur in sehr warmen Lagen, so in St (Gams bei Stainz). Sehr slt. verw. (meist Jungpflanzen), so in NÖ, St, Vb.

2. Familie. *Cannabaceae*, Hanfgewächse.

1. *Humulus* L., Hopfen.

Kulturgeschichte.

Werneck-Willingrain H. L. v., Beiträge zur Geschichte des Hopfenbaues und Brauwesens in der alten bayerischen Ostmark (Österreich). Allgemeine Brauer- und Hopfen-Zeitung, Nürnberg, 74. Jahrg., 1933. 19 Seiten.

1. *H. Lupulus* L., Gewöhnlicher H. — Verbr. — Auen, feuchte Gebüsche, an Ufern, von der Ebene bis in die Voralpentäler, mßg. hfg. Auch für Brauzwecke kult., so bes. in OÖ (Mühlkreis), St (Leutschach, Bezirk Leibnitz), NTi (Lechgebiet), früher auch Kt (Bezirk St. Veit a. d. Glan) und (vor 1938) im südl. Bgl (Jormannsdorf, Bezirk Oberwart).
2. *H. japonicus* Sieb. et Zucc., Japanischer H. — Als Zierpfl. kult.; mitunter vorübergehend verw., so St (Graz), NTi (mehrfach). — Hmt.: China, Japan.

2. *Cannabis* L., Hanf.

C. sativa L., Gewöhnlicher H. — Als Faser- und Ölpflanze kult. (verbr); mitunter verw. — Hmt.: westl. Mittel-Asien und Indien. — Dazu:

b) var. *indica* (Lam.) Pers., Indischer H. — Syn.: *C. indica* Lam. — Als Heilpfl. selt. kult., so in NÖ (Korneuburg).

3. Familie. *Ulmaceae,* Ulmengewächse.

Gliederung der Familie.

Unterfamilie I. *Ulmoideae: Ulmus.*
Unterfamilie II. *Celtoideae: Celtis.*

1. *Ulmus* L., Ulme, Rüster.

Systematik.

Schneider C., Beiträge zur Kenntnis der Gattung *Ulmus.* ÖBZ, 66, 1916: 21—34, 65—82.

Gliederung der Gattung.

Sektion 1. *Madocarpus: U. carpinifolia, scabra.*
Sektion 2. *Blepharocarpus: U. laevis.*

1. *U. carpinifolia* Gleditsch, Feld-U. (R.). — Syn.: *U. campestris* L. partim, emend. Huds. (nomen ambiguum); *U. glabra* Mill.; *U. foliacea* Gilib.; *U. suberosa* Moench s. l. — Nom.: Rep. 46: 98; Rep. 52: 174. — Verbr. — Auen, Wälder, Gebüsche und trockene Hügel niederer Lagen bis in die Bergstufe, slt. höher, mßg. hfg., bodenvag bis etwas kalkliebend; auch als Ziergehölz kult. — Dazu:
   b) var. *suberosa* (Moench) Rehder, Kork-U. — Syn.: *U. suberosa* Moench s. str; *U. campestris* L. var. *suberosa* (Moench) Wahlenbg.; *U. glabra* Mill. var. *suberosa* (Moench) Gürke. — Nicht selten.
2. *U. scabra* Mill., Berg-U. (R.). — Syn.: *U. montana* With.; *U. glabra* Huds., non Mill. (nomen confusum); *U. campestris* L. partim (nomen ambiguum). — Nom.: Rep. 46: 98. — Verbr. — Auen, schattig-feuchte Wälder, Bachufer, von niederen Lagen bis in die untere Voralpenstufe, mßg. hfg.; bodenvag bis etwas kalkliebend. Als Zier und Forstbaum kult.
3. *U. laevis* Pallas, Flatter-U. (R.) — Syn.: *U. effusa* Willd.; *U. pedunculata* Foug. — NÖ, OÖ, St, Kt, Sb., sonst auch als Zierbaum kult. — Auen und feuchte Wälder niederer Lagen, zerstr.

Bastard.

1 × 2. *U. carpinifolia* × *U. scabra* = *U. hollandica* Mill., Holland-U. (R.). — Syn.: *U. Dippeliana* C. Schneid. — Häufig kult. in West-Europa; wildwachsend nicht sicher bekannt.

2. *Celtis* L., Zürgelbaum.

1. *C. occidentalis* L., Amerikanischer Z. — Als Zierbaum in wärmeren Lagen öfters kult.; slt. halb verw. — Hmt.: östl. NAm.
2. *C. australis* L., Europäischer Z. — Slt. in warmen Lagen als Zierbaum, so in NÖ, oder als Forstbaum kult., so im Bgl (Bezirk Neusiedl, wenig). — Hmt.: SEur., KlAs., NAfr.

4. Familie. *Urticaceae,* Nesselgewächse.

Gliederung der Familie.

Tribus 1. *Parietarieae: Parietaria.*
Tribus 2. *Boehmerieae: Boehmeria.*
Tribus 3. *Urereae: Urtica.*

1. *Parietaria* L., Glaskraut.

Systematik.

Jarmolenko A. V., in Komarov V. L., Flora U. R. S. S., 5, 1936: 398—405.
Paclt J., Über die Identität von *Parietaria ramiflora* Moench mit *Parietaria erecta* Mertens et Koch (= *P. officinalis* L.). Phyton, 4, 1952: 46—50. [Die Auffassung Paclts wurde von H. Scholz mit stichhältigen Gründen widerlegt.]
— Nachtrag zu meiner *Parietaria*-Studie. Phyton 5, 1954: 242—246.
Scholz H., *Parietaria erecta* Mertens et Koch und *Parietaria ramiflora* Moench. Phyton, 6, 1955: 31—32. [Daselbst weiteres Schrifttum. Die nachstehend gebrauchte Benennung der Arten folgt der Auffassung von Scholz.]

1. *P. erecta* Mertens et Koch (1823), Aufrechtes G. — Syn.: *P. officinalis* Willd. (1805) et auct. plur., vix L. (1753, nomen ambiguum). — Verbr. — Auen, feuchte Wälder, Ödland, vorwiegend in niederen Lagen; zerstr., in einzelnen Gegenden hfg., z. B. Donauauen.

2. *P. ramiflora* Moench (1794), Ästiges G. — Syn.: *P. officinalis* L. (1753) et auct. partim (nomen ambiguum); *P. vulgaris* Hill (1756, nicht rechtsgültig); *P. judaica* Willd. (1805) et auct. partim, non Strand (1759, quae est planta orientalis); *P. diffusa* Mert. et Koch (1823). — Eingeschleppt in St (Grazer Schloßberg). — Hmt.: S- u. WEur., WAs.

2. *Boehmeria* Jacq.. Ramiepflanze.

B. nivea (L.) Hook. et Arn., Weiße Ramiepflanze. — Wurde während des ersten Weltkrieges versuchsweise als Faserpflanze kult. — Hmt.: OAs.

3. *Urtica* L., Brennessel.

1. *U. dioica* L., Gewöhnliche (Große) B. — Verbr. u. hfg. — Ödland, Auen, feuchte Wälder, Gärten, stickstoffreiche Stellen, s. hfg., bis in die Alpenstufe ansteigend. — Wurde während des ersten Weltkrieges versuchsweise als Faserpfl. kult.

2. *U. kioviensis* Rogowitsch. Sumpf-B. — Syn.: *U. Bollae* Kanitz; *U. radicans* Bolla, non Swartz, nec aliorum; *U. dioica* L. subsp. *Bollae* (Kanitz) Domin. — Nom.: Soó 1954. — NÖ (Sümpfe an der unteren March), s. slt.; für Bgl nicht nachgewiesen; aber im Hanság, nahe der burgenländischen Grenze, häufig (im Röhricht).

3. *U. urens* L., Kleine B. — Verbr. — Ödland und Gärten, hfg., von der Ebene bis in die Voralpen.

4. *U. pilulifera* L., Pillen-B. — S. slt. vorübergehend eingeschleppt: St (bei Graz, vor sehr langer Zeit). — Die var. *Dodartii* (L.) Aschers. ehedem in OÖ (bei Linz) mehrere Jahre hindurch aus Kulturen verwildert, aber längst wieder verschwunden. — Hmt.: Mittelmeergebiet, WEur., SAs.

Bastard.

1 × 3. *U. dioica* × *U. urens* = *U. oblongata* Koch. — Slt.

5. Ordnung. *Santalales*, Sandelartige.

1. Familie. *Santalaceae*, Sandelgewächse.

Systematik.

Ascherson P. und Graebner P., *Santalaceae*, in: Synopsis der mitteleuropäischen Flora, Bd. IV: 641—664. 1912.
Pilger R., in Pfl.fam., 2. Aufl., Bd. 16 b: 52—91, Leipzig 1935.

Thesium L., Bergflachs, Vermeinkraut.

Gliederung der Gattung.

Series a) *Linophylla: Th. bavarum* bis *Th. Dollineri.*
Series b) *Ebracteata: Th. ebracteatum, rostratum.*
Series c) *Pratensia: Th. pyrenaicum* bis *Th. alpinum.*

1. *Th. bavarum* Schrank, Großer B. — Syn.: *Th. montanum* Ehrh. — Verbr. (fehlt Sb, Vb). — Trockene Wiesen und lichte Wälder der Bergstufe und unteren Voralpenstufe, zerstr.

2. *Th. Linophyllon* L., Gewöhnlicher B., Mittlerer B. — *Th. intermedium* Schrad. — Verbr. (fehlt Vb). — Trockenrasen und trockene Wiesen von der Ebene bis in die Voralpen, mßg. hfg.

3. *Th. ramosum* Hayne, Ästiger B. — Bgl, NÖ, OÖ. — Trockene Wiesen, vorwiegend im pannonischen Gebiet, zerstr.; in OÖ s. slt.

4. *Th. Dollineri* Murbeck, Niedriger B. — Syn.: *Th. humile* auct., non L. — Bgl, NÖ. — Trockene Wiesen des pannon. Gebietes zerstreut.

5. *Th. ebracteatum* Hayne, Vorblattloser B. — NÖ Wiener Becken). — Trockene bis mäßig feuchte Wiesen. — Hauptverbreitung: SOEur., doch auch bis Dänemark und NWDeutschland.

6. *Th. rostratum* Mert. et Koch, Schnabelfrucht-B. — Kt, Sb, Ti, Vb. — Trockenwiesen, Heiden und lichte Wälder, s. zerstr.

7. *Th. pyrenaicum* Pourr., Wiesen-B. — Syn.: *Th. pratense* Ehrh. — Verbr. — Trockene Wiesen und lichte Wälder, bes. in der Berg- und Voralpenstufe, s. zerstr.

8. *Th. grandiflorum* (A. DC.) Hand.-Mazz., Großblütiger B. — Syn.: *Th. refractum* Brügg., non C. A. Mey.; *Th. pratense* Ehrh. var. *grandiflorum* A. DC. — Syst. u. Nom.: ÖBZ, 91: 230. — OÖ, Kt, Sb, Ti (auch OTi). — Voralpenwiesen.

9. *Th. tenuifolium* Saut., Schmalblatt-B. — Syn.: *Th. alpinum* L. var. *tenuifolium* (Saut.) A. DC. — Verbr. (fehlt Bgl). — Steinige, grasige Stellen, bes. der Voralpen, doch auch in tieferen Lagen.

10. *Th. alpinum* L., Alpen-B. — Verbr. — Steinige, grasige Stellen, in der Voralpen- und Alpenstufe ziemlich häufig, in der Bergstufe seltener; kalkliebend.

Bastard.

2 × 3. *Th. Linophyllon* L. × *Th. ramosum* Hayne = *Th. hybridum* Beck. — NÖ (Diernberg bei Falkenstein, nur einmal beobachtet).

2. Familie. *Loranthaceae,* Mistelgewächse.

Systematik und Ökologie.

Ascherson P. und Graebner P., *Loranthaceae,* in: Synopsis der mitteleuropäischen Flora, Bd. IV: 664—676. 1912.
Engler A. und Krause K., in Pfl.fam., 2. Aufl., Bd. 16 b: 98—203, Leipzig 1935.
Wangerin W. und Buxbaum F., in Kirchner O., Loew E. und Schröter C., Lebensgeschichte der Blütenpflanzen Mitteleuropas, Bd. II, 1. Abt. (Liefg. 57) 1938: 1145—1231.

Gliederung der Familie.
Unterfamilie I. *Loranthoideae: Loranthus.*
Unterfamilie II. *Viscoideae: Viscum.*

1. *Loranthus* L., Riemenmistel, Eichenmistel.

Vogelleim.

Schiller F., Zur Kenntnis der Frucht von *Viscum album* und *Loranthus europaeus* und der Gewinnung von Vogelleim. Sitzber. Akad. Wiss. Wien, m.-n. Kl., Abt. I, 137, 1928: 243—258. [Brauchbarer Vogelleim kann nur aus *Loranthus europaeus*, nicht auch aus *Viscum album* gewonnen werden.]

L. europaeus L., Europäische R., E. — Bgl, NÖ, OÖ. (Nicht in österr. St.) — Auf Eichen, bes. auf *Quercus Cerris*, aber auch auf *Qu. Robur, petraea* und *pubescens*, ferner auf *Castanea sativa*. Im pannonischen Gebiet hfg., sonst sltner, in OÖ s. slt. (nur Pasching bei Linz, nach Rohrhofer 1939). Hauptverbreitung: SOEur., Kleinasien.

2. *Viscum* L., Mistel.

Systematik.

Tubeuf K. Frh. v., Monographie der Mistel. München 1923, 832 Seiten.
Vogelleim: siehe unter *Loranthus*.

V. album L., Gewöhnliche M. — Verbr. — Von der Ebene bis in die untere Voralpenstufe. — Gliedert sich in drei Unterarten, die auch als Arten bewertet werden, nämlich:

A. subsp. *album* (L.), Laubholz-M. — Syn.: subsp. *Mali* (Tubeuf) Janchen; var. *platyspermum* Rob. Keller; var. *Mali* Tubeuf; *V. album* L. s. str. — Nom.: ÖBZ. 91: 231. — Auf Laubhölzern; verbr., zieml. hfg.

B. subsp. *Abietis* (Wiesbaur) Abromeit, Tannen-M. — Syn.: var. *Abietis* (Wiesb.) Beck; *V. Abietis* (Wiesb.) Fritsch; *V. laxum* Boiss. et Reut. subsp. *Abietis* (Wiesb.) Schwarz; *V. laxum* Boiss. et Reut. var. *Abietis* (Wiesb.) Hayek. — Nom.: Phyt. 2: 74. — Auf Tanne; verbr., zerstr.

C. subsp. *austriacum* Vollmann (1914), Föhren-M. — Syn.: subsp. *Pini* (Wiesbaur) Abromeit (1924); var. *microphyllum* Casp.; var. *laxum* (Boiss. et Reut.) Fiek; var. *Pini* (Wiesb.) Tubeuf; *V. laxum* Boiss. et Reut.; *V. austriacum* Wiesb.; *V. laxum* Boiss. et Reut. subsp. *Pini* (Wiesb.) Schwarz; *V. laxum* Boiss. et Reut. var. *Pini* (Wiesb.) Hayek. — Nom.: Phyt. 2: 74. — Auf Föhren (*Pinus silvestris* und *P. nigra*), s. slt. auf Fichte; verbr. (fehlt Vb), in wärmeren Lagen zieml. hfg.

6. Ordnung. *Polygonales*, Knöterichartige.

Familie *Polygonaceae*, Knöterichgewächse.

Systematik.

Ascherson P. und Graebner P., *Polygonaceae*, in: Synopsis der mitteleuropäischen Flora, Bd. IV: 692—881. 1912—1913.

Gliederung der Familie.

Unterfamilie I. *Rumicoideae.*
Tribus 1. *Rumiceae: Rumex.*
Tribus 2. *Rhabarbareae: Oxyria, Rheum.*

Unterfamilie II. *Polygonoideae.*
Tribus 3. *Polygoneae: Polygonum, Tiniaria, Fagopyrum.*

1. *Rumex* L., Ampfer.

Durchgesehen und verbessert von K. H. Rechinger (Wien).

Systematik der ganzen Gattung.

Rechinger K. H. fil., Vorarbeiten zu einer Monographie der Gattung *Rumex.* VII. *Rumices* asiatici. Candollea 12, 1949: 9—152. [Hier findet sich die neueste Fassung der Gattungsgliederung.]

Systematik der Untergattungen *Acetosella* und *Acetosa.*

Danser B. H., Bijdrage tot de kennis van eenige *Polygonaceae.* Nederl. Kruidk. Archief, 1920 (ersch. 1921): 208—250. [Behandelt besonders *Rumex Acetosella, R. Acetosa* und *R. auriculatus* (eigene Art).]

Löve A., *Rumex tenuifolius* (Wallr.) Löve, spec. nova. Botan. Notiser, 1941: 99—101.

— Études cytogénétiques des *Rumex.* II. Polyploidie géographique systématique du *Rumex* subgenus *Acetosella.* Botan. Notiser, 1941: 155—172. [Behandelt *R. angiocarpus* Murbeck (diploid), *R. tenuifolius* (Wallr.) Löve (tetraploid) und *R. Acetosella* L. (hexaploid).]

— The dioeceous forms of *Rumex* subgenus *Acetosa* in Scandinavia. Botaniska Notiser, 1944: 237—254.

— in 8e Congr. Botan. Rapp., 9—10, 1954: 59—66. [Betrifft die Polyploid-Reihen in den Verwandtschaftskreisen von *R. Acetosella* und *R. Acetosa.*]

Rechinger K. pater, Beitrag zur Kenntnis der Gattung *Rumex.* ÖBZ, 41, 1891: 400—403; 42, 1892: 17—20, 50—53. [Hier wird *R. angiocarpus* für Österreich nachgewiesen.]

Systematik der Untergattung *Lapathum.*

Bihari Gy., *Rumex pseudonatronatus* Borb. Botan. Közlemények, 13, 1914: 58—62 und (31)—(34).

Danser B. H., Over *Rumex fennicus, Rumex Weberi* en *Rumex Schreberi.* Nederl. Kruidk. Archief, 1916: 161—176.

Fritsch K., Floristische Notizen VIII. Über *Rumex Heimerlii* Beck und einige andere angebliche Tripelbastarde aus der Gattung *Rumex.* ÖBZ, 67, 1918: 249—252.

Murbeck Sv., Die nordeuropäischen Formen der Gattung *Rumex.* Botan. Notiser, 1899: 1—42. [Behandelt u. a. *R. pseudonatronatus* = *R. fennicus.*]

— Zur Kenntnis der Gattung *Rumex.* Botan. Notiser, 1913: 201—237. [Behandelt u. a. die Nomenklatur von *R. pseudonatronatus* (Borb.) Murbeck 1899. Der Name *R. fennicus* Murbeck wurde zwar gleichzeitig, aber nur als Subspezies-Name aufgestellt und erst später zum Spezies-Namen erhoben.]

Rechinger K. pater, Studien über die Gattung *Rumex.* Annal. Naturhist. Mus. Wien, 36, 1923: 152—159.

— Drei neue *Rumex*-Formen. ÖBZ, 72, 1923: 429. [Behandelt u. a. die neuen Bastarde *R. salicetorum* und *R. Degenii.*]

— Neue Hybriden aus den Gattungen *Rumex* und *Cynoglossum.* Annal. Naturhist. Mus. Wien, 38, 1924 (1925): 150—152. [*R. Peisonis* Rechgr. = *R. paluster* × *R. Patientia,* aus dem Bgl.]

— Über *Rumex pannonicus* Rech., *tricallosus* Borb. und *dacicus* Reching. Repert. spec. nov., 22, 1926: 184—186. [*R. pannonicus* (NÖ: Moosbrunn, Velm) ist nicht *R. Patientia* × *R. stenophyllus,* sondern *R. Patientia* × *R. obtusifolius* s. l. — *R. Patientia* × *R. crispus* (= *R. confusus* Simk.) wächst im Bgl (Illmitz, Podersdorf).]

Rechinger K. H. fil., Vorarbeiten zu einer Monographie der Gattung *Rumex.* I. Beihefte Botan. Ctrbl., 49, 1932, Abt. 2: 1—128. [Behandelt auf Seite 25—41 *R. pulcher,* auf S. 41—65 *R. obtusifolius* und seine 4 Unterarten.]

— Vorarbeiten usw. II. Repert. spec. nov., 31, 1933: 225—283. [Behandelt u. a. *R. Patientia* L. (S. 246—257) und *R. Kerneri* Borb. (S. 240—245).]

Gliederung der Gattung.

Untergattung I. *Acetosella.*
Sektion 1. *Acetosellae: R. Acetosella, tenuifolius, angiocarpus.*

Untergattung II. *Acetosa.*
Sektion 2. *Scutati: R. scutatus.*
Sektion 3. *Eu-Acetosae: R. Acetosa, ambiguus, thyrsiflorus, arifolius, nivalis.*
Untergattung III. *Lapathum.*
Sektion 4. *Axillares.*
Untersektion 4 a) *Salicifolii: R. triangulivalvis.*
Sektion 5. *Simplices.*
Untersektion 5 a) *Longifolii: R. pseudonatronatus* (= *fennicus*).
Untersektion 5 b) *Aquatici: R. aquaticus.*
Untersektion 5 c) *Alpini: R. alpinus.*
Untersektion 5 d) *Conferti: R. confertus.*
Untersektion 5 e) *Patientiae: R. Patientia, Kerneri, cristatus.*
Untersektion 5 f) *Crispi: R. crispus.*
Untersektion 5 g) *Stenophylli: R. stenophyllus.*
Untersektion 5 h) *Conglomerati: R. conglomeratus, sanguineus.*
Untersektion 5 i) *Hydrolapatha: R. Hydrolapathum.*
Untersektion 5 j) *Obtusifolii: R. obtusifolius, pulcher.*
Untersektion 5 k) *Maritimi: R. paluster, maritimus.*
Sektion 6. *Platypodium: R. bucephalophorus.*

1. *R. Acetosella* L., Kleiner Sauerampfer, Zwerg-Sauerampfer. — Syn.: *R. Acetosella* L. subsp. *Acetosella* (L.) Schwarz. — Verbr. (fehlt Vb). — Trockene Wiesen, Brachen, Ödland, meist hfg.; vom Tiefland bis in die alpine Stufe; kalkfeindlich. — Schwach giftig (Oxalsäure). — Dazu: b) var. *multifidus* (L.) D C. — Syn.: *R. multifidus* L. — Zerstreut, mit dem Typus.

2. *R. tenuifolius* (Wallr.) Löve, Schmalblättriger Zwergsauerampfer. — Syn.: *R. Acetosella* L. subsp. *tenuifolius* (Wallr.) Schwarz; *R. Acetosella* L. var. *tenuifolius* Wallr. — NÖ (Egelsee bei Krems), OÖ (Welser Heide), wohl weiter verbreitet, aber von *R. Acetosella* nicht unterschieden, z. B. sehr wahrscheinlich im Marchfeld. — Standorte wie *R. Acetosella,* aber vorzugsweise auf mageren, besonders sandigen Böden. — Hptverbrtg.: N- u. NOEur.

3. *R. angiocarpus* Murbeck, Verwachsenfrüchtiger Zwergsauerampfer. — Syn.: *R. Acetosella* L. subsp. *angiocarpus* Murbeck; *R. Acetosella* L. var. *angiocarpus* (Murb.) Čelak. — Bgl, NÖ, OÖ, Kt; vielleicht weiter verbreitet, aber von *R. Acetosella* nicht unterschieden. — Standorte wie *R. Acetosella,* aber vorzugsweise in wärmeren Gegenden und Lagen. — Hptverbrtg.: W- u. SWEur.

4. *R. scutatus* L., Schild-Ampfer. — Voralp. (verbr., fehlt Bgl), zieml. hfg. — Schuttfluren der höheren Voralpenstufe und der Krummholzstufe; kalkhold. — Dazu:
   b) var. *hortensis* Gaud., Französischer Sauerampfer oder Römischer Sauerampfer. — Als Gemüsepflanze hfg. kult.

5. *R. nivalis* Hegetschw., Schnee-Ampfer. — Alp. (fehlt NÖ, Kt). Nördl. Kalkalpen zerstr., Zentralalpen slt. — Schuttfluren, steinige Matten; obere Voralpenstufe und alpine Stufe; kalkhold.

6. *R. Acetosa* L., Wiesen-Sauerampfer. — Syn.: *R. Acetosa* L. subsp. *pratensis* (Mill.) Blytt et Dahl; *R. Acetosa* L. var. *pratensis* (Mill.) Wallr. — Verbr. — Mäßig feuchte Wiesen, sehr häufig; Tiefland bis untere Voralpenstufe; bodenvag. — Schlechtes Futter (Oxalsäure).

7. *R. ambiguus* Grenier, Garten-Sauerampfer. — Syn.: *R. hispanicus* Koch, non Gmelin; *R. Acetosa* L. subsp. *ambiguus* (Gren.) Löve; *R. Acetosa* L. var. *hortensis* Dierbach; *R. Acetosa* L. var. *hispanicus* (Koch) Gürke. — Wird als Gemüsepflanze kult. Ist nur als Kulturpflanze bekannt, wahrscheinlich eine Kulturform von *R. Acetosa*.

8. *R. thyrsiflorus* Fingerhuth, Rispen-Sauerampfer. — Syn.: *R. Acetosa* L. subsp. *auriculatus* (Wallr.) Dahl; *R. Acetosa* L. subsp. *thyrsiflorus* (Fingerhuth) Hayek. — Bgl, NÖ, OÖ, St, Vb. — Trockene bis mäßig feuchte Wiesen niederer Lagen, in manchen Gegenden häufig. Vertritt bes. im pannonischen Gebiet den echten *R. Acetosa*. Blüht später als dieser!

9. *R. arifolius* All., Berg-Sauerampfer. — Syn.: *R. montanus* Desf.; *R. Acetosa* L. subsp. *alpestris* (Scop.) Löve. — Voralpen (verbr., fehlt Bgl). — Wiesen, Weiden, Hochstaudenfluren, Läger und Gebüsche in der höheren Voralpenstufe und in der Krummholzstufe, mßg. hfg.; bodenvag. Vertritt in höheren Gebirgslagen den *R. Acetosa* L.

10. *R. triangulivalvis* (Danser) Rechinger fil., Weidenblatt-Ampfer. — Syn.: *R. salicifolius* Weinmann subsp. *triangulivalvis* Danser; *R. salicifolius* auct. mult., non Weinm. — Nom.: Phyt. 5: 71. — Eingeschleppt in NÖ, OÖ, St, s. slt. — Ödland. — Hmt.: NAm.

11. *R. pseudonatronatus* (Borbás) Murbeck, Finnischer Ampfer. — Syn.: *R. fennicus* Murbeck; *R. pseudonatronatus* (Borb.) Murb. subsp. *fennicus* (Murb.) H. Lindbg. fil. — Nom.: Phyt. 2: 74. — Verbrtg.: ÖBZ. 99, 1952: 526. — NÖ (Angern a. d. March). — Hauptverbreitung: Ost- und Nord-Europa, Sibirien (Ungarn, Ost-Schweden, Finnland, europäisches Rußland, Sibirien); eingeschleppt in Holland.

12. *R. aquaticus* L., Wasser-A. — NÖ, OÖ, St, Sb, Ti. — In und an fließenden Gewässern, seltener stehenden Gewässern, nur in niederen Lagen, zieml. slt.

13. *R. alpinus* L., Alpen-A. — Alp. u. Voralp. (verbr., fehlt Bgl), hfg. — Läger und Hochstaudenfluren in der höheren Voralpenstufe und der Krummholzstufe, bodenvag.

14. *R. confertus* Willd. — Eingeschleppt in NÖ (Wien, Floridsdorfer Rangierbahnhof, gegen Leopoldau, 1949). — Hmt.: OEur., WSibir.

15. *R. Patientia* L., Garten-A. — Bgl, NÖ, zerstr.; auch (slt.) als Gemüsepflanze (Blätter) und Heilpflanze (Wurzel) kult. u. verw., auch in and. Bundesländern, so in Sb, Ti, Vb. — Eingeschleppt in St (Graz); vgl. Melzer 1954: 104. — Hauptverbrtg.: Ost-Europa, West-Asien.

16. *R. Kerneri* Borb., Kerners A. — Syn.: *R. confertoides* Bihari; *R. Patientia* × *crispus* Beck in Rchb. Icon., Aschers. et Graebn. — Syst.: Rechgr. fil. 1933. — Eingeschleppt in NÖ (Neuwaldegg, Matzleinsdorfer Bahnhof), OÖ (Linz) und SKt (Mauthen). — Ödland. — Hmt.: Süd-Ungarn, nördliche Balkanländer.

17. *R. cristatus* DC., Griechischer A. — Syn.: *R. graecus* Boiss. et Heldr. — Nom.: Phyt. 2: 74. — Eingeschleppt in NÖ (Wien, Ostbahn 1946). — Hmt.: Griechenland, Kleinasien.

18. *R. crispus* L., Kraus-A. — Verbr. u. hfg. — Ödland, Äcker, Wiesen; Tiefland bis Voralpentäler. — Schwach giftig (Oxalsäure). — Sehr formenreich. Hierher gehören:

b) var. *lingulatus* (Schur) Beck. — Syn.: *R. lingulatus* Schur;

c) var. *strictissimus* Rechgr. pater. — NÖ (Gießhübel, Baumgarten a. d. March).

19. *R. stenophyllus* Ledeb., Schmalblatt-A. — Syn.: *R. odontocarpus* Sándor; *R. biformis* Menyhárt, non Lange. — Nom.: ÖBZ, 91: 231. — Bgl, NÖ, im pann. Geb. zerstr. — Feuchtes Ödland u. Wiesen; salzliebend. — Eingeschleppt in St (Graz). — Hauptverbrtg.: Ost-Europa, von NÖ u. Mähren ostwärts bis Sibirien und Mittel-Asien; erreicht in der Gegend von Wien die Westgrenze des natürl. Verbreitungsgebietes.

20. *R. conglomeratus* Murr., Knäuel-A. — Verbr. u. hfg. — Feuchtes Ödland, Sümpfe, Ufer; Tiefland bis untere Bergstufe.

21. *R. sanguineus* L., Hain-A., Blut-A. — Syn.: *R. nemorosus* Schrad. — Verbr., zieml. hfg. — Feuchte, lichte Wälder und Gebüsche, Auen; nur in niederen Lagen. — Umfaßt zwei Varietäten:

a) var. *viridis* (Sm.) Koch. — Syn.: *R. viridis* Sm.

b) var. *sanguineus* (L.). — Syn.: var. *genuinus* Koch; *R. sanguineus* L. s. str.

22. *R. Hydrolapathum* Huds., Teich-A., Hoher A. — Nom.: Phyt. 2: 74/75. — Verbr., zerstr. — Stehende u. trägfließende Gewässer des Tieflandes.

23. *R. obtusifolius* L., Stumpfblatt-A. — Syst.: Rchgr. fil. 1932. — Nom.: Phyt. 5: 70/71. — Verbr. — Mäßig feuchtes Ödland, Äcker, Wiesen; Tiefland bis untere Voralpenstufe; sehr häufig. — Gliedert sich in folgende vier Unterarten:

A. subsp. *agrestis* (Fries) Čelak. — Syn.: subsp. *Friesii* (Gren. et Godr.) Rechgr. p.; var. *agrestis* Fries; *R. Friesii* Gren. et Godr. — Verbr.; in den westlichen Bundesländern häufig, im Bgl anscheinend selten. — Hauptverbrtg.: WEur. u. westl. MEur.

B. subsp. *transiens* (Simk.) Rechgr. fil. — Syn.: *R. silvestris* (Lam.) Wallr. var. *transiens* Simk. — Verbr. (fehlt Kt, Vb). — Sonstige Verbrtg.: MEur. bis Süd-Skandinavien und nördl. Balkanländer.

C. subsp. *silvester* (Lam.) Čelak. — Syn.: var. *silvester* (Lam.) Fries; *R. silvester* (Lam.) Wallr. — Verbr. (fehlt Vb); in den östlichen Bundesländern häufig. — Hauptverbrtg.: OEur. u. östl. MEur.

D. subsp. *subalpinus* (Schur) Simk. — Syn.: var. *subalpinus* Schur. — Voralp. v. NÖ (Schneeberg); Annäherungsformen (Übergänge zu subsp. *silvester*) in NÖ, Kt, Sb. — Hauptverbrtg.: Gebirge v. SOEur. u. WAsien.

24. *R. pulcher* L., Schöner A. — Davon wächst in Österreich nur:
subsp. *pulcher* (L.). — Syn.: subsp. *eu-pulcher* Rechgr. f. — Eingeschleppt in NÖ (Weikendorf im Marchfeld, 1915, vorübergehend auch andw.) und in St (in und bei Graz). — Vgl. Rechgr. fil. 1932: 25; Melzer 1954: 104. — Heimat: Mittelmeergebiet.

25. *R. paluster* Sm., Sumpf-A. — Syn.: *R. limosus* Thuill.; *R. maritimus* L. subsp. *limosus* (Thuill.) Čelak.; *R. maritimus* var. *paluster* (Sm.) Schldl.; *R. conglomeratus* × *maritimus* G. F. W. Meyer (1836), Beck (1890); Aschers. et Graebn. (1912). — Syst.: Murbeck 1913. — Nom.: Phyt. 5: 70. — Bgl, NÖ, OÖ. — Schlammige Ufer, feuchtes Ödland, feuchte Äcker; zerstr.; nur Tiefland.

26. *R. maritimus* L., Strand-A. — Bgl, NÖ, OÖ, St; zerstr. — Schlammige Ufer, feuchtes Ödland, feuchte Äcker; nur Tiefland.

27. *R. bucephalophorus* L. — Eingeschleppt in St (bei Graz). — Heimat: Mittelmeergebiet. — Vgl. Melzer 1954: 104.

Rumex-Bastarde.

1 × 6. *R. Acetosella* × *R. Acetosa* = *R. acetoselliformis* J. Murr. — Für NTi (bei Innsbruck) angegeben. — Wohl sicher irrtümlich.

5 × 9. *R. nivalis* × *R. arifolius* = *R. Gamsii* J. Murr. — Für Vb angegeben. Nach Rechgr. fil. sicher irrtümlich. Vielleicht ein etwas abweichender *R. arifolius*.

11. *R. pseudonatronatus.*

11 × 18. *R. ps.* × *R. crispus* = *R. salicetorum* Rechgr. pater. — NÖ (Angern a. d. March, nur 1 Stück).

11 × 23 C. *R. ps.* × *R. obtusifolius* subsp. *silvester* = *R. leptophyllus* Murbeck et Rechinger pater — NÖ (Angern a. d. March).

12. *R. aquaticus.*

12 × 18. *R. aqu.* × *R. crispus* = *R. conspersus* Hartm. — Syn.: *R. similatus* Hausskn.; *R. Rechingeri* Blocki; *R. Haussknechtii* Beck. — NÖ (mehrfach), St.

12 × 22. *R. aqu.* × *R. Hydrolapathum* = *R. heterophyllus* K. F. Schultz (1819). — Syn.: *R. maximus* Schreb. (1811), non Gmel. (1806); *R. acutus* K. F. Schultz, non L.; *R. subhydrolapathum* Schatz (1893); *R. Bastelaeri* Beck (1904). — NÖ (mehrfach).

12 × 23. *R. aqu.* × *R. obtusifolius* s. l. = *R. platyphyllos* Aresch. (1862), ältester Name für den ganzen Kreis. — Syn.: *R. Schmidtii* Hausskn. (1885, *R. aqu.* × *R. obtusif.* subsp. *agrestis*, nicht in Österreich). — Dazu folgender Bastard:

12 × 23 C. *R. aqu.* × *R. obtusifolius* subsp. *silvester* = *R. finitimus* Hausskn. (1885). — Syn.: *R. garsensis* Teyber (1905). — Selten: NÖ (Gars), St (Rottenmann, St. Martin a. d. Enns), NTi (Innsbruck).

13. *R. alpinus.*

13 × 23. *R. alp.* × *R. obtusifolius* s. l. = *R. Mezeï* Hausskn. (1885), ältester Name für den ganzen Kreis. — NTi, Vb. — Die beteiligte Unterart des *R. obtusifolius* ist nicht bekannt. — Dazu folgender Bastard:

13 × 23 C. *R. alp.* × *R. obtusifolius* subsp. *silvester* = = *R. austriacus* Teyber (1908). — Selten: NÖ (Voralpe bei Groß-Hollenstein), St (Totes Gebirge). Sb (Hoher Göll).

14. *R. confertus.*

14 × 18. *R. conf.* × *R. crispus* = *R. Skofitzii* Błocki. — NÖ (Wien: Floridsdorfer Rangierbahnhof gegen Leopoldau).

15. *R. Patientia.*

15 × 17. *R. Pat.* × *R. cristatus* = *R. xenogenus* Rechgr. fil. (1947). — NÖ (Ostbahn bei Arsenal).

15 × 18. *R. Pat.* × *R. crispus* = *R. confusus* Simk. — Bgl (mehrfach), NÖ (mehrfach).

15 × 19. *R. Pat.* × *R. stenophyllus* = *R. pannonicus* Rechgr. pater (1891). — NÖ (Moosbrunn, Velm). — Wurde vom Autor selbst später als *R. Patientia* × *R. obtusifolius* erkannt (siehe 15 × 23 und Rechgr. pater 1926).

15 × 23. *R. Pat.* × *R. obtusifolius* s. l. = *R. erubescens* Simk. 1877 (siehe 15 × 23 C), ältester Name für den ganzen Kreis. — Syn.: *R. pannonicus* Rechgr. pater 1891 (siehe 15 × 19). — NÖ (Moosbrunn, Velm). — Ungewiß ist, welche Unterart von *R. obtusifolius* beteiligt war, aber gewiß nicht *R. stenophyllus*, wie Rechgr. pater zunächst annahm, aber später (1926) selbst richtigstellte. — Dazu gehören die folgenden zwei Bastarde:

15 × 23 A. *R. Pat.* × *R. obtusifolius* subsp. *agrestris* = *R. Danseri* Rechgr. pater (1923). — NÖ (Schwechat).

15 × 23 C. *R. Pat.* × *R. obtusifolius* subsp. *silvester* = *R. erubescens* Simk. (1877). — NÖ (mehrfach).

15 × 25. *R. Pat.* × *R. paluster* = *R. peisonis* Rechgr. p. (1925). — Bgl (Weiden am See).

18. *R. crispus:* siehe *R. aquaticus* (Nr. 12) und *R. Patientia* (Nr. 15); ferner:

18 × 19. *R. cr.* × *R. stenophyllus* = *R. intercedens* Rechgr. p. (1892). — Bgl (Gols), NÖ (mehrfach).

18 × 20. *R. cr.* × *R. conglomeratus* = *R. Schulzeï* Hausskn. — Bgl (mehrfach), NÖ (mehrfach). — Dazu: *R. inundatus* Simk. (= *R. crispus* var. *lingulatus* [Schur] Beck × *R. conglomeratus*). — NÖ (Lobau).

18 × 21. *R. cr.* × *R. sanguineus* = *R. Sagorskii* Hausskn. — NÖ (mehrfach), NTi.

18 × 22. *R. cr.* × *R. Hydrolapathum* = *R. Schreberi* Hausskn echt. — In Österreich noch nicht nachgewiesen.

18 × 23. *R. cr.* × *R. obtusifolius* = *R. pratensis* Mert. et Koch (1826), ältester sicherer Name für den ganzen Kreis. — Syn.: *R. acutus* L.?; *R. cristatus* Wallr., non DC. — Unter den Stammeltern sehr häufig; der häufigste *Rumex*-Bastard. Nachgewiesen in sämtlichen Bundesländern (außer Kt?). — Hierher gehören auch die folgenden Bastarde, welche eigene Namen erhalten haben:

18 × 23 A. *R. cr.* × *R. obtusifolius* subsp. *agrestis* = *R. Khekii* Rechgr. pater (1923). — Bgl, NÖ, NTi.

18 × 23 C. *R. cr.* × *R. obtusifolius* subsp. *silvester* = *R. confinis* Hausskn. (1885). — Syn.: *R. bihariensis* Simk. apud Beck (1904). — Bgl, NÖ, St, OTi.

18 c × 23 C. *R. cr.* var. *strictissimus* × *R. obtusifolius* subsp. *silvester* = *R. gieshueblensis* Rechgr. pater (1923). — NÖ (Gießhübel).

18 × 23 × 26. *R. cr.* × *R. obtusifolius* × *R. maritimus* = *R. Heimerlii* Beck (1890). — Erwies sich (Fritsch 1918) als *R. stenophyllus* × *R. maritimus*. Siehe 19 × 26.

18 × 25. *R. cr.* × *R. paluster* = *R. Areschougii* Beck (1904). — Bgl (mehrfach), NÖ (mehrfach).

18 × 26. *R. cr.* × *R. maritimus* = *R. fallacinus* Haussknn. — NÖ (Stillfried).

19. *R. stenophyllus:* siehe *R. Patientia* (15) und *R. crispus* (18); ferner:

19 × 20. *R. st.* × *R. conglomeratus* = *R. Niesslii* Wildt. — NÖ, slt. — Deutung nicht ganz sicher.

19 × 23. *R. st.* × *R. obtusifolius* = *R. moedlingensis* Rechgr. pater (1914). — Hierher gehören:

19 × 23 A. *R. st.* × *R. obt.* subsp. *agrestis* = *R. Wachteri* Danser (1922).

19 × 23 C. *R. st.* × *R. obt.* subsp. *silvestris* = *R. Toepfferi* Rechgr. pater (1923).
NÖ (mehrfach, beide vorgenannten Kombinationen).

19 × 25. *R. st.* × *R. paluster* = *R. heteranthus* Borb. — Bgl (Gols u. Jois).

19 × 26. *R. st.* × *R. maritimus* = *R. stenophylloides* Simk. — Syn.: *R. Heimerlii* Beck. — NÖ (Maria-Lanzendorf, früher auch Simmering und Laaer Berg).

20. *R. conglomeratus:* siehe *R. aquaticus* (12), *R. crispus* (18) u. *R. stenophyllus* (19); ferner:

20 × 21. *R. congl.* × *R. sanguineus* = *R. Ruhmeri* Haussknn. — Selten: NÖ, St, Vb.

20 × 23. *R. congl.* × *R. obtusifolius* (Unterart fraglich) = *R. abortivus* Ruhmer. — NÖ (mehrfach).

20 × 23 C. *R. congl.* × *R. obtusifolius* subsp. *silvester* = = *R. salisburgensis* Fritsch et Rechgr. p. — Bgl, NÖ, Sb.

20 × 25. *R. congl.* × *R. paluster* = *R. Wirtgenii* Beck (1904). — Syn.: *R. Steinii* Aresch. (1866), non Becker (1823). — Bgl (Weiden a. See), NÖ (mehrfach).

20 × 26. *R. congl.* × *R. maritimus* = *R. Knafii* Čelak. (1871). — Syn.: *R. Warrenii* Trimen (1879). — NÖ (mehrfach).

21. *R. sanguineus:* siehe *R. crispus* (18) und *R. conglomeratus* (20); ferner:

21 ×23. *R. sang.* × *R. obtusifolius* = *R. Dufftii* Haussknn. (1885). — Selten: NÖ (mehrfach), Vb.

21 × 23 C. *R. sang.* × *R. obtusifolius* subsp. *silvester* = *R. Degenii* Rechgr. p. (1923). — NÖ (mehrfach), St (Aussee).

22. *R. Hydrolapathum:* siehe *R. aquaticus* (12) und *R. crispus* (18); ferner:

22 × 23. *R. Hydr.* × *R. obtusifolius* = *R. Weberi* Fischer-Benzon. — NÖ (Mannswörth, *R. Hydr.* × *R. obt. silvester*).

23. *R. obtusifolius:* siehe *R. aquaticus* (12), *alpinus* (13), *Patientia* (15), *crispus* (18), *stenophyllus* (19), *conglomeratus* (20), *sanguineus* (21), *Hydrolapathum* (22); ferner:

23 × 26. *R. obt.* × *R. maritimus* = *R. callianthemus* Danser. — Syn.: *R. Steinii* auct., non Becker. — Zweifelhaft: NÖ? OÖ?

25. *R. paluster:* siehe *R. Patientia* (15), *crispus* (18), *conglomeratus* (20), *obtusifolius* (23).

26. *R. maritimus:* siehe *R. crispus* (18), *stenophyllus* (19), *conglomeratus* (20).

Namensverzeichnis zur Gattung *Rumex*.

2. *Oxyria* Hill, Säuerling.

O. digyna (L.) Hill, Alpen-S. — Alp. (fehlt NÖ, OÖ). — Feuchte Schuttfluren, steinige Triften, in der Alpenstufe und oberen Voralpenstufe, zerstr. bis mßg. hfg.; kalkfliehend.

3. *Rheum* L., Rhabarber.

Systematik.

Losina-Losinskaja A. S., Die Gattung *Rheum* und ihre Arten. Eine systematische Übersicht. Acta Inst. Bot. Acad. Sc. URSS., ser. 1, fasc. 3, 1936, 67—141. Russisch, mit deutscher Zusammenfassung.

Samuelsson G., Die chinesischen Arten der Gattung *Rheum*. Svensk Botan. Tidskr. 30, 1936: 697—721.

1. *Rh. palmatum* L., Handlappiger Rh., Tangutischer Rh., Kron-Rh. — Syn.: *Rh. tanguticum* (Maxim.) Tschirch (siehe auch unter Varietäten). — Als Heilpflanze kult. (geschätzteste Art), bes. in Bgl, NÖ u. Ti. — Hmt.: Nordost-Tibet, Nordwest-China (Kansu, Nord-Szechuan).

   Man unterscheidet folgende Virietäten:

   a) var. *palmatum* (L.). — Syn.: subsp. *Linnaei* Stapf.

   b) var. *tanguticum* Maxim. — Syn.: subsp. *tanguticum* (Maxim.) Stapf.

   c) var. *dissectum* (Stapf), comb. prov. — Syn.: subsp. *dissectum* Stapf.

2. *Rh. officinale* Baillon, Südchinesischer Rh., Kanton-Rh. — Als Heilpfl. kult., bes. f. Tierheilzwecke. — Hmt.: Süd-Sibirien (Altai-Gebiet und Dahurien), im Gebiet des Schwarzen Meeres nur kult.

3. *Rh. Rhaponticum* L., Sibirischer Rh., Österreichischer Rh., Rhapontik. Als Heilpfl. kult., bes. f. Tierheilzwecke. — Hmt.: Süd-Sibirien (Altai-Gebiet und Dahurien), im Gebiet des Schwarzen Meeres nur kult.

4. *Rh. Rhabarbarum* L. Wellblatt-Rh., Speise-Rh. — Syn.: *Rh. undulatum* L. — Als Speisepfl. (Blattstiele) hfg. in Gärten kult. — Hmt.: Nordwest-China, Mongolei, Südost-Sibirien.

4. *Polygonum* L., Knöterich.

Systematik.

Beck-Mannagetta G. v., in Reichenbach Icones, 24: 74—77 (1906) u. 185 (1909). [Gliederung von Polygonum *lapathifolium* L.; vgl. auch Schuster u. Danser.]

Danser B. H., Contribution à la systématique du *Polygonum lapathifolium*. Recueil Trav. Bot. Néerl., 18, 1921: 125—213.

— Zur Polymorphie des *Polygonum lapathifolium*. Nederlandsch kruidkundig Archief, 1931: 100—125. [Dansers Arbeit von 1921 ist dadurch teilweise überholt.]

Hedberg O., Pollen morphology in the genus *Polygonum* L. s. lat. and its taxonomical significance. Svensk Botan. Tidskrift, 40, 1946: 371—404.

Lindman C. A. M., *Polygonum calcatum* nov. spec. inter *Avicularia*. Botan. Notiser, 1904: 139—144. [In Deutschland mehrfach nachgewiesen. Wohl besser *P. aviculare* L. subsp. *calcatum* (Lindm.) O. Schwarz (1949).]

— Wie ist die Kollektivart *Polygonum aviculare* zu spalten? Svensk Botan. Tidskrift. 6, 1912: 673—696. [Neu beschrieben werden *P. heterophyllum* (vielleicht *P. aviculare* s. str.) und *P. aequale*. Diese beiden und *P. calcatum* sind durch Übergänge, vielleicht z. T. Bastarde, miteinander verbunden. *P. heterophyllum* wurde in Deutschland mehrfach nachgewiesen. Über die Verbreitung der drei Lindmanschen Kleinarten in Österreich liegen keine Angaben vor.]

Schuster J., Versuche einer natürlichen Systematik des *Polygonum lapathifolium* L. Mitteil. Bayer. Botan. Ges., Bd. 2, Nr. 4, 1907: 50—59; Nr. 5, 1907: 74—78.

Gliederung der Gattung.

Sektion 1. *Acontogonum: P. alpinum, polystachyum.*
Sektion 2. *Amblygonum: P. orientale.*
Sektion 3. *Bistorta: P. Bistorta, viviparum.*
Sektion 4. *Persicaria.*
Subsektion 4 a. *Amphibia: P. amphibium.*
Subsektion 4 b. *Tinctoria: P. tinctorium.*
Subsektion 4 c. *Densiflora: P. lapathifolium, Persicaria.*
Subsektion 4 d. *Laxiflora: P. mite, minus, Hydropiper.*
Sektion 5. *Avicularia: P. aviculare, Kitaibelianum.*

1. *P. alpinum* L., Alpen-K. — Voralp. v. MSt (Kirchkogel nächst Kirchdorf bei Pernegg), grasige felsige Stellen auf Serpentin. — Sonstige Verbrtg.: W- u. SAlpen, Gebirge SEuropas, W- u. SAs.

2. *P. polystachyum* Wall., Himalaja-K. — Eingeschleppt in OÖ und NSt mehrfach. — Hmt.: Himalaja.

3. *P. orientale* L., Ost-K., Garten-K. — Als Zierpfl. kult. u. öfters verw., so in Bgl, Kt, Ti, Vb, früher auch in NÖ. — Hmt.: Indien, China, Japan.

4. *P. Bistorta* L., Wiesen-K., Schlangen-K. — Verbr. — Feuchte Wiesen, von niederen Lagen bis in die Voralpenstufe, hfg.

5. *P. viviparum* L., Knöllchen-K. — Alp. u. Voralp. (verbr.). — Matten der Alpen- und Krummholzstufe, mitunter auch tiefer; bodenvag.

6. *P. amphibium* L., Wasser-K. — Verbr. — Stehende und trägfließende Gewässer niederer Lagen, slt. höher ansteigend, auch an Ufern; zerstr. bis mßg. hfg. — Die wichtigsten Standortsformen sind:

   a) var. *aquaticum* Leyss. — die Wasserform, und

   b) var. *terrestre* Leyss. — die Landform.

7. *P. tinctorium* Lour., Färber-K. — Nur mehr sehr wenig als Farbpfl. kult., so in Ti (slt. in Hausgärten, bes. der Klöster). — Hmt.: China.

8. *P. lapathifolium* L., Ampfer-K. — Verbr. u. hfg. — Feuchtes Ödland, Äcker, Weinberge, Ufer, von der Ebene bis in die untere Voralpenstufe, s. hfg. — Syst. u. Nom.: Phyt. 5: 71. — Gliedert sich in 7 Unterarten, von denen die letzten drei häufig auch als eigene Arten betrachtet werden:

   A. subsp. *lapathifolium* (L.). — Syn.: subsp. *genuinum* (Gren. et Godr.) Čelak.; subsp. *mesomorphum* Danser. — Sehr häufig, Ödland.

   B. subsp. *nodosum* (Pers.) Čelak. — Syn.: var. *nodosum* (Pers.) Weinm.; *P. nodosum* Pers. — Zieml. hfg., bes. an Ufern fließender Gewässer.

   C. subsp. *punctatum* (Gremli) Schuster*). — Syn.: var. *punctatum* Gremli; *P. glandulosum* Kit. — S. zerstr.

   D. subsp. *neglectum* Schuster. — Syn.: var. *neglectum* (Schuster) Beck. — Slt.

   E. subsp. *danubiale* (Kerner) Danser (1921) [O. Schwarz 1949], Flußsand-K. — Syn.: subsp. *Brittingeri* (Opiz) Jávorka; var. *danubiale* (Kerner) Fiek; var. *Brittingeri* (Opiz) Beck; *P. Brittingeri*

*) Blätter von Öldrüsen durchscheinend punktiert.

Opiz; *P. danubiale* Kerner. — Bgl, NÖ, OÖ; eingeschleppt in St (Graz, nach Melzer, 1954: 104). — Feucht-sandige Stellen, bes. längs der Flüsse; Stromtalpflanze.

F. subsp. *pallidum* (With.) Fries, Filz-K. — Syn.: subsp. *tomentosum* (Schrank) Danser; var. *incanum* (Roth) Koch; var. *tomentosum* (Schrank) Schuster; *P. tomentosum* Schrank; *P. scabrum* Moench; *P. incanum* (Roth) F. W. Schmidt; *P. pallidum* With. — Verbr. — Mßg. hfg., bes. als Unkraut feuchter Äcker.

G. subsp. *linicola* (Sutulov) Danser, Lein-K. — Syn.: subsp. *leptocladum* (Danser) Thellung; *P. linicola* Sutulov. — Eingeschleppt in WTi (Nauders). — Unkraut in Leinfeldern Rußlands.

9. *P. Persicaria* L., Floh-K.— Verbr. — Feuchtes Ödland, feuchte Äcker, Ufer, von der Ebene bis in die untere Voralpenstufe, zieml. hfg. — Dazu:

b) var. *incanum* Gren. et Godr. — Syn.: var. *tomentellum* Beck. — Slt.

10. *P. mite* Schrank, Milder K. — Verbr. — Feuchtes Ödland, Ufer, von der Ebene bis in die Bergstufe, mßg. hfg.

11. *P. minus* Huds., Kleiner K. — Verbr. — Feuchtes Ödland, Ufer, von der Ebene bis in die Bergstufe, zerstr.; kalkmeidend.

12. *P. Hydropiper* L., Pfeffer-K., Wasserpfeffer. — Syn. (forma): *P. hungaricum* Borb. — Verbr. — Auen, feuchte Wälder (bes. an Waldwegen), feuchtes Ödland, Ufer, von der Ebene bis in die untere Voralpenstufe, zieml. hfg.

13. *P. aviculare* L., Vogel-K., Hansel am Weg. — Verbr. u. hfg. — Ödland, Wege (auch zwischen Straßenpflaster), Äcker, magere Grasplätze, s. hfg., von der Ebene bis in die obere Voralpenstufe.

14. *P. Kitaibelianum* Sadl., Ungarischer K. — Syn.: *P. patulum* MB. subsp. *Kitaibelianum* (Sadl.) Jávorka; *P. Bellardii* auct. hung. et austr., non All. — Nom.: ÖBZ, 91: 232; Phyt. 5: 71. — Bgl, NÖ; eingeschleppt in St, Kt, Ti, Vb). — Sandige Stellen, slt. — Hptverbrtg.: SOEur.

Bastarde.

8 × 11. *P. lapathifolium* × *P. minus* = *P. Hervieri* Beck. — Slt., so NTi (Innsbruck).

9 × 10. *P. Persicaria* × *P. mite* = *P. condensatum* F. Schultz. — Syn.: *P. axillare* Rigo. — Der relativ hfgste *Polygonum*-Bastard, z. B. NÖ, Kt, NTi, Vb.

9 × 11. *P. Persicaria* × *P. minus* = *P. Braunianum* F. Schultz. — Syn.: *P. minoriflorum* F. Schultz. — Zieml. slt., z. B. NÖ, Vb.

9 × 12. *P. Persicaria* × *P. Hydropiper* = *P. intercedens* Beck. — Slt.

10 × 11. *P. mite* × *P. minus* = *P. Wilmsii* Beck. — Slt.

10 × 12. *P. mite* × *P. Hydropiper* = *P. hybridum* Chaubard (1821, nach Beck sicher richtig!). — Syn.: *P. oleraceum* Schur (1866); *P. ambiguum* Personnat (1867), non Meissner (1832); *P. exannulatum* Beck (1906). — Slt., so in NÖ, NTi; vielleicht öfters übersehen.

11 × 12. *P. minus* × *P. Hydropiper* = *P. subglandulosum* Borb. — Bgl.

Bastarde von *P. lapathifolium* mit *P. Persicaria, P. mite, P. minus* und *P. Hydropiper,* auch *P. lapathifolium* subsp. *pallidum* mit *P. mite* und *P. Hydropiper* wurden als Seltenheiten in anderen Ländern, aber bisher nicht in Österreich beobachtet.

Namensverzeichnis zur Gattung *Polygonum.*

Acontogonum Sect. 1
alpinum 1
ambiguum 10 × 12
Amblygonum Sect. 2
amphibium 6
aquaticum 6 a
aviculare 13
Avicularia Sect. 5
axillare 9 × 10
baldschuanicum: *Tiniaria* 3
Bellardii 14
Bistorta 4, Sect. 3
Braunianum 9 × 11
Brittingeri 8 E
condensatum 9 × 10
convolvuloides: *Tiniaria* 1 × 2
Convolvulus: Tiniaria 1
cuspidatum: Tiniaria 4
danubiale 8 E
dumetorum: Tiniaria 2
exannulatum 10 × 12
Fagopyrum: Fagopyrum 1
genuinum 8 A
glandulosum 8 C
heterocarpum: *Tiniaria* 1 × 2
hungaricum 12
hybridum 10 × 12
Hydropiper 12
incanum 8 F, 9 b
intercedens 9 × 12
Kitaibelianum 14
lapathifolium 8, 8 A
leptocladum 8 G
linicola 8 G
mesomorphum 8 A
minoriflorum 9 × 11
minus 11
mite 10
neglectum 8 D
nodosum 8 B
oleraceum 10 × 12
orientale 3
pallidum 8 F
patulum 14
Persicaria 9, Sect. 4
polystachyum 2
punctatum 8 C
sacchalinense: Tiniaria 5
scabrum 8 F
subglandulosum 11 × 12
tataricum: Fagopyrum 2
terrestre 6 b
tinctorium 7
tomentellum 9 b
tomentosum 8 F
viviparum 5
Wilmsii 10 × 11

5. *Tiniaria* Rchb., Flügelknöterich.

Syn.: *Bilderdykia* Dum. amplif.; *Pleuropterus* Turcz. amplif.

Systematik und Nomenklatur.

Hedberg O., Pollen morphology in the genus *Polygonum* L. s. lat. and its taxonomical significance. Svensk Botan. Tidskrift, 40, 1946: 371—404.
Janchen E., Phyt. 2: 75.

Gliederung der Gattung.

Sektion 1. *Tiniaria: T. Convolvulus, dumetorum.*
Sektion 2. *Pleuropterus: T. baldschuanica, japonica, sachalinensis.*

1. *T. Convolvulus* (L.) Webb et Moq., Winden-Knöterich. — Syn.: *Polygonum Convolvulus* L.; *Bilderdykia Convolvulus* (L.) Dum.; *Fagopyrum Convolvulus* (L.) H. Gross. — Nom.: Phyt. 2: 75. — Verbr. u. hfg. — Äcker, Brachen, Gärten, Gebüsche, von der Ebene bis in die Voralpenstufe, hfg.; kalkmeidend.

2. *T. dumetorum* (L.) Opiz, Hecken-Knöterich. — Syn.: *Polygonum dumetorum* L.; *Fagopyrum dumetorum* (L.) Schreb.; *Bilderdykia dumetorum* (L.) Dum. — Nom.: Phyt. 2: 75. — Verbr. — Auwälder, feuchte Gebüsche und Hecken, in niederen Lagen zieml. hfg.; kalkliebend.

3. *T. baldschuanica* (Regel) Hedberg, Baldschuanischer (Flügel-) Knöterich. — Syn.: *Polygonum baldschuanicum* Regel; *Fagopyrum baldschuanicum* (Regel) H. Gross. — Nom.: Phyt. 2: 75. — Als Zier- und Bienennährpfl. kult., slt. verw. (Kt). — Hmt.: Buchara.

4. *T. japonica* (Houtt.) Hedberg, Japanischer F. — Syn.: *Reynoutria japonica* Houtt.; *Polygonum cuspidatum* Sieb. et Zucc; *Pleuropterus cuspidatus* (Sieb. et Zucc.) H. Gross. — Nom.: Phyt. 2: 75. — Als Zierpfl. und Wildfutterpfl. kult., zieml. hfg. verw., u. zw. in allen Bundesländern. — Hmt.: Japan.
5. *T. sachalinensis* (Frdr. Schmidt) Janchen, Sachalin-F. — Syn.: *Polygonum sachalinense* Frdr. Schmidt; *Pleuropterus sachalinensis* (Frdr. Schmidt) Moldenke. — Nom.: Phyt. 2: 75. — Als Zierpfl. u. Wildfutterpfl. kult. (sltner als vorige). slt. verw., so in Kt. — Hmt.: Sachalin.

Bastard.

1 × 2. *T. Convolvulus* × *T. dumetorum* = *T. heterocarpa* (Beck) Janchen. — Syn.: *Polygonum convolvuloides* Brügger?; *Polygonum heterocarpum* Beck; *Fagopyrum convolvuloides* (Brügg.) Degen, Gáyer et Scheffer; *Fagopyrum heterocarpum* (Beck) Domin et Podpěra. — NÖ (slt.). — Wegen der Unsicherheit des Brüggerschen Namens dürfte der Becksche Name vorzuziehen sein.

6. *Fagopyrum* Mill., Buchweizen.

1. *F. vulgare* Hill, Echter B., Heidenkorn. — Syn.: *F. sagittatum* Gilib., *F. esculentum* Moench; *Polygonum Fagopyrum* L. — Nom.: Phyt. 2: 76. — Als Nahrungs- und Futterpflanze gebaut, auch Bienennährpfl.; zieml. hfg. verw. — Hmt.: Mittel-Asien.
2. *F. tataricum* (L.) Gaertn., Tatarischer B., Falscher B. — Syn.: *Polygonum tataricum* L. — Unkraut in Buchweizenfeldern (Bgl, NÖ, Vb u. andw.); in manchen Gegenden als Futterpflanze kult., so in OÖ (slt., aber in allen Teilen des Landes) und Sb (slt.). — Hmt.: Mittel-Asien.

7. Ordnung. *Centrospermae*, Mittelsamer.

1. Familie. *Chenopodiaceae*, Gänsefußgewächse.

Mit einigen Verbesserungen von Paul Aellen (Basel).

Systematik.

Graebner P. sen., *Chenopodiaceae*, in: Synopsis der mitteleuropäischen Flora, Bd. V 1: 2—219. 1913.
Ulbrich E., in Pfl.fam., 2. Aufl., Bd. 16 c: 379—584. Leipzig 1934.
Janchen E., Phyton 2: 302/303.

Gliederung der Familie.

Tribus 1. *Chenopodieae.*
  Subtribus 1 a. *Chenopodiinae: Chenopodium.*
  Subtribus 1 b. *Atriplicinae: Atriplex, Spinacia.*
  Subtribus 1 c. *Eurotiinae: Eurotia.*
Tribus 2. *Beteae: Beta.*
Tribus 3. *Camphorosmeae.*
  Subtribus 3 a. *Camphorosminae: Camphorosma.*
  Subtribus 3 b. *Kochiinae: Bassia, Kochia.*
Tribus 4. *Salsoleae: Salsola.*
Tribus 5. *Suaedeae: Suaeda.*
Tribus 6. *Polycnemeae: Polycnemum.*
Tribus 7. *Corispermeae: Corispermum.*
Tribus 8. *Salicornieae: Salicornia.*

1. *Chenopodium* L., Gänsefuß.

Mit mehreren Verbesserungen von Paul Aellen (Basel).

Systematik.

Aellen P., *Chenopodium crassifolium* Hornemann, eine verkannte europäische Art. Magy. Botan. Lapok, 25, 1926 (Degen-Festband): 55—63. [*Ch. botryoides* Sm.]
— Wandlung und Deutung von *Chenopodium viride* L. Verhandl. Naturforsch. Ges. Basel, 51, 1940: 43—65.
Murr J., Versuch einer natürlichen Gliederung der mitteleuropäischen Formen des *Chenopodium album* L. Ascherson-Festschrift, 1904: 216—230.
— Bemerkungen zur Phylogenesis der Gattung *Chenopodium*. In: Murr J., Neue Übersicht über die Farn- und Blütenpflanzen von Vorarlberg usw., 1923: 96—99.
Vollmann Fr., Zur Kenntnis der Formen von *Chenopodium album*. Mitteil. Bayer. Botan. Ges., Bd. 1, Nr. 22, 1902: 224—227. [*Ch. album* wird gegliedert in 3 Formengruppen (oder Unterarten), nämlich *album, viride* und *striatum.*]

Gliederung der Gattung.

Sektion 1. *Agathophyton: Ch. Bonus-Henricus.*
Sektion 2. *Pes-anserinus* (= *Chenopodiastrum* = *Eu-Chenopodium*): *Ch. polyspermum* bis *Ch. Quinoa.*
Sektion 3. *Pseudoblitum: Ch. glaucum, rubrum.*
Sektion 4. *Degenia: Ch. botryoides.*
Sektion 5. *Eublitum* (= *Morocarpus*): *Ch. foliosum, capitatum.*
Sektion 6. *Orthosporum: Ch. Pumilio, carinatum.*
Sektion 7. *Ambrina: Ch. ambrosioides.*
Sektion 8. *Botrys: Ch. Botrys, Schraderianum.*

1. *Ch. Bonus-Henricus* L., Dauer-G., Dorf-G, Guter Heinrich, Wilder Spinat. — Verbr. — Auf stickstoffreichem Ödland, Kulturbegleiter; in der Voralpenstufe sehr hfg., bis in die Alpenstufe ansteigend, in tieferen Lagen zerstr.

2. *Ch. polyspermum* L., Vielsamiger G.,Fisch-G., Fischmelde. — Verbr. — Ödland, Äcker, Gärten, Ufer, in niederen Lagen zerstr. bis mßg. hfg., in der Bergstufe sltner. — Dazu:
   b) var. *acutifolium* (Sm.) Kosteletzky. — Syn.: *Ch. acutifolium* Sm. — Wie der Typus.

3. *Ch. hybridum* L., Ahorn(blatt)-G., Schweins-G., Saumelde. — Verbr. — Ödland, Äcker, Gärten, in niederen Lagen hfg., geht bis in die untere Voralpenstufe.

4. *Ch. murale* L., Mauer-G. — Verbr. — Ödland niederer Lagen, bes. in wärmeren Gegenden, zerstr. bis slt.

5. *Ch. urbicum* L., Straßen-G. — Verbr. (fehlt Vb). — Ödland niederer Lagen, zieml. slt. — Syst. u. Nom.: Phyt. 5: 71/72. — Zwei Unterarten:
   A. subsp. *urbicum* (L.). — Syn.: subsp. *deltoideum* (Lam.) Čelak.; *Ch. melanospermum* Wallr. — Der Typus.
   B. subsp. *rhombifolium* (Mühlenb.) Čelak. — Syn.: var. *intermedium* (Mert. et Koch) Koch; *Ch. intermedium* Mert. et Koch. — Vielleicht nur var. — Seltener, so NÖ, OÖ.

6. *Ch. Vulvaria* L., Stink-G. — Verbr. — Ödland niederer Lagen, zerstr.

7. *Ch. album* L., Gewöhnlicher G., Weißer G. — Syn.: *Ch. album* L. subsp. *eu-album* Ludwig. — Verbr. — Ödland, Äcker, s. hfg., von der Ebene bis in die untere Voralpenstufe. — Umfaßt zahlreiche Varietäten, die sich auf zwei Unterarten verteilen lassen. Hier werden vor allem solche Varietäten

genannt, die häufig auch als Unterarten oder in Überschätzung ihres Wertes sogar als Arten betrachtet worden sind. Andererseits werden mitunter auch die nächstfolgenden drei Arten (Nr. 8, 9, 10) als Unterarten von *Ch. album* angesehen.

A. subsp. *viride* (L.) J. Murr (amplif.). — Syn.: subsp. *cymigerum* (Koch) Soó; grex *viride* (L.) J. Murr; *Ch. viride* L. — Hierher gehören u. a. folgende Varietäten:

a) var. *viride* (L.) Wahlenbg. — Syn.: var. *cymigerum* Koch; subsp. *viride* (L.) J. Murr s. str., *Ch. viride* L. s. str.

b) var. *pedunculare* (Bertol.) Moq. — Syn.: subsp. *pedunculare* (Bertol.) J. Murr; *Ch. pedunculare* Bertol.

c) var. *glomerulosum* (Rchb.) Peterm. — Syn.: subsp. *glomerulosum* (Rchb.) J. Murr; *Ch. glomerulosum* Rchb.

d) var. *paucidens* (J. Murr) Beck. — Syn.: subsp. *paucidens* J. Murr.

B. subsp. *album* (L.) J. Murr (amplif.). — Syn.: subsp. *spicatum* (Koch) Nyárády; grex *album* (L.) J. Murr; *Ch. album* L. s. str. — Hierher gehören u. a. folgende Varietäten:

a) var. *lanceolatiforme* (J. Murr) Graebner. — Syn.: subsp. *lanceolatiforme* J. Murr.

b) var. *lanceolatum* (Mühlenbg.) Coss. et Germ. — Syn.: subsp. *lanceolatum* (Mühlenbg.) J. Murr; *Ch. lanceolatum* Mühlenbg.

c) var. *subficifolium* (J. Murr) Graebner. — Syn.: subsp. *subficifolium* J. Murr.

d) var. *borbásiiforme* (J. Murr), comb. prov. — Syn.: subsp. *borbásiiforme* J. Murr; *Ch. borbásiiforme* J. Murr. — NTi.

e) var. *spicatum* Koch. — Syn.: var. *commune* Moq.; subsp. *album* (L.) J. Murr partim.

f) var. *incanum* Moq. — Syn.: var. *candicans* (Lam.) Moq.; subsp. *album* (L.) J. Murr partim.

g) var. *praeacutum* (J. Murr) Beck. — Syn.: var. *viridescens* (St. Amans) Gürke; subsp. *praeacutum* J. Murr; subsp. *viridescens* (St. Amans) J. Murr; *Ch. praeacutum* J. Murr; *Ch. viridescens* St. Amans? — Diese Varietät g gehört vielleicht zu *Ch. album* × *Ch. strictum;* siehe dort.

h) var. *striatiforme* (J. Murr), comb. prov. — Syn.: subsp. *striatiforme* J. Murr. — NTi (Landeck).

i) var. *substriatum* (J. Murr), comb. prov. — Syn.: subsp. *substriatum* J. Murr. — NTi (Mariahilf bei Innsbruck).

8. *Ch. suecicum* J. Murr, Schwedischer G. — Syn.: *Ch. pseudopulifolium* (J. B. Scholz) J. Murr; *Ch. album* L. subsp. *pseudopulifolium* (J. B. Scholz) J. Murr; *Ch. album* L. var. *pseudopulifolium* (J. B. Scholz) Beck; *Ch. viride* Aellen, vix L. — Nom.: Phyt. 2: 303. — Eingeschleppt in NTi (mehrfach) und in Vb. — Heimat: England, Skandinavien, Deutschland (bes. Nord-D.), europ. und asiat. Rußland.

9. *Ch. concatenatum* Thuill., Ketten-G. — Syn.: *Ch. album* L. subsp. *concatenatum* (Thuill.) J. Murr; *Ch. album* L. var. *concatenatum* (Thuill.) Gaud. — Eingeschleppt in NÖ, OÖ. — Heimat: SEur.

10. *Ch. strictum* Roth, Streifen-G. — Syn.: *Ch. striatum* (Krašan) J. Murr. — Nom.: Rep. 46: 102. — Davon wächst in Österreich nur: subsp. *striatum* (Krašan) Aellen. — Syn.: *Ch. striatum* (Krašan) J. Murr. s. str.; *Ch. album* L. var. *striatum* Krašan. — Eingeschleppt bis eingebürgert (verbr., in Wien hfg., auch Bgl?). — Ödland, meist hfg. — Heimat: wahrsch. Ost- und Mittel-Asien.

11. *Ch. opulifolium* Schrad., Schneeball(blatt)-G. — Verbr. — Ödland, Äcker, Gärten, in niederen Lagen zerstr. bis zieml. slt.; nach *Ch. album* und *Ch. strictum* subsp. *striatum* die häufigste *Chenopodium*-Art in Wien.

12. *Ch. pratericola* Rydberg, Schmalblatt-G. — Syn.: *Ch. leptophyllum* auct., non Nutt.; *Ch. album* var. *leptophyllum* Moq. — Nom.: Phyt. 5: 72. — Eingeschleppt (slt.) in NÖ, St, Ti, Vb. — Hmt.: NAm.

13. *Ch. ficifolium* Sm., Feigen(blatt)-G. — Syn.: *Ch. serotinum* Schinz et Thellung, non Torner s. str., nec Hudson. — Nom.: ÖBZ, 91: 232. — Verbr. — Ödland, Äcker, Ufer, in niederen Lagen zerstr. bis mßg. hfg.

14. *Ch. Berlandieri* Moq., Amerikanischer G. — Davon wächst in Österreich besonders:
subsp. *Zschackeï* (J. Murr) Zobel. — Eingeschleppt (slt.) in NÖ, Ti, Vb. In Ti (Innsbruck) ehedem auch der Typus. — Heimat: wärmeres NAm.

15. *Ch. hircinum* Schrad., Bocks-G. — Eingeschleppt (slt.) in NÖ. — Ödland und Äcker niederer Lagen. — Heimat: subtropisches SAm.

16. *Ch. Quinoa* Willd., Reismelde. — Syn.: *Ch. hircinum* Schrad. var. *Quinoa* (Willd.) Aellen. — Als Futterpfl. slt. kult., auch verw., so früher in Vb. — Heimat: Peru.

17. *Ch. glaucum* L., Grau-G., Graugrüner G. — Verbr. — Ödland, bes. stickstoffreiches, feuchtes Ödland und Ufer, salzliebend, in niederen Lagen mßg. hfg.

18. *Ch. rubrum* L., Rot-G. — Verbr. (fehlt Vb). — Feuchtes, bes. stickstoffreiches Ödland und Ufer, in niederen Lagen zerstr. bis slt.

19. *Ch. botryoides* Sm., Dickblatt-G. — Syn.: *Ch. crassifolium* Hornem.; *Ch. chenopodioides* (L.?) Aellen; *Ch. rubrum* L. var. *crassifolium* (Hornem.) Moq. — Syst. u. Nom.: Aellen, Mag. Bot. Lapok, 25, 1926 (1927): 55—63; Aellen, Ostenia 1933: 98. — Bgl (am Neusiedler See), NÖ (Marchfeld). — Sandböden, bes. salzige, zerstr. — Sonstige Verbrtg.: Süd-Skandinavien, Deutschland, Ungarn, Mittel-Rußland, Mittelmeergebiet, Nordamerika.

20. *Ch. foliosum* (Moench) Aschers., Durchblätterter (Echter) Erdbeerspinat. — Syn.: *Blitum virgatum* L. — Als Gemüsepflanze kult. (slt.) u. verw. (fehlt Bgl, Vb). — Ödland, Läger, auch bei Ruinen und Höhlen, slt., von niederen Lagen bis in die Voralpen. — Heimat: S- u. SO-Eur., W- u. MAs.

21. *Ch. capitatum* (L.) Aschers., Ähriger Erdbeerspinat. — Syn.: *Blitum capitatum* L. — Als Gemüsepfl. kult. (slt.) u. verw. (fehlt Bgl, Vb). — Ödland usw., wie vorige, s. slt. — Hmt.: SEur., vielleicht Kulturabkömmling von *Ch. foliosum.*

22. *Ch. carinatum* R. Br., Kiel-G. — Syn.: *Ambrina carinata* (R. Br.) Moq. — Eingeschleppt im Bgl (Podersdorf, nach H. Bojko). — Heimat: Australien. — Nach P. Aellen handelt es sich wahrscheinlicher um das gleichfalls aus Australien stammende *Ch. Pumilio* R. Br. (Syn.: *Ambrina Pumilio* [R. Br.] Moq.; *Ch. carinatum* auct. pro maxima parte, non R. Br.), das viel häufiger eingeschleppt gefunden wird.

23. *Ch. ambrosioides* L., Duft-G., Mexikanisches Teekraut. — Syn.: *Ambrina ambrosioides* (L.) Spach. — Als Heilpfl. kult., so in NÖ, St, Ti, slt. auf Ödland verw., stellw. eingebürgert (SOSt.). — Hmt.: subtropisches NAm.

24. *Ch. Botrys* L., Drüsen-G., Klebriger G. — Syn.: *Ambrina Botrys* (L.) Moq. — Verbr. (fehlt Sb). — Ödland, bes. in niederen Lagen, zerstr., stellw. hfger. — Hptverbrtg.: Mittelmeergebiet, Asien.

25. *Ch. Schraderianum* R. et Sch., Stutzblatt-G. — Syn.: *Ch. foetidum* Schrad., non Lam.; *Ambrina foetida* (Schrad.) Moq. — Nom.: Phyt. 2: 303. — Eingeschleppt (slt.), so in Vb. — Heimat: Tropisch-Afrika.

Chenopodium-Bastarde.

7 × 10. *Ch. album* × *Ch. strictum* (subsp. *striatum*) = *Ch. pseudostriatum* Zschacke. — Syn.: *Ch. pseudo-Borbásii* J. Murr. — Mit den Stammeltern hfg. und formenreich, z. B. in Wien; oft schwer von den Stammeltern zu unterscheiden. — Vgl. auch *Ch. album* B g var. *praeacutum* (Nr. 7 B g).

7 × 10 × 14. *Ch. album* × *Ch. strictum* × *Ch. Berlandieri* = *Ch. Druceï* J. Murr. — Vb (s. slt.).

7 × 11. *Ch. album* × *Ch. opulifolium* = *Ch. Borbásii* J. Murr. — Syn.: *Ch. Preissmanni* J. Murr; *Ch. platanoides* (J. B. Scholz) J. Murr; *Ch. subquinquelobum* J. Murr. — Ti, Vb.

7 × 13. *Ch. album* × *Ch. ficifolium* = *Ch. Zahnii* J. Murr. — NÖ (Wien), NTi (Innsbruck), Vb.

7 × 14. *Ch. album* × *Ch. Berlandieri* = *Ch. subcuneatum* J. Murr. — Ti, Vb. — Hierher auch:

7 B a × 14. *Ch. album* var. *lanceolatiforme* × *Ch. Berlandieri* = *Ch. sublanceolatiforme* J. Murr. — Vb.

8 × 11. *Ch. suecicum* × *Ch. opulifolium* = *Ch. subopulifolium* J. Murr. — Syn.: *Ch. Thellungii* J. Murr. — Vb.

10 × 11. *Ch. strictum* × *Ch. opulifolium* = *Ch. tridentinum* J. Murr. — Syn.: *Ch. solitarium* J. Murr; *Ch. Ludwigianum* J. Murr; *Ch. mixtifolium* J. Murr. — Ti, Vb.

Namensverzeichnis zur Gattung *Chenopodium.*

botryoides 19
Botrys 24, Sect. 8
candicans 7 B f
capitatum 21
carinatum 22
Chenopodiastrum Sect. 2
chenopodioides 19
commune 7 B e
concatenatum 9
crassifolium 19
cymigerum 7 A a
Degenia Sect. 4
deltoideum 5 A
Druceï 7 × 10 × 14
Eu-Blitum Sect. 5
Eu-Chenopodium Sect. 2
ficifolium 13
foetidum 25
foliosum 20
glaucum 17
glomerulosum 7 A c
hircinum 15, (16)
hybridum 3
incanum 7 B f
intermedium 5 B
lanceolatiforme 7 B a
lanceolatum 7 B b
leptophyllum 12
Ludwigianum 10 × 11
melanospermum 5 A
mixtifolium 10 × 11
Morocarpus Sect. 5
murale 4
oblongifolium 12
opulifolium 11
Orthosporum Sect. 6
paucidens 7 A d
pedunculare 7 A b
Pes-anserinus Sect. 2
platanoides 7 × 11
polyspermum 2
praeacutum 7 B g
pratericola 12
Preissmanni 7 × 11
Pseudo-Blitum Sect. 3
Pseudo-Borbásii 7 × 10
pseudopulifolium 8
pseudostriatum 7 × 10
Pumilio 22
Quinoa 16
rhombifolium 5 B
rubrum 18, (19)
Schraderianum 25
serotinum 13
solitarium 10 × 11
spicatum 7 B e
striatum 10
strictum 10
subcuneatum 7 × 14
subficifolium 7 B c
sublanceolatiforme 7 × 14
subopulifolium 8 × 11
subquinquelobum 7 × 11
suecicum 8
Thellungii 8 × 11
tridentinum 10 × 11
urbicum 5
virgatum 20
viride 7 A, 7 A a, 8
viridescens 7 B g
Vulvaria 6
Zahnii 7 × 13
Zschackeï 14

2. *Atriplex* L., Melde.

Gliederung der Gattung.

Sektion 1. *Teutliopsis: A. oblongifolia* bis *A. litoralis.*
Sektion 2. *Dichospermum: A. nitens, hortensis.*
Sektion 3. *Sclerocalymma: A. rosea, tatarica.*

1. *A. oblongifolia* W. K., Langblatt-M. — Syn.: *Schizotheca tatarica* Čelak. — Bgl, NÖ, OÖ, St. — Ödland, in niederen Lagen zerstr. bis slt. — Hptverbrtg.: SOEur., W- u. MAs.

2. *A. patula* L., Ruten-M., Spreizende M., Gewöhnl. M. — Syn.: *Schizotheca patula* (L.) Fourr. — Verbr. — Ödland, auch Äcker, in niederen Lagen sehr hfg. — Dazu:

   b) var. *microcarpa* Koch (1837). — Syn. var. *erecta* (Huds.) Lange (1859); *A. erecta* Huds. (1762); *Schizotheca patula* (L.) Fourr. var. *microtheca* Beck 1890. — Häufig.

3. *A. hastata* L., Spieß-M. — Syn.: *Schizotheca hastata* (L.) Fourr. — Verbr. (fehlt Sb). — Ödland, Äcker, auch Salzböden, in niederen Lagen zerstr. — Dazu:

   b) var. *salina* Wallr. — Syn.: var. *incana* Neilr. — Bes. auf Salzböden in Bgl u. NÖ.

   c) var. *microtheca* Schum. (1801). — Syn.: var. *microsperma* (W. K.) Moq. (1849); *A. microsperma* W. K. (1806). — Anscheinend selten.

4. *A. litoralis* L., Strand-M. — Syn.: *Schizotheca litoralis* (L.) Fourr. — Bgl (am Neusiedler See); auf Salzböden, slt. — Eingeschleppt in OÖ (Rangierbahnhof Linz).

5. *A. nitens* Schkuhr, Glanz-M. — Bgl, NÖ, OÖ, St, Kt; Sb?; eingeschleppt in Ti (Innsbruck). — Ödland, in niederen Lagen zerstr. bis slt. — Hauptverbrtg.: SOEur., W- u. MAs.; Wildform (nach Aellen): *A. desertorum* Iljin.

6. *A. hortensis* L., Garten-M. — Als Gemüse- u. Zierpfl. kult., öfters verw. — Hmt.: MAs.; Kulturabkömmling von *A. nitens* (nach Aellen sicher).

7. *A. rosea* L., Rosen-M. — Syn.: *Schizotheca rosea* (L.) Fourr. — Bgl, NÖ; eingeschleppt in Sb. — Ödland, auch Salzböden, in niederen Lagen mßg. hfg. bis zerstr. — Hptverbrtg.: S- u. SOEur., WAs.

8. *A. tatarica* L., Tatarische M. — Syn.: *A. laciniata* L. partim; *Schizotheca laciniata* (L.) Fourr. — Bgl, NÖ; eingeschleppt in OÖ, St, Ti, Vb. — Ödland, in niederen Lagen mßg. hfg. bis zerstr. — Hptverbrtg.: S- und SOEur., W- u. MAs.

Bastard.

2 × 3. *A. patula* × *A. hastata*. — NÖ (Mauer bei Wien, nach Neumayer).

3. *Spinacia* L., Spinat.

Sp. oleracea L., Echter (Gewöhnlicher) Spinat. — Als Gemüsepfl. allg. kult., zuweilen verw. — Hmt.: WAs. — Gliedert sich in zwei Unterarten:

A. subsp. *oleracea* (L.), Winter-Sp. — Syn.: subsp. *spinosa* (Moench) Čelak.; var. *spinosa* (Moench) Peterm.; var. *typica* Beck; *Sp. spinosa* Moench; *Sp. oleracea* L. s. str. — Nom.: Phyt. 5: 72.

B. subsp. *inermis* (Moench) Čelak., Sommer-Sp. — Syn.: var. *inermis* (Moench) Peterm.; var. *glabra* (Mill.) Gürke; *Sp. glabra* Mill.; *Sp. inermis* Moench. — Nom.: Phyt. 5: 72.

4. *Eurotia* Adans., Hornmelde.

E. ceratoides (L.) C. A. Mey., Östliche H. — NÖ (Weinviertel). — Offene sonnige Lößhänge, s. slt. (Goggendorf, Ober-Schoderlee). Ehedem auch von Oberhollabrunn, Ernstbrunn, Jetzelsdorf und Retz angegeben. — Sonstige Verbrtg.: Süd-Mähren (s. slt.), Ungarn (s. slt.), Rußland, gemäß. As., NAfr., S- u. OSpanien.

5. *Beta* L., Runkelrübe.

B. vulgaris L., Runkelrübe und Mangold. — Syst. u. Nom.: Phyt. 5: 71. — Gliedert sich in drei Unterarten:

A. subsp. *maritima* (L.) Arcang., Strand-Rübe. — Syn.: *B. maritima* L. — Die an den Küsten, bes. des Mittelmeeres, wildwachsende Stammpflanze, nicht in Österreich.

B. subsp. *Cicla* (L.) Arcang., Mangold. — Syn.: var. *Cicla* L. — Als Gemüsepfl. kult. — Dazu:

b) var. *macropleura* Alef., Rippen-Mangold.

C. subsp. *vulgaris* (L.), Runkelrübe. — Syn.: subsp. *esculenta* (Salisb.) Schwarz; Var.-Gruppe *crassa* Alef.; var. *rapacea* Koch; var. *esculenta* (Salisb.) Gürke. — Umfaßt folgende Varietäten:

a) var. *alba* DC. (amplif.), Futterrübe, Burgunderrübe. — Als Futterpfl. kult.

b) var. *altissima* Rössig, Zuckerrübe. — Syn.: var. *saccharifera* Alef. — Zur Zuckergewinnung und als Futterpfl. kult.

c) var. *rubra* L., Rote Rübe, Rahne, Rohne. — Als Gemüse- (Salat-) Pflanze kult.

6. *Camphorosma* L., Kampferkraut.

C. annua Pall., Einjahrs-K. — Syn.: *C. ovata* W. K.; *C. annua* Pall. var. *ovata* (W. K.) Beck. — Nom.: ÖBZ, 91: 232; ÖBZ, 93: 89. — Bgl (am Neusiedler See). — Salzsteppen, stellw. hfg. — Hptverbrtg.: OEur., Sibirien.

7. *Bassia* All., Steppenmelde.

B. hyssopifolia (Pall.) Volkens, Ysop-St. — Syn.: *Echinopsilon hyssopifolium* (Pall.) Moq. — Eingeschleppt, ehedem und nur vorübergehend in NÖ (bei Mödling) und St (Graz, beim Schlachthaus, mehrere Jahre, um etwa 1900).

8. *Kochia* Roth, Radmelde.

Gliederung der Gattung.

Sektion *Semibassia: K. Scoparia, densiflora.*
Sektion *Ptenocarpus: K. prostrata, arenaria.*

1. *K. Scoparia* (L.) Schrad., Besen-R., Besenkraut. — Als Besenpfl. und Zierpfl. kult., stellw. auf Ödland verw., so in Bgl, NÖ, Kt. — Hmt.: OEur., W- u. MAs. — Dazu:

   b) var. *trichophila* (hort.) Graebn., Sommerzypresse, Feuerbusch, Sibirische Heidehexe. — Als Zierpfl. kult., stellw. verw., so in Bgl, NÖ, NTi.

2. *K. densiflora* Turcz., Dichtblütige R. — Syn.: *K. Sieversiana* Iljin, non (Pall.) C. A. Mey.; *K. Scoparia* (L.) Schrad. var. *densiflora* (Turcz.) Moq. — Bestimmt 1954 von Paul Aellen (Basel). — Eingeschleppt in OÖ (bei Steyr). Entdecker: Rudolf Baschant, akad. Maler †. — Hmt.: MAs. u. OAs.

3. *K. prostrata* (L.) Schrad., Halbstrauch-R. — NÖ (Weinviertel). — Trockene Lößhänge, s. slt. (Haugsdorf, früher auch Retz und andw.). — Hptverbrtg.: S- u. SOEur., W- u. MAs.

4. *K. arenaria* (Maerklin) Roth, Sand-R. — Syn.: *K. laniflora* Borb., vix *Salsola laniflora* Gmel. — Nom.: Phyt. 2: 303. — Bgl, NÖ. — Trockene Sandplätze im pannonischen Gebiet, s. slt. — Hptverbrtg.: S- u. SOEur., WAs.

9. *Salsola* L., Salzkraut.

S. Kali L., Kali-S. — Bgl, NÖ; (OÖ, St). — Sandige Steppen, sandiges Ödland, sandige Äcker, im pannon. Gebiet mßg. hfg.; nicht auf Salzböden. In OÖ bei Linz (1949/50), in St bei Graz (1948, 1952) eingeschleppt. — Dazu:

b) var. *pseudotragus* Beck. — Syn.: Rasse *pseudotragus* Aschers. et Graebn.; *S. tragus* Rchb., non L. — Bgl, NÖ (pannon. Gebiet).

10. *Suaeda* Forsk., Salzmelde, Sode.

1. *S. maritima* (L.) Dum., Gewöhnliche S. — Bgl, NÖ; (Vb). — Feuchte, sandige Salzstellen im pannon. Gebiet. — Die typische Unterart, subsp. *maritima* (L.) (= subsp. *filiformis* [Dum.] Graebner), Strand-S., fehlt in Österreich. Hier wachsen nur folgende zwei Unterarten:

   A. subsp. *prostrata* (Pall.) Soó, Liegende S. — Syn.: var. *prostrata* (Pall.) Focke; *S. prostrata* Pall.; *S. salinaria* (Schur) Simk. — Syst. u. Nom.: Phyt. 5: 72. — Bgl, NÖ; (Vb). — Am Neusiedler See hfg., sonst s. zerstr.

   B. subsp. *salsa* (L.) Soó, Russische S. — Syn.: var. *salsa* (L.) Moq.; *S. salsa* (L.) Pall. — Nom.: Phyt. 5: 72. — Bgl, (NÖ). — Am Neusiedler See zerstr., sonst s. slt. — Hptverbrtg.: OEur., gemäß. As.

2. *S. pannonica* Beck, Ungarische S. — Bgl (am Neusiedler See), NÖ (Zwingendorf). — Salzböden, zerstr. — Strenger Endemit des pannonischen Tieflandes. — Vgl. Melzer, VZBG, 1955 (1956), im Druck.

11. *Polycnemum* L., Knorpelkraut.

1. *P. verrucosum* Láng, Warzen-K. — Bgl, NÖ. — Sandige Stellen, bes. Marchfeld, zerstr. — Hptverbrtg.: Ungarn, untere Donauländer, Kleinasien.
2. *P. arvense* L., Acker-K. — Syn.: *P. arvense* L. subsp. *minus* Čelak. — Nom.: Phyt. 5: 71. — Bgl, NÖ, OÖ. — Sandige Äcker und Brachfelder niederer Lagen, bes. im pannon. Gebiet, mßg. hfg. bis zerstr.
3. *P. majus* A. Br., Großes K. — Syn.: *P. arvense* L. subsp. *majus* (A. Br.) Čelak. — Nom.: Phyt. 5: 71. — Bgl, NÖ, St. — Sandige Äcker und Brachfelder, sandiges Ödland, in niederen Lagen zerstr.
4. *P. Heuffelii* Láng, Heuffel's K. — (NÖ); ehedem im botanischen Garten des Theresianums (Wien IV) eingeschleppt, längst wieder verschwunden. — Hmt.: Ungarn. SOEuropa.

12. *Corispermum* L., Wanzensame.

1. *C. nitidum* Kit., Glänzender W. — NÖ (Groß-Enzersdorf, Kagran, Stockerau). — Sandige Ufer der Donau-Altwässer, sandige Äcker, s. slt.; in den letzten Jahren kaum mehr beobachtet. — Hptverbrtg.: Ungarn, SOEur., WAs.
2. *C. hyssopifolium* L., Ysopblättriger W. — Vorübergehend eingeschleppt in NTi (bei Innsbruck). — Hmt.: SEur., gemäß. Asien, Nordamerika.

13. *Salicornia* L., Glasschmalz, Queller.

S. europaea L., Krautiges G., Gewöhnliches G. — *S. herbacea* L.; *S. europaea* L. subsp. *herbacea* (L.) Schwarz. — Bgl, NÖ. — Salzsteppen und salziges Ödland im pannon. Gebiet; um den Neusiedler See mßg. hfg., sonst s. zerstr.

2. Familie. *Amarantaceae*, Fuchsschwanzgewächse.

Systematik.

Schinz H., in Pfl.fam., 2. Aufl., Bd. 16c: 7—85. Leipzig 1934.

1. *Amarantus* L., Fuchsschwanz.

Systematik.

Thellung A., *Amarantus,* in Graebner P. sen., Synopsis der mitteleuropäischen Flora, Bd. V 1: 225—356. 1914.
Soó R., Beiträge zu einer kritischen Adventivflora des historischen Ungarn. I. Die Arten der Gattung *Amarantus* in Ungarn. Botan. Archiv, 19, 1927: 349—352.
Priszter S., in Ann. Sect. Horti- et Viticulturae Univers. Sci. Agric. Budapest, II, fasc. 2, 1951, edit. 1953. Ungarisch. [Kritische Revision der ungarischen Arten und Varietäten von *Amarantus.*]

Gliederung der Gattung.

Sektion 1. *Blitopsis: A. silvester* bis *A. crispus.*
Sektion 2. *Amarantotypus: A. retroflexus* bis *A. caudatus.*

1. *A. silvester* Desf., Wilder F. — Syn.: *A. angustifolius* Lam. subsp. *silvester* (Desf.) Soó; *A. angustifolius* Lam. Rasse *silvester* (Desf.) Thellung; *A. Blitum* Moq., non L.; *A. graecizans* L. partim. — Nom.: Phyt. 2: 304; Phyt. 5: 72. — Verbr. (eingebürgert, auch Sb?). — Ödland, Äcker, Gärten, in niederen Lagen, zerstr. — Hmt.: SEur., SWAs., N- u. OAfr.

2. *A. ascendens* Loisel., Stutzblatt-F. — Syn.: *A. lividus* L. Rasse *ascendens* (Loisel.) Thellung; *A. viridis* L. pro parte minore (nomen confusum) et auct. mult.*); *A. commutatus* Kerner; *A. Blitum* L. partim, non Moq. — Nom.: Merrill E. D., Americ. Journ. of Bot., 23, 1936: 609—612. — Verbr. (eingebürgert). — Ödland, Gärten, in niederen Lagen, hfg. bis zerstr., mitunter als Unkraut lästig. — Hmt.: SEur. und östl. Mittelmeergebiet.

2*. *A. oleraceus* L., Gemüse-F., Fuchsschwanz-Spinat. — Syn.: *A. lividus* L. Rasse *oleraceus* (L.) Thellung; *A. Blitum* L. var. *oleraceus* (L.) Hook. fil. — Als Gemüsepflanze kult. (auch in Österreich?, wo?). — Gilt als Kulturabkömmling von *A. ascendens.* Wird kultiviert in Indien, Java, Afrika, Südeuropa und, wenigstens früher, auch in Mitteleuropa.

— *A. deflexus* L., Liege-F. — Syn.: *A. prostratus* Balbis. — Die Angabe eines eingeschleppten Vorkommens in NÖ beruht wahrscheinlich auf einem Irrtum. — Hmt.: Tropisch-SAm.

3. *A. blitoides* S. Watson, Westamerikanischer F. — Syn.: *A. graecizans* L. partim. — Eingeschleppt in St (Graz u. Hatzendorf). — Hmt.: westl. NAm.

4. *A. albus* L., Weiß-F. — Syn.: *A. graecizans* L. partim. — Verbr. (eingebürgert). — Ödland, in niederen Gegenden zerstr., in Wien seit 1918 beobachtet. — Hmt.: südl. NAm.

5. *A. crispus* (Lesp. et Thév.) N. Terrac. — Eingeschleppt in NÖ (Bernhardsthal) und St (Grazer Frachtenbahnhof 1951); vgl. Melzer 1954: 105 und 1955 (1956): 104.

6. *A. retroflexus* L., Rauh-F. — Verbr. (eingebürgert). — Ödland, Äcker, Gärten, in niederen Gegenden s. hfg., stellw. in die untere Voralpenstufe ansteigend. — Hmt.: südl. NAm. (u. Mittelamerika?). — Dazu:

   b) var. *Delileï* (Richt. et Lor.) Thellung. — Syn.: *A. Delileï* Richter et Loret. — Syst. u. Nom.: Phyt. 2: 303. — Bgl, NÖ, vielleicht weiter verbr. — Stellw. hfger als der Typus.

*) Blattunterseiten meistens trüb blutrot, Pflanze daher keineswegs reingrün erscheinend.

7. *A. chlorostachys* Willd., Grünähriger F. — *A. hybridus* L. partim; *A. hybridus* L. subsp. *chlorostachys* (Willd.) Hejný; *A. hybridus* L. subsp. *hypochondriacus* (L.) Thellung var. *chlorostachys* (Willd.) Thellung. — Nom.: Phyt. 2: 304; Phyt. 5: 72. — Eingeschleppt in NÖ, OÖ, St; in Wien seit 1935 mehrfach beobachtet. — Hmt.: MittelAm. u. wärmeres südöstl. NAm. — Dazu:

b) var. *pseudoretroflexus* Thellung (1907). — Syn.: var. *Powellii* (S. Watson) Thellung (1919); *A. Powellii* S. Watson (1875). — Eingeschleppt in NTi (Innsbruck, revid. Thellung).

8. *A. patulus* Bertol., Ausgebreiteter F. — Syn.: *A. chlorostachys* auct. partim, non Willd. — Eingeschleppt in St, Kt, NTi, Vb. — Hmt.: trop. Am.; im Mittelmeergebiet eingebürgert.

9. *A. paniculatus* L., Rispen-F. — Syn.: *A. hybridus* L. subsp. *paniculatus* (L.) Hejný. — Nom.: Phyt. 5: 72. — Als Zierpfl. kult., slt. verw., so in OÖ, Vb. — Hmt.: Tropisch-Am. — Dazu:

b) var. *cruentus* (L.) Moq. — Syn.: var. *sanguineus* (L.) Moq.; *A. cruentus* L.; *A. sanguineus* L.; *A. hybridus* L. subsp. *cruentus* (L.) Thellung. — Hierher ein Großteil der vorstehenden Angaben.

10. *A. caudatus* L., Garten-F., (Roter) Katzenschweif. — Als Zierpfl. kult., slt. verw., so in Vb. — Hmt.: Ostindien, Tropisch-Afr.

Bastard.

6 × 9. *A. retroflexus* × *paniculatus* = *A. turicensis* Thellung. — NTi (bei Innsbruck mehrfach, nach J. Murr).

2. *Celosia* L., Brandschopf.

C. argentea L., Silber-B. — Als Zierpfl. kult.; Hmt.: Tropen. — Dazu:
b) var. *cristata* (L.) Voss, Hahnenkamm. — Syn.: *C. cristata* L. — Als Zierpfl. kult., slt. verw., so in Sb.

3. Familie. *Phytolaccaceae,* Kermesbeergewächse.

Phytolacca L., Kermesbeere.

Ph. americana L., Gewöhnliche K. — Syn.: *Ph. decandra* L. — NÖ (Marchfeld, eingebürgert), sonst als Zierpfl. u. Farbpfl. kult. u. stellw. verw., z. B. St, Kt. — Der Saft der Beeren ist zum Färben von Likör und Zuckerwaren verwendbar. — Hmt.: NAm.

4. Familie. *Aizoaceae,* Eiskrautgewächse.

Systematik.
Pax F. und Hoffmann K., in Pfl.fam., 2. Aufl., Bd. 16 c: 179—233. Leipzig 1934.

1. *Tetragonia* L., Neuseeland-Spinat.

T. tetragonoides (Pall.) O. Kuntze*), Neuseeland-Spinat. — Syn.: *T. expansa* Murr. — Nom.: Rep. 50: 359/360. — Als Gemüsepflanze kult.,

*) Die Nomenklaturregeln geben leider keine Möglichkeit, derartige widersinnige Namen grundsätzlich abzulehnen.

stellw. verw., z. B. St, Vb. — Hmt.: Neuseeland, Australien, Polynesien, Japan, SAm.

2. *Cryophytum* N. E. Brown, Eiskraut.

Syn.: *Gasoul* Adans., nomen prius*).

C. crystallinum (L.) N. E. Brown, Eiskraut, Kristallkraut. — Syn.: *Mesembrianthemum crystallinum* L.; *Gasoul crystallinum* (L.) Rothmaler*). — Nom.: Rothmaler, Notizbl. Botan. Gart. u. Mus. Berlin-Dahlem, 15, 1941: 412 (die Gattg.), 413 (die Art). — Als Gemüsepfl. slt. kult. — Heimat: Kapland.

5. Familie. *Cactaceae*, Kaktusgewächse.

Opuntia Mill., Feigenkaktus.

O. argentina Griseb., Argentinischer F. — Als Obstpfl. s. slt. kult., frosthart, bisher NÖ (Marchegg). — Hmt.: Nord-Argentinien.

6. Familie. *Portulacaceae*, Portulakgewächse.

Systematik.

Pax F. und Hoffmann K., in Pfl.fam., 2. Aufl., Bd. 16 c: 234—262. Leipzig 1934.

1. *Montia* L., Quellkraut.

1. *M. verna* Neck., Aufrechtes Qu. — Syn.: *M. minor* C. C. Gmel.; *M. fontana* L. partim; *M. fontana* L. subsp. *minor* (C. C. Gmel.) Čelak.; *M. fontana* L. subsp. *verna* (Neck.) Dostál. — Nom.: Phyt. 5: 72. — Verbr. (fehlt Bgl, Vb). — Auf feuchten, zeitweise überschwemmten Stellen, bes. Sandböden, nur in niederen Lagen, s. zerstr. bis slt.; kalkfliehend.
2. *M. rivularis* C. C. Gmel., Flutendes Qu. — Syn.: *M. fontana* L. subsp. *rivularis* (C. C. Gmel.) Čelak. — Nom.: Phyt. 5: 72. — Verbr. (fehlt Bgl). — In Quellfluren, Bächen und Wiesengräben, auch auf nassen, bes. sandigen Böden, bes. in der Berg- und Voralpenstufe bis in die Krummholzstufe, zerstr. bis mßg. hfg.; kalkfliehend.

2. *Portulaca* L., Portulak.

Systematik.

Poellnitz K. v., Versuch einer Monographie der Gattung *Portulaca* L. Repert. spec. nov., 37, 1934: 240—320.

P. oleracea L., Gewöhnlicher P. — Gliedert sich in zwei Unterarten:

A. subsp. *oleracea* (L.), Wilder P. — Syn.: subsp. *silvestris* (DC.) Čelak.; var. *silvestris* DC. — Nom.: Phyt. 5: 72. — Verbr. (eingebürgert). — Äcker, Gärten, Weingärten, in niederen Lagen mßg. hfg. bis zerstreut. — Hmt.: gemäß. As.

*) Vgl. Rothmaler, Notizblatt d. Bot. Gart. Berlin, 15: 413 (1941). — Der Gattungsname *Gasoul* Adans. ist zwar prioritätsberechtigt, aber sehr ungebräuchlich und unbekannt, zudem nichtssagend und wenig wohlklingend. Es wäre zu wünschen, daß auf der Gattungsausnahmsliste der bekannte und sinnvolle Name *Cryophytum* gegenüber *Gasoul* geschützt wird.

B. subsp. *sativa* (Haw.) Čelak., Gemüse-P. — Syn.: var. *sativa* (Haw.) DC.; *P. sativa* Haworth. — Nom.: Phyt. 5: 72. — Als Gemüse-(Salat-) Pfl. kult., slt. verw., z. B. St (Stainz).

7. Familie. *Caryophyllaceae,* Nelkengewächse.

Systematik.

Graebner P. sen., *Caryophyllaceae-Alsinoideae* [incl. *Paronychioideae*], in: Synopsis der mitteleuropäischen Flora, Bd. V 1: 446—942. 1915—1919.

— P. sen. et fil., *Caryophyllaceae-Silenoideae,* in: Synopsis usw., Bd. V 2: 1—503. 1920—1923.

Pax F. und Hoffmann K., in Pfl.fam., 2. Aufl., Bd. 16 c: 275—367. Leipzig 1934.

Janchen E., in Phyton 2: 304/305.

Neumayer H., Die Gattungsabgrenzung innerhalb der Diantheen. VZBG, 65, 1915: (22)—(24). [Überholt.]

— Die Frage der Gattungsabgrenzung innerhalb der Silenoideen. VZBG, 72, 1922: (53)—(59). [Der überaus weitgehenden Zusammenziehung von Gattungen kann nicht beigestimmt werden.]

Schnarf K., Die Bedeutung der embryologischen Forschung für das natürliche System der Pflanzen. Biologia generalis, 9/2, 1933. [Nach diesem Autor bieten die embryologischen Merkmale Anhaltspunkte dafür, daß die Centrospermen eine aufsteigende Reihe sind. Bei den Caryophyllaceen finden sich nämlich die verhältnismäßig abgeleitetsten Eigentümlichkeiten.]

Rohweder H., Weitere Beiträge zur Systematik und Phylogenie der Caryophyllaceen unter besonderer Berücksichtigung der karyologischen Verhältnisse. Beihefte Botan. Ctrbl. 59, Abt. B, 1938: 1—58. — Siehe auch unter *Dianthus:* Rohweder 1934.

Leonhardt R., Phylogenetisch-systematische Betrachtungen II. Gedanken zur systematischen Stellung bzw. Gliederung einiger Familien der Choripetalen. ÖBZ, 98, 1951: 1—43. [Behandelt auch die *Caryophyllaceae;* den grundlegenden Einteilungsgesichtspunkten wird im vorliegenden Werk nicht beigestimmt.]

Janchen E., Naturgemäße Anordnung der mitteleuropäischen Gattungen der *Silenoideae.* ÖBZ, 102, 1955: 381—386.

Gliederung der Familie.

Unterfamilie I. *Paronychioideae.*
- Tribus 1. *Paronychieae.*
  - Subtribus 1 a. *Paronychiinae: Herniaria.*
  - Subtribus 1 b. *Illecebrinae: Illecebrum.*
- Tribus 2. *Sperguleae: Spergularia, Spergula.*

Unterfamilie II. *Alsinoideae.*
- Tribus 3. *Scleranthеae: Scleranthus.*
- Tribus 4. *Alsineae.*
  - Subtribus 4 a. *Sabulininae: Minuartia, Sagina.*
  - Subtribus 4 b. *Arenariinae: Arenaria, Moehringia, Holosteum, Moenchia.*
  - Subtribus 4 c. *Stellariinae: Stellaria, Malachium, Cerastium.*

Unterfamilie III. *Silenoideae.*
- Tribus 5. *Diantheae.*
  - Subtribus 5 a. *Saponariinae: Gypsophila, Saponaria, Vaccaria.*
  - Subtribus 5 b. *Dianthinae: Tunica, Kohlrauschia, Dianthus.*
- Tribus 6. *Lychnideae.*
  - Subtribus 6 a. *Cucubalinae: Cucubalus.*
  - Subtribus 6 b. *Sileninae: Silene, Heliosperma, Melandryum.*
  - Subtribus 6 c. *Lychnidinae: Lychnis, Viscaria, Agrostemma.*

1. ***Herniaria*** **L., Bruchkraut.**

Systematik.

Hermann F., Übersicht über die *Herniaria*-Arten des Berliner Herbars. Repert. spec. nov., 42, 1937: 203—224. — Nachtrag dazu: ebenda, S. 272.

1. *H. incana* Lam., Graues B. — Davon in Österreich nur:
var. *Besseri* (Fischer) Gürke. — Syn.: *H. Besseri* Fischer. — NÖ (Breitensee im Marchfeld); auf trockenem Sandboden. Seit etwa 1930 nicht mehr gefunden. — Sonstige Verbrtg. dieser Var.: O- u. SOEur. bis Transkaukasien; Hptverbrtg. der Art: SEur. (von Frankreich ostwärts) u. SOEur.

2. *H. alpina* Vill., Alpen-B. — Alp. v. Ti (auch OTi). Vb (Zentralalpen). — Schuttfluren und Felsen, slt.; kalkmeidend.

3. *H. hirsuta* L., Behaartes B. — Bgl?, NÖ, OÖ; eingeschleppt in St, Kt, Vb. — Trockene, sandige Stellen, Äcker, Brachen, in niederen Lagen, slt. bis zerst.; kalkmeidend. — Hptverbrtg.: Mittelmeergebiet, WAs.

4. *H. glabra* L., Kahles B. — Verbr. — Trockene, sandige Stellen, auch trockenes Ödland, Äcker, Brachen, von der Ebene bis in die Voralpenstufe, zerstr. bis mßg. hfg.; kalkmeidend. — Dazu:

B. subsp. *ceretana* Sennen. — Syn.: subsp. *microcarpos* (Presl) F. Hermann; *H. microcarpos* Presl. — Syst. u. Nom.: Phyt. 2: 306/307. — OTi (Lienz). — Hptverbrtg.: Mittelmeergebiet, SOEur., WAs.

2. *Illecebrum* L., Knorpelblume.

I. verticillatum L., Quirlige K. — NÖ (Waldviertel). — Feuchte, offene Sandböden, auch Äcker und Ödland, slt.; kalkmeidend. — Hptverbrtg.: W- u. SEur. (in MEur. slt.).

3. *Spergularia* Presl, Salzmiere, Schuppenmiere.

1. *Sp. rubra* (L.) Presl, Acker-S., Rote S. — Syn.: *Sp. campestris* (L.) Aschers. — Verbr. — Trockene bis mäßig feuchte Sandstellen, sandige Äcker, sandiges Ödland, von niederen Lagen bis in die Voralpen, zerstr.; kalkmeidend.

2. *Sp. salina* Presl, Strand-S., Salz-Schuppenmiere. — Syn.: *Sp. marina* (L.) Griseb. — Bgl, NÖ, Sb? — Feuchte Salzstellen, zerstr. bis slt. — Nach M. Reiter in Sb (Dürrnberg bei Hallein) vielleicht erloschen.

3. *Sp. marginata* (DC.) Kittel, Flügel-S., Flügelsamige S. — Syn.: *Sp. media* (L.) Griseb. — Bgl., NÖ. — Feuchte Salzstellen, zerstr.

4. *Spergula* L., Spörgel, Spark.

1. *Sp. arvensis* L., Acker-Sp. — Verbr. — Syst. u. Nom.: Phyt. 5: 76. — Gliedert sich in folgende vier Unterarten:

A. subsp. *arvensis* (L.), Gewöhnlicher Sp. — Syn.: subsp. *vulgaris* (Boenningh.) Čelak.; var. *vulgaris* (Boenningh.) Mert. et Koch; *Sp. vulgaris* Boenningh. — Sandige Äcker, auch sandiges Ödland, von niederen Lagen bis in die Voralpenstufe, zerst. bis mßg. hfg.; kalkfeindlich.

B. subsp. *maxima* (Weihe) O. Schwarz, Riesen-Sp. — Syn.: var. *maxima* (Weihe) Mert. et Koch; *Sp. maxima* Weihe. — Als Futterpflanze slt. kult., z. B. Vb (oder subsp. D?).

C. subsp. *linicola* (Boreau) Janchen, Lein-Sp. — Syn.: var. *linicola* (Bor.) A. Schwarz; var. *praevisa* (Zing.) A. et G.; *Sp. linicola*

Boreau; *Sp. sativa* Boenningh. subsp. *linicola* (Bor.) O. Schwarz. — Unkraut in Leinfeldern, slt.

D. subsp. *sativa* (Boenningh.) Čelak., Futter-Sp. — Syn.: var. *sativa* (Boenn.) Mert. et Koch; *Sp. sativa* Boenningh.; *Sp. sativa* Boenn. subsp. *sativa* (Boenn.) O. Schwarz. — Als Futterpflanze kult., s. slt., so im südl. Bgl (s. slt.) und in NÖ (oder subsp. B?).

2. *Sp. vernalis* Willd., Frühlings-Sp. — Syn.: *Sp. Morisonii* Boreau; *Sp. pentandra* L. subsp. *Morisonii* (Bor.) Čelak. — Nom.: Phyt. 5: 76. — Eingeschleppt in Ti, Vb, Kt? — Sandige Äcker, Gärten, s. slt. — Hptverbrtg.: Eur. (zerstr.), Algier.

5. *Scleranthus* L., Knäuelkraut.

Bearbeitet von Wilhelm Rössler (Graz).

Systematik.

Mattfeld J., Zur Kenntnis der Phylogenie unterständiger Fruchtknoten bei den Caryophyllaceen. Ber. Deutsch. Bot. Ges., 39, 1921: 275—280. [*Scleranthus* läßt sich nicht von *Minuartia* unmittelbar ableiten. Der Zusammenhang der beiden Gattungen liegt sehr weit zurück. Vieles spricht dafür, daß *Scleranthus* noch ursprünglicher ist als *Minuartia*.]

Rössler W., *Scleranthi* Lusitaniae. Agronomia Lusitana, 15/2, 1953: 97—138.

— Die *Scleranthus*-Arten Österreichs und seiner Nachbarländer. ÖBZ, 102, 1955: 30—72.

Vierhapper F., Die systematische Stellung der Gattung *Scleranthus*. ÖBZ, 57, 1907: 41—47, 91—96. [Teilweise überholt durch Mattfeld.]

Gliederung der Gattung (Untergattung *Euscleranthus*).

Sektion 1. *Latemarginati: S. perennis.*
Sektion 2. *Angustemarginati: S. annuus, polycarpos, collinus.*

1. *S. perennis* L., Dauer-K. — Bgl, NÖ, OÖ, Kt, St?, Ti? — Sandige und steinige offene Böden, auch Äcker; kalkfeindlich. Im niederösterr. Waldviertel und im oberösterr. Mühlkreis s. hfg., sonst zerstr. — Allg. Verbrtg.: Europa, Kleinasien.

2. *S. annuus* L., Einjahrs-K. — Verbr. — Sandige Äcker, sandiges Ödland, von niederen Lagen bis in die Voralpenstufe, hfg.; kalkmeidend. Allg. Verbrtg.: Europa, Kleinasien, Nord-Afrika (in Amerika und Südafrika eingeschleppt).

3. *S. polycarpos* Torner, Wildes K. — Syn.: *S. annuus* L. subsp. *polycarpos* (Torner) Thellung; *S. alpestris* Hayek; *S. annuus* L. subsp. *alpestris* (Hayek) Graebner. — Verbr. (fehlt OÖ?). — Trockene steinige Grasplätze, offene Böden, von niederen Lagen bis in die Alpentäler, zerstr. bis mßg. hfg.; kalkmeidend. — Allg. Verbrtg.: Europa, Kleinasien, Nord-Afrika.

4. *S. collinus* Hornung (ex Opiz). Hügel-K. — Syn.: *S. annuus* L. var. *collinus* Hornung; *S. verticillatus* Tausch. — Bgl, NÖ. — Trockene steinige Grasplätze, trockene Hügel; in niederen Lagen zerstr. bis mßg. hfg.; kalkliebend(?). — Hptverbrtg.: Ungarn, SOEur., östl. Mittelmeergebiet.

Bastard.

1 × 2. *S. perennis* × *S. annuus* = *S. intermedius* Kittel. — NÖ. — Anscheinend überall, wo beide Eltern zusammen vorkommen.

6. *Minuartia* Loefling, Miere.

Syn.: *Alsine* Gaertn., non L.

Systematik.

Hayek A., Versuch einer natürlichen Gliederung des Formenkreises der *Minuartia verna* (L.) Hiern. ÖBZ, 71, 1922: 89—116.
Mattfeld J., Enumeratio specierum generis *Minuartia* L. emend. Hiern. Botan. Jahrb. f. Syst., 57, 1921, Beiblatt Nr. 126: 27—33.
— Beitrag zur Kenntnis der systematischen Gliederung und geographischen Verbreitung der Gattung *Minuartia*. Botan. Jahrb. f. Syst., 57, 1922, Beiblatt Nr. 127: 13—63.
— Geographisch-genetische Untersuchungen über die Gattung *Minuartia* (L.) Hiern. Repert. spec. nov., Beihefte, Bd. 15, 1922. 228 Seiten.

Verbreitung.

Mattfeld J., *Minuartia*. Pflanzenareale, Reihe 2, Heft 6, 1929: Karte 51—61, S. 43—57.

Gliederung der Gattung.

Sektion 1. *Spectabiles: M. Kitaibelii, striata, biflora.*
Sektion 2. *Polymechana: M. verna, Gerardi* (incl. *M. decandra*).
Sektion 3. *Tryphane: M. recurva.*
Sektion 4. *Lanceolatae: M. rupestris.*
Sektion 5. *Acutiflorae: M. austriaca.*
Sektion 6. *Sabulina: M. tenuifolia, viscosa.*
Sektion 7. *Euminuartia: M. setacea, fastigiata.*
Sektion 8. *Cherleria: M. sedoides.*
Sektion 9. *Aretioideae: M. aretioides.*

1. *M. Kitaibelii* (Nyman) Pawłowski, Karpaten-M. — Syn.: *M. striata* (L.) Mattfeld subsp. *Kitaibelii* (Nyman) Mattfeld; *M. laricifolia* (L.) Schinz et Thellg. subsp. *Kitaibelii* (Nyman) Mattfeld; *M. laricifolia* auct. austr., non (L.) Schinz et Thellg. s. str.: *Alsine laricifolia* Crantz, non auct. helv. et tirol. — Voralp. v. NÖ, OÖ, St. — Felsschutt und Felsen der Voralpenstufe und Krummholzstufe, zerstr.; kalkstet. — Hptverbrtg.: West-Karpaten.

2. *M. striata* (L.) Mattfeld, Streifen-M. — Syn.: *M. striata* (L.) Mattf. subsp. *eu-striata* Mattf.; *M. laricifolia* (L.) Schinz et Thellg. subsp. *striata* (L.) Mattf.; *M. laricifolia* (L.) Schinz et Thellg. s. str., non auct. austr.; *Alsine striata* (L.) Gren.; *Alsine laricifolia* auct. helv. et tirol., non Crantz. — Nom.: Phyt. 5: 75. — Voralp. v. WTi (Zentralalpen), viell. auch OTi (Lienz)? — Felsen und Felsschutt, slt.; kieselstet.

3. *M. biflora* (L.) Schinz et Thellg., Zweiblütige M. — Syn.: *Alsine biflora* (L.) Wahlenbg. — Alp. v. Kt, Sb, Ti, u. zw. Zentralalpen u. südl. Kalkalpen. — Gesteinsfluren der alpinen Stufe, zerstr.; bodenvag.

4. *M. verna* (L.) Hiern, Frühlings-M. — Syn.: *M. verna* (L.) Hiern subsp. *montana* (Fenzl) Hayek*); *Alsine verna* (L.) Wahlenbg.; *A. verna* subsp. *collina* (Neilr.) Čelak.; *A. verna* var. *montana* Fenzl; *A. verna* var. *collina* Neilr. — Nom.: Phyt. 5: 75. — Verbr. (fehlt Sb, Vb). — Trockene Rasen und Sandböden, in niederen Lagen, zerstr.; bodenvag.

*) Als Unterart hätte diese Pflanze *M. verna* subsp. *collina* (Neilr.), nova comb., zu heißen, da *Alsine verna* subsp. *collina* (Neilr.) Čelak. wesentlich älter ist als *Minuartia verna* subsp. *montana* (Fenzl) Hayek; falls man nicht *M. verna* (L.) Hiern subsp. *verna* annehmen will.

5. *M. Gerardi* (Willd.) Hayek, Gerard's M. — Syn.: *M. verna* (L.) Hiern subsp. *Gerardi* (Willd.) Graebner; *M. verna* (L.) Hiern var. *Gerardi* (Willd.) Schinz et Thellg.; *Alsine Gerardi* (Willd.) Wahlenbg.; *Alsine verna* (L.) Wahlenbg. subsp. *Gerardi* (Willd.) Čelak.; *A. verna* var. *Gerardi* (Willd.) Mert. et Koch. — Nom.: ÖBZ. 91: 240. — Alp. (verbr.). — Gesteinsfluren und Matten der alpinen Stufe und Krummholzstufe, zieml. hfg.; bodenvag. — Dazu:

   b) var. *latifolia* (Gaud.) E. Mayer, Gletscher-M. — Syn.: *M. verna* subsp. *Gerardi* var. *latifolia* (Gaud.) Graebner; *M. verna* subsp. *Gerardi* var. *decandra* (Rchb.) Hayek; *M. decandra* (Rchb.) Fritsch; *Alsine verna* (L.) Wahlenbg. var. *latifolia* (Gaud.) Gürke; *Alsine verna* var. *decandra* (Rchb.) Gürke; *Alsine decandra* (Rchb.) DT., non Schur. — Alp. v. Kt, Sb, Ti, slt. (Vb?, ob echt?).

6. *M. recurva* (All.) Schinz et Thellg., Krummblatt-M. — Syn.: *Alsine recurva* (All.) Wahlenbg. — Alp. (fehlt NÖ, OÖ). — Schuttfluren und Felsen der alpinen Stufe und oberen Voralpenstufe, zerstr.; kalkmeidend.

7. *M. rupestris* (Scop.) Schinz et Thellg., Felsen-M. — Syn.: *M. lanceolata* (All.) Mattfeld subsp. *rupestris* (Scop.) Mattfeld; *Alsine rupestris* (Scop.) Fenzl; *Alsine lanceolata* (All.) Mert. et Koch partim, non s. str. — Alp. v. Kt, Sb, Ti, Vb. — An Felsen der alpinen Stufe und der Krummholzstufe, s. zerstr.; kalkhold.

8. *M. austriaca* (Jacq.) Hayek, Österreichische M. — Syn.: *Alsine austriaca* (Jacq.) Wahlenbg. — Alp. (fehlt Vb), nördl. u. südl. Kalkalpen. Schuttfluren der alpinen Stufe und Krummholzstufe, zerstr. bis hfg.; kalkhold.

9. *M. hybrida* (Vill.) Schischkin (1936), Rothmaler (1939), Feinblatt-M. — Syn.: *M. tenuifolia* (L.) Hiern (1899), non Nees (1814); *Arenaria tenuifolia* L. (1753); *Arenaria hybrida* Vill. (1779). — Eingeschleppt in Vb (Gisingen). — Hmt.: Mittelmeergebiet. WAs., in Eur. zerstr.

10. *M. viscosa* (Schreb.) Schinz et Thellg., Klebrige M. — Syn.: *Alsine viscosa* Schreb. — NÖ. — Trockene Grasplätze, s. slt. — Hptverbrtg.: SEur., WAs., in MEur. zerstr.

11. *M. setacea* (Thuill.) Hayek, Borsten-M. — Syn.: *Alsine setacea* (Thuill.) Mert. et Koch. — Bgl, NÖ, OÖ, St, Kt, OTi. — Sandige und steinige Stellen, in niederen Lagen, s. zerstr.

12. *M. fastigiata* (Sm.) Rchb., Büschel-M. — Syn.: *M. fasciculata* (L.) Hiern, non Rchb.; *Alsine fasciculata* (L.) Wahlenbg.; *Alsine fastigiata* (Sm.) Babingt. — Nom.: Rep. 46: 106. — Bgl, NÖ, OÖ. — Felsige und sandige Stellen, in niederen Lagen zerstr., bis in die Voralpenstufe ansteigend. — Hptverbrtg.: südöstl. u. südwestl. MEur., SEur., NAfr.

13. *M. sedoides* (L.) Hiern, Polster-M. — Syn.: *Alsine sedoides* (L.) Kittel. — Alp. (verbr.). — Gesteinsfluren, auch Matten, der alpinen Stufe, hfg.; kalkhold.

14. *M. aretioides* (Sommerauer) Schinz et Thellung, Mannsschild-M. — Syn.: *Alsine aretioides* (Somm.) Mert. et Koch; *Alsine octandra* (Sieber) Kerner. — Davon wächst in Österreich nur:

subsp. *aretioides* (Sommerauer, Schinz et Thellung). — Syn.: subsp. *cherlerioides* (Schrad.) Mattfeld. — Alp. v. OÖ, St, Kt, Sb, OTi. — Gesteinsfluren, Schuttfluren und Felsen der alpinen Stufe, zerstr.; kalkhold.

Namensverzeichnis zur Gattung *Minuartia* (= *Alsine*).

7. *Sagina* L., Mastkraut.

Bearbeitet unter Mitwirkung von Helmut Gams (Innsbruck).

Systematik.

Gams H., Beiträge zur Kenntnis der arktisch-alpinen Saginen. Phyton 5, 1953: 107—117.

Gliederung der Gattung.

Sektion 1. *Spergella: S. nodosa, glabra, subulata.*
Sektion 2. *Saginoides: S. macrocarpa, Linnaei, (Normaniana), intermedia.*
Sektion 3. *Saginella: S. procumbens* (inkl. *bryoides*), *apetala, ciliata.*

1. *S. nodosa* (L.) Fenzl, Knoten-M. — Verbr. (fehlt Bgl). — Feucht-sandige offene Böden, auch Wiesenmoore, von niederen Lagen bis in die Voralpen, s. zerstr.

2. *S. glabra* (Willd.) Fenzl, Kahles M. — Alp. v. Kt, Sb. — Sandige Stellen, bes. der Krummholzstufe, s. slt., auch herabgeschwemmt. — Hptverbrtg.: westl. SAlp.

3. *S. subulata* (Sw.) Presl, Pfriemen-M. — Nom.: Rep.: 50: 291. — Bgl, NÖ, Sb. — Feucht-sandige offene Böden, Brachen und Ödland, in niederen Lagen, s. slt. — Sonstige Verbrtg.: S- u. MEur.

4. *S. macrocarpa* (Rchb.) Maly, Großfrucht-M. — Syn.: *S. Linnaei* Presl var. *macrocarpa* (Rchb.) Uechtritz. — *S. saginoides* (L.) Karsten subsp. *macrocarpa* (Rchb.) Soó. — Alp. u. Voralp. v. NÖ, Kt, Ti; wohl weiter verbr. — Feuchte Weiden der subalpinen und alpinen Stufe, zerstr.; kalkmeidend.

5. *S. saginoides* (L.) Karsten*), Alpen-M. — Syn.: *S. Linnaei* Presl; *Spergula saginoides* L. — Alp. (verbr.). — Triften, Weiden, Schneeböden, Quellfluren, in der alpinen Stufe und oberen Voralpenstufe mßg. hfg. bis zerstr., stellw. auch in tieferen Lagen; kalkmeidend.

6. *S. Normaniana* Lagerheim, siehe am Schluß, unter „Bastard".

---

* Die Nomenklaturregeln bieten leider keine Handhabe, derartig widersinnige Namen abzulehnen.

7. *S. intermedia* Fenzl, Schnee-M. — Syn.: *S. nivalis* (Lindblom) Fries partim. — Nach Gams: Alp. v. Kt, Sb (Hohe Tauern). — Syst. u. Verbrtg.: Gams, a. a. O. — Schneeböden auf kalkhaltigen Schiefern in der alpinen Stufe, s. slt. — Sonstige Verbrtg.: Arktisch-zirkumpolar, England, Westalpen.

8. *S. procumbens* L., Gewöhnliches M., Liegendes M. — Verbr. — Feuchte, lehmige und sandige Stellen, Äcker, Ödland, Ufer, von der Ebene bis in die Krummholzstufe, zerstr. bis mßg. hfg.; etwas kalkmeidend. — Dazu:

   b) var. *bryoides* (Froelich) Gremli, Moos-M. — Syn.: *S. bryoides* Froelich. — In höheren Gebirgslagen der Alpenländer, viel seltener.

9. *S. apetala* Arduino, Kleinblütiges M. — Syn.: *S. apetala* Ard. subsp. *apetala* (Ard.) J. D. Hook. 1870; *S. apetala* Ard. subsp. *erecta* (Hornem.) Hermann; *S. inconspicua* Rossmann. — OÖ, St, Kt. — Feucht-sandige offene Böden, Äcker, Ödland, s. slt.; kalkfeindlich. — Sonstige Verbrtg.: S- u. MEur., NAfr., WAs., SAm.

10. *S. ciliata* Fr., Wimper-M. — Syn.: *S. apetala* Ard. subsp. *ciliata* (Fr.) J. D. Hook. (1870) [Arcang. 1894]. — NÖ (Alpenvorland). — Sandige Äcker und Brachen, in niederen Lagen, s. slt.; kalkfeindlich. — Sonstige Verbrtg.: S- u. MEur., NAfr.

Bastard.

6. (5 × 8.) *S. saginoides* × *S. procumbens* = *S. Normaniana* Lagerheim. — Syn.: *S. media* Brügg. partim; *S. hybrida* Kern. partim. — NTi (Trins). — Als sekundärer Bastard (nach H. Gams) in der subalpinen und alpinen Stufe wenigstens der nördlichen Alpenländer an feuchten Stellen ziemlich hfg. — Dieser sekundäre Bastard (Bastardabkömmling, artgewordene Bastard) ist auch die zuerst aus Schottland bekannt gewordene *S. scotica* Druce. — Syn.: *S. saginoides* (L.) Karsten subsp. *scotica* (Druce) Clapham. Diese aus England eingeführte Pflanze wird als Teppichpflanze (zu Zierzwecken) in „englischen Rasen" und auf Friedhöfen (als „Friedhofsmoos") ziemlich häufig kultiviert.

8. *Arenaria* L., Sandkraut.

Gliederung der Gattung.

Sektion 1. *Euthalia: A. grandiflora, serpyllifolia* (incl. *leptoclados*), *Marschlinsii.*
Sektion 2. *Pentadenaria: A. micradenia* (= *Biebersteinii*), *ciliata, biflora.*

1. *A. grandiflora* L., Großblütiges S. — Alp. u. Voralp. v. NÖ, St, Kt, OTi. — Schuttfluren und Felsen der Krummholzstufe und unteren alpinen Stufe, zerstr.; kaltstet.

2. *A. serpyllifolia* L., Quendel-S., Gewöhnliches S. — Verbr. u. hfg. — Sandige und steinige offene Böden und Grasplätze, auch Äcker und Ödland, von der Ebene bis in die untere Voralpenstufe, s. hfg.; etwas kalkliebend. — Umfaßt zwei Unterarten, die man auch als Arten trennen kann:

   A. subsp. *serpyllifolia* (L.), Gewöhnliches S. — Syn.: subsp. *genuina* Čelak.; subsp. *typica* (Beck) Tourlet; subsp. *eu-serpyllifolia* Briq. — Verbr. u. hfg. — Dazu:

b) var. *viscida* (Hall. fil.) DC., Klebriges S. — Syn.: var. *viscidula* Roth; var. *glutinosa* Mert. et Koch; Rasse *viscida* (Hall. f.) Graebner; subsp. *glutinosa* (M. et K.) Arcang.; *A. viscida* Hall. fil. — Nom.: Phyt. 5: 75. — Viel seltener.

c) var. *pusilla* Borb. — Syn.: ? var. *condensata* Lange. — Bgl. (Bernstein), auf Serpentin.

B. subsp. *leptoclados* (Guss.) Čelak. (1881), Zartes S. — Syn.: subsp. *tenuior* (Mert. et Koch) Arcang. (1882); var. *tenuior* Mert. et Koch; var. *leptoclados* (Guss.) Rchb.; *A. leptoclados* Guss. — Nom.: Phyt. 5: 75. — Bgl, NÖ. — Im pannon. Gebiet hfg.

3. *A. Marschlinsii* Koch, Alpen-S. — *A. serpyllifolia* L. subsp. *Marschlinsii* (Koch) Arcang.; *A. serp.* var. *alpina* Gaud.; *A. serp.* var. *nivalis* Gren. et Godr.; *A. serp.* var. *Marschlinsii* (Koch) Heer. — Nom.: Phyt. 5: 75. — Alp. v. Kt, Sb, Ti. — Gesteinsfluren und Schuttfluren, in der alpinen Stufe zerstr.

4. *A. micradenia* Smirnow, Grasblatt-S. — Syn.: *A. Biebersteinii* auct., non Schlechtendal (quae est *A. procera* Spreng.); *A. graminifolia* Schrad., non Arduino. — Nom.: Soó 1954. — Bgl (zw. Weiden u. Gols und bei Nickelsdorf). — Trockenrasen, s. slt.

5. *A. ciliata* L., Wimper-S. — Syn.: *A. multicaulis* L. s. l. — Alp. (verbr.). Gesteinsfluren. Schuttfluren, Triften und Matten der alpinen Stufe und der Krummholzstufe (slt. etwas tiefer), zerstr. bis mßg. hfg. — Davon wachsen in Österreich zwei Unterarten, die mitunter auch als eigene Arten*) betrachtet werden:

A. subsp. *moehringioides* J. Murr. — Syn.: subsp. *multicaulis* (L.) Schwarz, non Arcang.; Rasse *moehringioides* J. Murr in Graebner; *A. multicaulis* L. (partim?), Fritsch, DT. et Sarnth.*); *A. moehringioides* J. Murr. — Nom.: Phyt. 5: 75. — Alp. v. WTi (Reschen bei Nauders), Vb (hfg.). — Hptverbrtg.: WAlpen, Pyrenäen.

B. subsp. *tenella* (Kit.) Br.-Bl. — Syn.: Rasse *tenella* (Kit.) A. et G.; subsp. *multicaulis* (L.) Arcang.; var. *multicaulis* (L.) DC. [in Lam. et DC.]; *A. tenella* Kit.; *A. multicaulis* [L. partim?], Wulf., Rchb., Beck*). — Nom.: Phyt. 5: 76. — Alp. (fehlt Vb), in Ti hfg. — Hptverbrtg.: OAlpen, Karpaten.

6. *A. biflora* L., Zweiblütiges S. — Alp. (fehlt NÖ). — Schneetälchen, feuchte Gesteinsfluren und Schuttfluren, zerstr.; kieselhold.

9. *Moehringia* L., Nabelmiere.

Systematik.

Hayek A. v., Über eine neue *Moehringia*. VZBG, 52, 1902: 147—149. [*M. Malyi* Hayek aus St.]

---

*) *A. multicaulis* L. bezeichnete wahrscheinlich in erster Linie die subsp. A oder bezog sich vielleicht auf beide angeführten Unterarten. Die Einschränkung des Namens auf eine der beiden erfolgte nicht ganz zwanglos und bringt gewisse Nachteile. Will man Linnés Namen als mehrdeutig ganz ablehnen, dann hat die erstere Unterart, als Art betrachtet, *A. moehringioides* J. Murr zu heißen. Da sich der Typus von *A. ciliata* L. kaum wird mit Sicherheit ermitteln lassen, so wäre es unzweckmäßig, eine der beiden Unterarten als subsp. *ciliata* zu bezeichnen. Ebenso müßte man wohl den Namen *A. ciliata* L. ganz fallen lassen, wenn man die beiden Unterarten zu Arten erhebt.

Gliederung der Gattung.

Sektion 1. *Latifoliae: M. trinervia.*
Sektion 2. *Diversifoliae: M. diversifolia.*
Sektion 3. *Angustifoliae: M. ciliata, Malyi, muscosa.*

1. *M. trinervia* (L.) Clairv., Dreinervige N. — Verbr. — Mßg. feuchte Wälder, von der Ebene bis in die Voralpenstufe, hfg.; bodenvag bis schwach kalkmeidend.

2. *M. diversifolia* Dolliner, Verschiedenblättrige N. — Voralp. v. MSt, SSt, OKt. — Schattig-feuchte Stellen, Felsschutt, Felsspalten, in der Bergstufe und unteren Voralpenstufe, zerstr.; kieselhold. — Endemit der Südost-Alpen und Kroatiens.

3. *M. ciliata* (Scop.) DT., Wimper-N. — Syn.: *M. polygonoides* (Wulf.) Mert. et Koch. — Alp. (verbr.). — Schneegruben, feuchte Gesteinsfluren, Schuttfluren, Felsen und Matten der alpinen Stufe und Krummholzstufe, mßg. hfg. bis zerstr., stellw. in tiefere Lagen herabgeschwemmt; kalkstet. — Umfaßt hauptsächlich folgende zwei Varietäten:

   a) var. *ciliata* (Scop., DT.). — Syn.: var. *polygonoides* (Wulf.) Schinz et Keller. — Der Typus.

   b) var. *nana* (Gaud.) Gürke. — Syn.: var. *sphagnoides* (Froel.) Schinz et Keller; *M. sphagnoides* Froel. — Hochalpen, z. B. Alp. v. Kt, Ti.

4. *M. Malyi* Hayek, Steirische N. — St. — An feuchten steilen Felsen, s. zerstr. — Hptverbrtg.: illyrische Gebirge.

5. *M. muscosa* L., Moos-N., Moosmiere. — Verbr. (fehlt Bgl). — Schattig-feuchte Stellen: in Wäldern, an Felsen, in Schuttfluren usw., in den Voralpen hfg., bis in die Krummholzstufe, stellw. in tiefere Lagen hinabsteigend; bodenvag bis kalkhold.

Bastard.

3 × 5. *M. ciliata* × *M. muscosa* = *M. hybrida* Kern. — Alp. v. St, Sb, NTi.

10. *Holosteum* L., Spurre.

H. umbellatum L., (Dolden-) Sp. — Verbr. (fehlt Sb). — Trocken-sandige offene Böden, Äcker, Ödland, lückige Rasen, von der Ebene bis in die Voralpen, hfg. bis zerstr.

11. *Moenchia* Ehrh., Weißmiere.

M. mantica (L.) Bartl., Fünfzählige W. — Syn.: *M. erecta* (L.) G. M. Sch. subsp. *mantica* (L.) Thellung. — Bgl, St. — Trockene Grasplätze und Äcker, slt.

12. *Stellaria* L., Sternmiere.

Systematik.

Murbeck Sv., Die nordeuropäischen Formen der Gattung *Stellaria*. Botan. Notiser 1899: 193—219. [*St. glochidosperma* Murb. wird auf Seite 200—201 besprochen.]

B é g u i n o t A., Ricerche intorno al polimorfismo della „*Stellaria media*“ (L.) Cyr. I, II. Nuovo giorn. bot. ital., n. s., 17, 1910: 299—326, 348—390.
— Detto, III. Padova 1920. 146 pag.
H e g i G., Zwei Unterarten von *Stellaria nemorum* L. Mitteil. Bayer. Botan. Ges., Bd. 2, Nr. 19, 1911: 340—341. [Er unterscheidet: subsp. *montana* und subsp. *circaeoides*.]
W e i n K., Bemerkung zu vorstehender Arbeit. Ebenda, Nr. 21, 1911: 376—377. [Er beweist die Priorität von subsp. *glochinosperma* gegenüber subsp. *circaeoides*.]
P e t e r s o n D., *Stellaria*-Studien. Botan. Notiser, 1936: 281—419.
L a w a l r é e A., *Stellaria nemorum* L. subsp. *glochidisperma* Murb. en Belgique. Bull. Jard. Bot. Bruxelles, 23, 1953: 77—79.
— *Stellaria nemorum* L. subsp. *glochidisperma* Murb. en France et en Espagne. Bull. Soc. Bot. France, 100, 1954: 270—272.
G r e e n P. S., *Stellaria nemorum* L. subsp. *glochidisperma* Murbeck in Britain. Watsonia, 3, 1954: 122—126. [Sehr genaue Kennzeichnung und Verbreitungsangaben; mit Schriftenverzeichnis.]

G l i e d e r u n g d e r G a t t u n g.

Sektion 1. *Holosteae: St. Holostea.*
Sektion 2. *Larbreae: St. graminea, longifolia, palustris, Alsine.*
Sektion 3. *Insignes: St. bulbosa.*
Sektion 4. *Petiolares: St. nemorum, media.*

1. *S t. H o l o s t e a* L., Groß(blütig)e St. — Verbr. (fehlt Ti, Vb). Lichte, mßg. trockene Wälder, bes. Laubwälder, in niederen Lagen hfg. bis zerstr., stellw. in die Voralpenstufe ansteigend; etwas kalkmeidend.

2. *S t. g r a m i n e a* L., Gras-St., Grasmiere. — Verbr. u. hfg. — Wiesen und Grasplätze, auch Äcker, hfg., von der Ebene bis in die obere Voralpenstufe; kalkmeidend.

3. *S t. l o n g i f o l i a* M ü h l e n b., Langblatt-St., Nordische St. — Syn.: *St. Friesiana* Ser. — OÖ, St, Sb, Ti (auch OTi). — Feuchte Wälder, bes. der Voralpenstufe, in Ti zerstr., sonst s. slt. — Hptverbrtg.: NEur. u. nördl. MEur., Sudeten, Karpaten.

4. *S t. p a l u s t r i s* R e t z., Sumpf-St. — Syn.: *St. glauca* With. — NÖ, OÖ. — Feuchte und sumpfige Wiesen der Ebene (Flußtäler), s. slt. — Hptverbrtg.: NEur. u. nördl. MEur., gemäß. Asien.

5. *S t. A l s i n e* G r i m m, Bach-St. — Syn.: *St. uliginosa* Murr. — Nom.: Rep. 46: 108. — Verbr. — Quellfluren, Bäche, Sumpfwiesen, nasse offene Böden, zerstr.; kalkmeidend.

6. *S t. b u l b o s a* W u l f., Knollen-St. — St, Kt. — Schattig-feuchte Wälder und Gebüsche niederer Lagen, slt. — Hptverbrtg.: SOEur., WAs.

7. *S t. n e m o r u m* L., Wald-St. — Verbr. — Feucht-schattige Wälder, auch Hochstaudenfluren und Läger, in niederen Lagen s. zerstr., in den Voralpen hfg.; etwas kalkmeidend. — Gliedert sich in zwei Unterarten:

   A. s u b s p. *n e m o r u m* (L.). — Syn.: subsp. *montana* (Pierrat) Murbeck. — Der Typus.

   B. s u b s p. *g l o c h i d i o s p e r m a* M u r b e c k („*glochidisperma*“), Hexenkraut-St. — Syn.: subsp. *circaeoides* (A. Schwarz) Hegi; var. *circaeoides* A. Schwarz; var. *glochidisperma* (Murbeck) Gürke; *Stellaria montana* Pierrat (1880), non J. N. Rose (1891); *St. glochidisperma* (Murbeck) Freyn. — St (Gräben des Koralpen-Osthanges). — Sonstige Verbrtg.: Jugoslawien, Italien, Schweiz, Spanien, Frankreich, England, Belgien, Holland, Dänemark, Schweden.

8. *St. media* (L.) Vill., Vogelmiere, Hühnerdarm. — Syst. u. Nom.: Phyt. 5: 73/74*). — Gliedert sich in drei Unterarten:

A. subsp. *major* (Koch) Arcang., Großblütige Vogelmiere. — Syn.: subsp. *neglecta* (Weihe) Simk.; var. *major* W. D. J. Koch; var. *neglecta* (Weihe) K. Koch; *St. Cerastium* Murr.; *St. neglecta* Weihe. — Verbr. (fehlt Sb). — Feuchte Wälder, Auen, zerstr.

B. subsp. *media* (L.), Gewöhnliche Vogelmiere. — Syn.: subsp. *genuina* Čelak.; subsp. *eu-media* Briq.; subsp. *typica* Béguinot. — Verbr. u. hfg. — Feuchte Grasplätze, feuchtes Ödland, Äcker, Gärten, von der Ebene bis in die Voralpen, s. hfg.

C. subsp. *apetala* (Ucria) Čelak., Blasse (Kleinblütige) Vogelmiere. — Syn.: subsp. *pallida* (Dum.) Béguinot; var. *apetala* (Ucria) Gaudin; *St. apetala* Ucria; *St. pallida* (Dum.) Piré. — Bgl (zw. Weiden und Neusiedl), OÖ (Innkreis und Alpenvorland), Sb (Elsbethen bei Salzburg), Vb (Feldkirch). — Trockeneres Ödland, Wiesen, in niederen Lagen, slt. — Nach manchen Autoren ist *St. pallida* (Dum.) Piré eine eigene Art und von *St. media* subsp. *apetala* verschieden.

13. *Malachium* Fries, Wasserdarm.

M. aquaticum (L.) Fries, (Gewöhnlicher) W., Wassermiere. — Syn.: *Stellaria aquatica* (L.) Scop. — Verbr. — Feuchte Auwälder, Ufer, Wassergräben, bes. in niederen Lagen, zieml. hfg.

14. *Cerastium* L., Hornkraut.

Mit Verbesserungen und Ergänzungen von Wilhelm Möschl (Graz).

Systematik.

Buschmann A., Über einige ausdauernde *Cerastium*-Arten aus der Verwandtschaft des *C. tomentosum* Linné. Repert. spec. nov., 43, 1938: 118—143.

Gartner H., Zur systematischen Anordnung einiger Arten der Gattung *Cerastium* L. Repert. spec. nov., Beihefte, Bd. 113, 1939. 96 Seiten. [Sektion *Caespitosa.*]

Jovet P., Remarques sur le *Cerastium trigynum* Vill. et ses variétés. Bull. Mus. Nation. Hist. nat., 2. sér., 13, 1941: 326—330.

Lonsing A., Über einjährige europäische *Cerastium*-Arten aus der Verwandtschaft der Gruppen „*Ciliopetala*" Fenzl und „*Cryptodon*" Pax. Repert. spec. nov., 46, 1939: 139—165.

Merxmüller H., Untersuchungen über eine alpine Cerastien-Gruppe. Berichte Bayer. Botan. Ges. 28, 1950: 219—238. [Subsektion *Latifolia*, d. i. *Cerastium latifolium, uniflorum* und *pedunculatum. C. Hegelmaieri* wird nicht als Art anerkannt.]

Möschl W., Über einige europäische Arten der Gattung *Cerastium (Orthodon—Fugacia —Leiopetala).* Repert. spec. nov., 41, 1936: 153—163.

— Morphologie einjähriger europäischer Arten der Gattung *Cerastium (Orthodon—Fugacia—Leiopetala).* ÖBZ, 87, 1938: 249—272.

— *Cerastium holosteoides* Fries, ampl. Hyl. subspecies *pseudoholosteoides* Möschl. Botan. Notiser 1948: 363—375. [Behandelt die Gliederung des *C. vulgatum* L. = *C. holosteoides* Fries amplif.]

— *Cerastium semidecandrum* Linné, sensu latiore. Mem. Soc. Broteriana, 5, 1949: 5—123.

Ronniger K., Einige Bemerkungen über Arten der Gattung *Cerastium.* Mitteil. Thüring. Botan. Ver., n. F., 51/2, 1944: 355—359. [*C. strictum* und *C.* „*Hegelmaieri*".]

Schellmann C., Umgrenzung und Verbreitung von *Cerastium julicum* Schellmann (= *C. rupestre* Krašan — non Fischer). Carinthia II, 128, 1938: 68—77.

*) Die Namenskombination *Stellaria media* wurde erst von Villars 1789 gebildet, nicht schon von Cyrillo 1784; dieser hat nur gesagt, daß *Alsine media* L. in die Gattung *Stellaria* zu übertragen wäre (siehe Burnat 1892 und Graebner 1919).

Whitehead F. H., An example of taxonomic discrimination by biometric methods. New Phytologist, 53, 1954: 496—510. [Betrifft *C. tetrandrum* Curt., *C. pumilum* Curt. und *C. semidecandrum* L.]

Vorstehende Arbeiten verteilen sich auf die Sektionen wie folgt:

Sektion *Trigyna:* Jovet.
Sektion *Perennia:* Buschmann, Schellmann, Ronniger, Merxmüller.
Sektion *Caespitosa:* Gartner, Möschl 1948.
Sektion *Fugacia:* Lonsing, Möschl 1936, 1938, 1949, Whitehead.

Gliederung der Gattung.

Untergattung I. *Dichodon.*
Sektion 1. *Trigyna: C. Cerastoides.*
Sektion 2. *Anomala: C. dubium.*
Untergattung II. *Orthodon* (= *Eu-Cerastium*).
Sektion 3. *Perennia: C. tomentosum* bis *C. pedunculatum.*
Subsektion 3 a. *Tomentosa: C. tomensotum, Biebersteinii.*
Subsektion 3 b. *Arvensia* (= *Chondrospermia* partim): *C. julicum, arvense, strictum.*
Subsektion 3 c. *Alpina* (= *Chondrospermia* partim): *C. alpinum, lanatum.*
Subsektion 3 d. *Latifolia* (= *Physospermia*): *C. carinthiacum, latifolium, uniflorum, pedunculatum.*
Sektion 4. *Caespitosa* (= *Vulgata*): *C. silvaticum, vulgatum, macrocarpum, fontanum.*
Sektion 5. *Fugacia: C. brachypetalum* bis *C. subtetrandrum.*
Subsektion 5 a. *Ciliopetala: C. brachypetalum, viscosum.*
Subsektion 5 b. *Leiopetala: C. semidecandrum, pumilum, glutinosum, subtetrandrum.*

1. *C. Cerastoides* (L.) Britton*), Dreigriffeliges H. — Syn.: *C. lapponicum* Crantz; *C. trigynum* Vill.; *Stellaria Cerastoides* L. — Syst.: Jovet 1941. — Nom.: ÖBZ, 91: 238/239. — Alp. (verbr.). — Feuchte Gesteinsfluren, Schneetälchen, Quellfluren, moorige Stellen, in der alpinen und Krummholzstufe zerstr.; kieselhold.

2. *C. dubium* (Bast.) Schwarz, Abweichendes H. — Syn.: *C. anomalum* W. K., non Schrank; *Stellaria viscida* MB. — Nom.: Phyt. 2: 305. — Bgl und östl. NÖ. — Sandige Grasplätze, Ödland, Äcker, schlammig-sandige Ufer, im pannon. Gebiet slt. — Hptverbr.: Ungarn, S- u. SOEur., WAs., NAfr.

3. *C. tomentosum* L., Filz-H. — Syst.: Buschmann 1938. — Als Zierpfl. hfg. kult., mßg. hfg. verw. — Hptverbrtg.: M- u. SItalien, Sizilien. — Die Angabe: Alp. v. SKt (Alpe Loibl, nach Handel-Mazzetti in VZBG, 1908) dürfte sich kaum auf ein ursprüngliches Vorkommen beziehen (A. Buschmann briefl.).

4. *C. Biebersteinii* DC., Taurisches H. — Als Zierpflanze sltner. kult., slt. verw. — Hmt.: Krim.

5. *C. julicum* Schellmann, Felsen-H. — Syn.: *C. rupestre* Krašan, non Fischer. — Syst. u. Nom.: Schellmann 1938. — Alp. v. SüdostKt (Obir, Petzen, Koschutta). — Felsen und Felsschutt der alpinen Stufe und Krummholzstufe. — Endemit der Sanntaler Alpen (= Steiner Alpen), Ost-Karawanken und Julischen Alpen; in letzteren (Triglav-Gebiet) s. slt.

*) Die Nomenklaturregeln bieten leider keine Handhabe, derartig widersinnige Namen abzulehnen.

6. *C. arvense* L., Acker-H. — Syn.: *C. arvense* L. subsp. *commune* Gaud.; *C. arvense* L. subsp. *arvum* Schur. — Verbr. (fehlt Vb). — Trockene Wiesen, Äcker, Raine, steinige Stellen, hfg., von niederen Lagen bis in die untere Voralpenstufe; kalkhold. — Auffallende Varietät:

   b) var. *adenophorum* Hayek. — Bgl (Forchtenstein, Bernstein), St (mehrfach). — An trockenen Standorten, bei Bernstein auf Serpentin.

7. *C. strictum* L., Steifes H. — Syn.: *C. arvense* L. subsp. *strictum* (L.) Gaud.; *C. arv.* var. *strictum* (L.) Koch; *C. arv.* var. *alpicola* Fenzl; *C. arv.* var. *alpinum* Schur. — Syst. u. Nom.: ÖBZ, 91: 240. — Alp. u. Voralp. (verbr., auch Vb). — Steinige Stellen und Matten der höheren Voralpen bis in die alpine Stufe, hfg.; bodenvag. — Gliedert sich in zwei Unterarten:

   A. subsp. *strictum* (L.). — Alp. u. Voralp. (verbr.). — In den Westalpen hfg., gegen Osten immer schwieriger gegen *C. arvense* abzugrenzen.

   B. subsp. *ciliatum* (W. K.) Janchen. — Syn.: *C. arvense* L. subsp. *ciliatum* (W. K.) Rchb.; *C. arv.* subsp. *rigidum* (Scop.) Hegi; *C. arvense* L. subsp. *strictum* (L.) Gaud. var. *molle* (Vill.) Schellmann; *C. strictum* L. var. *rigidum* (Scop.) Ten.; *C. rigidum* (Scop.) Vitm.; *C. molle* Vill.; *C. ciliatum* W. K. — Nom.: Phyt. 5: 75. — Alp. u. Voralp. v. St, Kt, Ti (auch OTi). — Kalkhold. — Hptverbrtg.: SAlpen. illyrische Gebirge, Apenninen, Pyrenäen.

8. *C. alpinum* L., Alpen-H. — Syn.: *C. alpinum* L. subsp. *Kochii* Wettst. — Alp. (fehlt NÖ). — Steinige Triften, Schuttfluren und Felsen in der alpinen Stufe und Krummholzstufe, stellw. auch tiefer, zerstr.; kieselhold.

9. *C. lanatum* Lam., Woll-H. — Syn.: *C. alpinum* L. subsp. *lanatum* (Lam.) Graebner; *C. alpinum* L. var. *lanatum* (Lam.) Hegetschw.; *C. villosum* Baumg. — Alp. (fehlt NÖ, Sb). — Steinige Triften, Felsschutt und Felsen der alpinen Stufe, hfg.; kieselhold.

10. *C. carinthiacum* Vest, Kärntner H. — Alp. u. Voralp. (verbr., fehlt Vb), Kalkalpen. — Schuttfluren, Gesteinsfluren, auch Gebüsche, in der Krummholzstufe und alpinen Stufe, hfg. bis zerstr., stellw. tiefer herabgeschwemmt; kalkstet. — Dazu:

    B. subsp. *austroalpinum* Kunz. — Syn.: *C. austroalpinum* Kunz, Phyton, 2, 1950: 98—103. (Nach gegenwärtiger Ansicht des Autors keine eigene Art, sondern eine Unterart von *C. carinthiacum.*) — Alp. v. SKt (Karawanken). — Sonstige Verbrtg.: Südalpen der Schweiz, Oberitaliens und Sloweniens; in den Julischen Alpen zieml. hfg.

11. *C. latifolium* L., Breitblatt-H. — Syst.: Merxmüller 1950. — Verbrtg.: Phyt. 5: 74. — Alp. v. Ti, Vb. — Schuttfluren der alpinen Stufe und Krummholzstufe, zerstr.; kalkhold.

12. *C. uniflorum* Clairv., Einblütiges H. — Syn.: *C. latifolium* L. subsp. *uniflorum* (Clairv.) Dostál. — Syst.: Merxmüller 1950. — Nom. u. Verbrtg.: Phyt. 5: 74. — Alp. (fehlt NÖ). — Schuttfluren der alpinen Stufe und Krummholzstufe, zerstr.; bodenvag bis schwach kieselhold. — Dazu:

    β) forma *Hegelmaieri* (Correns) Merxmüller. — Syn.: var. *Hegelmaieri* Correns; *C. Hegelmaieri* (Correns) Fritsch. — Syst.: Merxmüller 1950. — Im Gebiet der Art zerstr.; bodenvag.

13. *C. pedunculatum* Gaud., Stiel-H. — Syn.: *C. filiforme* Schleich. — Verbrtg.: Phyt. 5: 74/75. — Alp. v. Kt, Sb, Ti (auch OTi), Vb, bes. Zentralalpen. — Schuttfluren und Gesteinsfluren der alpinen Stufe, bes. in Gletschervorfeldern, in Ti zerstr., sonst s. slt.; kieselstet.

14. *C. silvaticum* W. K., Wald-H. — NÖ, OÖ, OSt; im Bgl nicht nachgewiesen. — Feuchte Wälder, zerstr. bis slt. — Hptverbrtg.: OEur.

15. *C. vulgatum* L., Gewöhnliches H. — Syn.: *C. caespitosum* Gilib.*); *C. holosteoides* Fries, amplif. Hylander; *C. vulgare* Hartman; *C. triviale* Link, non *Stellaria trivialis* Link; *C. vulgatum* L. subsp. *caespitosum* (Gilib.) Dostál. — Syst.: Gartner 1939; Möschl 1948. — Nom.: ÖBZ, 91: 239; Phyt. 2: 305/306; Phyt. 5: 74. — Verbr. — Mäßig feuchte Wiesen, auch Äcker, hfg., von der Ebene bis in die Voralpenstufe. — Davon wachsen in Österreich folgende zwei Unterarten:

A. subsp. *vulgatum* (L.). — Syn.: subsp. *triviale* (Link) Janchen; var. *triviale* (Link) O. Kuntze; *C. holosteoides* Fries subsp. *triviale* (Link) Möschl. — Der Typus.

B. subsp. *glabrescens* (G. F. W. Meyer) Janchen. — Syn.: var. *holosteoides* (Fries) Wahlenbg.; var. *glabrescens* (G. F. W. Meyer) Grenier; var. *glabratum* Neilr.; *C. holosteoides* Fries s. str.; *C. holosteoides* Fr. subsp. *glabrescens* (G. F. W. Meyer) Möschl. — Zerstr. bis slt.

16. *C. macrocarpum* Schur (emend. Gartner), Hain-H. — Syn.: *C. longirostre* O. Schwarz, non Wichura (quod est *C. fontanum*); *C. vulgatum* L. subsp. *macrocarpum* (Schur) Kotula; *C. vulgatum* L. var. *nemorale* (Üchtritz) Oborny. — Syst.: Gartner 1938. — Nom.: ÖBZ, 91: 238; Phyt. 2: 306 (unrichtig); Phyt. 5: 74 (unrichtig). — Gliedert sich in folgende zwei Unterarten:

A. subsp. *lucorum* (Schur) Gartner. — Syn.: *C. longirostre* Schwarz subsp. *lucorum* (Schur) Janchen olim; *C. longirostre* Schwarz subsp. *nemorale* (Üchtritz) Schwarz; *C. vulgatum* L. subsp. *lucorum* (Schur) Soó. — NÖ, OÖ, St, Kt, Sb. — Feuchte lichte Wälder niederer Lagen, zerstr.

B. subsp. *macrocarpum* (Schur) Gartner. — Syn.: *C. longirostre* O. Schwarz subsp. *macrocarpum* (Schur) O. Schwarz. — Voralp. v. St, Kt. — Feuchte lichte Wälder, slt.

17. *C. fontanum* Baumg., Quellen-H. — Syn.: *C. vulgatum* L. subsp. *fontanum* (Baumg.) Simk.; *C. caespitosum* Gilib. subsp. *fontanum* (Baumg.) Schinz et Keller; *C. caespitosum* Gilib. var. *fontanum* (Baumg.) Gürke; *C. vulgatum* L. var. *fontanum* (Baumg.) Beck. — Syst.: Gartner 1939. — Nom.: Becherer, Repert. spec. nov., 25, 1928: 12; Janchen, Phyton, 2, 1950: 306 (überholt). — Gliedert sich in drei Unterarten**): von diesen wächst in Österreich nur folgende:

---

*) Ist wie alle Gilibertschen Namen als nicht gültig veröffentlicht anzusehen. Wer den Namen *C. vulgatum* L. als zu wenig sicher ablehnt, muß den Namen *C. holosteoides* Fries voranstellen, der sich ursprünglich nur auf die seltene kahle Unterart bezogen hat.

**) Die typische Unterart ist subsp. *fontanum* (Baumg.) Gartner; sie wächst in Siebenbürgen, in den Karpaten und Sudeten. In Nordeuropa wächst subsp. *scandicum* Gartner.

subsp. *alpinum* (Mert. et Koch) Janchen, nova comb. — Syn.: subsp. *alpicum* Gartner 1939; subsp. *alpicola* (Hegetschw.) Schwarz 1949; subsp. *alpestre* (Hegetschw.) Janchen 1950; *C. vulgatum* L. subsp. *alpinum* (Mert. et Koch) Hartman 1846 partim*); *C. caespitosum* Gilib. subsp. *alpinum* (Mert. et Koch) Becherer 1928; *C. vulgatum* L. subsp. *alpestre* (Lindblom) Hartman 1870 partim**); *C. vulgare* Hartm. subsp. *alpestre* (Lindblom) Murbeck 1898 partim**); *C. triviale* Link var. *alpinum* Mert. et Koch 1831, Wohlfarth 1892; *C. vulgatum* Link var. *alpinum* (Mert. et Koch) Grenier 1839; *C. triviale* Link var. *alpestre* Hegetschw. 1839; *C. viscosum* var. *alpicolum* Hegetschw. 1825. — Alp. (verbr.). — Matten und feuchte Gesteinsfluren in der Krummholz- und Alpenstufe, zieml. hfg.; kalkmeidend.

18. *C. brachypetalum* Pers., Kleinblütiges H., Bart-H. — Syst.: Lonsing 1939. — Nom.: ÖBZ, 91: 239; Phyt. 5: 74. — Bgl, NÖ, OÖ, St, Kt, OTi; (Vb). — Trockene lückige Grasplätze und Wiesen, von der Ebene bis in die Bergstufe, im pannon. Gebiet mßg. hfg., sonst slt.; bogenvag. — Gliedert sich in folgende drei Unterarten:

A. subsp. *Tenoreanum* (Ser.) Dostál. — Syn.: *C. Tenoreanum* Ser.; *C. pilosum* Ten., non Sibth. et Sm. — Bgl, NÖ, OÖ, St, Kt.

B. subsp. *brachypetalum* (Pers.). — Syn.: subsp. *strigosum* (Fries) Lonsing. — Syn: var. *eglandulosum* Fenzl; *C. strigosum* Fries. — Der Typus. — Bgl, NÖ.

C. subsp. *tauricum* (Spreng.) Murbeck. — Syn.: var. *glandulosum* Koch; *C. tauricum* Spreng. — Bgl, NÖ, OÖ, St, Kt, OTi.

19. *C. viscosum* L., Knäuel-H. — Syn.: *C. glomeratum* Thuill. — Nom.: ÖBZ, 91: 239. — Verbr. — Sandige Äcker, Ödland, Grasplätze, lichte Wälder, von der Ebene bis in die Voralpenstufe, zerstr. bis slt.; kalkfeindlich.

20. *C. semidecandrum* L., Sand-H. — Verbr. (fehlt Sb). — Sandige lückige Grasplätze, auch trockenes Ödland und Ackerränder, im pannon. Gebiet zerstr., sonst slt.

21. *C. pumilum* Curt., Niedriges H. — Syn.: *C. obscurum* Chaubard; *C. pumilum* Curt. subsp. *obscurum* (Chaubard) Schinz et Thellung. — Syst.: Möschl 1936. — Nom.: ÖBZ, 91: 239. — Bgl, NÖ, OTi (Lienz); eingeschleppt in Vb. — Trockenrasen und trockene, lückige Grasplätze, auch Ödland, besonders auf schwereren tiefgründigeren Böden, nur in niederen Lagen, im pannon. Gebiet häufig, sonst s. slt.

22. *C. glutinosum* Fries, Kleb-H. — Syn.: *C. pallens* F. W. Schultz; *C. pumilum* Curt. subsp. *pallens* (F. W. Schultz) Schinz et Thellung. — Syst.: Möschl 1936. — Nom.: ÖBZ, 91: 239. — Verbr. (auch OTi, fehlt

---

*) Bezieht sich nach der Fundortangabe auf die nordische Unterart, aber nach dem Namen eindeutig auf die alpine Unterart, und ist für diese offenbar der älteste Subspezies-Name.

**) Auch diese beiden Namen beziehen sich sowohl auf die nordische als auch auf die alpine Unterart.

NTi u. Vb.). — Trockenrasen und trockene, lückige Grasplätze, auch Ödland, besonders auf lockeren, leicht austrocknenden Böden sowie auf dünnen Humusschichten über Felsgrund, nur in niederen Lagen, im pannon. Gebiet s. häufig, sonst slt.

23. *C. subtetrandrum* (Lange) Murbeck, Schwedisches H. — Nördl. Bgl, östl. NÖ (Marchfeld). — Trockene Grasplätze, trockenes Ödland, im pannon. Gebiet s. slt. — Sonstige Verbrtg.: Ungarn, Polen, Dänemark, Süd-Schweden.

Bastarde

(durchwegs etwas zweifelhaft):

6 × 8. *C. arvense* × *C. alpinum.* — Voralp. v. Sb (Lungau, mehrfach).

7 × 9. *C. strictum* × *C. lanatum* = *C. Brueggerianum* DT. et Sarnth. — Alp. v. NTi (Vent).

8 × 10. *C. alpinum* × *C. carinthiacum.* — Alp. v. WKt (äußerst zweifelhaft).

Namensverzeichnis zur Gattung *Cerastium.*

15. *Gypsophila* L., Gipskraut.

Systematik.

Stroh G., Die Gattung *Gypsophila* Linn. Vorläufiger Katalog. Beihefte Botan. Ctrbl., 59, Abt. B, 1939: 455—477. [Wenigstens 140 Arten.]

Williams F. N., Revision of the specific forms of the genus *Gypsophila.* Journ. of Bot., 27, 1889: 321—329.

Gliederung der Gattung.

Sektion 1. *Bootia: S. officinalis, Ocimoides.*
Sektion 2. *Paniculiformes: G. arenaria* bis *G. acutifolia.*
Sektion 3. *Dichoglottis: G. elegans.*
Sektion 4. *Macrorrhizae: G. muralis.*

1. *G. repens* L., Kriech-G. — Alp. u. Voralp. (verbr.). — Schuttfluren der Alpenstufe und höheren Voralpenstufe, zerstr., stellw. im Bachgeschiebe tiefer herabgeschwemmt; kalkliebend.

2. *G. arenaria* W. K., Sand-G. — Syn.: *G. fastigiata* L. subsp. *arenaria* (W. K.) Domin; *G. fastigiata* L. var. *arenaria* (W. K.) Fries. — Nom.: Phyt. 5: 73. — NÖ (Lassee im Marchfeld). — Trockener Sandboden, nur in einer kleinen Steppen-Reservation. — Hptverbrtg.: Böhmen, Mähren, Slowakei, Ungarn, nordwestl. Balkanländer. — Die nächstverwandte *G. fastigiata* L. wächst in Nord-Deutschland, Süd-Schweden, Finnland.

3. *G. paniculata* L., Rispen-G., Schleierkraut. — NÖ (Marchfeld). — Sandsteppen, stellw. hfg. Wird hfg. als Zierpfl. kult., slt. als Heilpfl., so in NÖ (Korneuburg). — Hptverbrtg.: SOEur. (bis Ungarn u. Mähren). — Dazu:

b) var. *adenopoda* Borb. — NÖ (Lassee im Marchfeld).

4. *G. scorzonerifolia* Ser., Schwarzwurz-G. — Syn.: *G. perfoliata* Beck, non L. — (NÖ), Vöslau, vor 1857!, längst verschwunden. — Hmt.: SORußland, W- bis MAsien.

5. *G. acutifolia* Fisch., Spitzblatt-G. — (NÖ), Wartenstein bei Gloggnitz, 1880. — Hmt.: SRußland, Kaukasusländer.

6. *G. elegans* M B., Zierliches G. — (NÖ, St); als Zierpfl. kult. u. leicht verwildernd. — Hmt.: Vorder-Asien.

7. *G. muralis* L., Mauer-G. — Verbr. (fehlt Vb). — Sandige, feuchte Äcker, auch feuchtes Ödland, in niederen Lagen zerstr.; kalkfeindlich.

16. *Saponaria* L., Seifenkraut.

Systematik.

Scharfetter R., Die Gattung *Saponaria* Subgenus *Saponariella* Simmler. Eine pflanzengeographisch-genetische Untersuchung. ÖBZ, 62, 1912: 1—8, 74—88, 109—114.
Simmler G., Monographie der Gattung *Saponaria*. Denkschr. Akad. Wiss. Wien, m.-n. Kl., 75, 1910: 433—509.

Gliederung der Gattung.

Sektion 1. *Bootia: S. officinalis, Ocimoides.*
Sektion 2. *Smegmathamnium: S. pumila.*

1. *S. officinalis* L., Gewöhnliches S. — Verbr. — Auen, feuchte Gebüsche, Ufer, feuchtes Ödland, in niederen Lagen mßg. hfg. bis zerstr.; etwas kalkliebend. Hfg. als Zierpfl. kult.; mitunter verw.; slt. als Heilpfl., so in NÖ (Korneuburg).

2. *S. Ocimoides* L.*), Kleinblütiges S. — WKt, Ti (auch OTi), Vb. — Trockene Hänge, Schuttfluren, Flußgeschiebe, auch lichte Wälder, bes. Föhrenwälder, von niederen Lagen bis in die Krummholzstufe, stellw. hfg.; kalkhold. — Hptverbrtg.: SWEur. (bis Schweiz u. SBayern).

3. *S. pumila* (St.-Lag.) Janchen, Zwerg-S. — Syn.: *S. nana* Fritsch; *S. Pumilio* (L.) Fenzl, non Boiss.; *Silene Pumilio* (L.) Wulf. — Alp. v.

*) Bei Linné „*Ocymoides*", als Hauptwort (alter Gattungsname) mit großem Anfangsbuchstaben. Das *y* ist aber (auch wenn es bereits aus Bauhin übernommen wurde) als Rechtschreibfehler anzusehen; denn der lateinische Pflanzenname ocimum wird ebenso wie der griechische Name okimom mit i geschrieben.

WSt, Kt, Sb, OTi (Zentralalpen). — Steinige Triften und trockene Matten der alpinen Stufe und Krummholzstufe, stellw. s. hfg., sonst zerstr.; kalkfeindlich.

17. *Vaccaria* Medik., Kuhnelke, Kuhkraut.

V. pyramidata Medik., Saat-K., Gewöhnliche K. — Syn.: *V. segetalis* (Neck.) Garcke; *Saponaria Vaccaria* L. — Verbr. (in Sb nur eingeschleppt). — Getreidefelder, auch Brachen und Ödland, in niederen Lagen zerstr. — Gliedert sich in folgende zwei Unterarten:

A. subsp. *pyramidata* (Medik.), Kleinblütige K. — Syn.: subsp. *parviflora* (Moench) Hayek; *V. parviflora* Moench; *V. segetalis* (Neck.) Garcke subsp. *parviflora* (Moench) Domin. — Der Typus. — Verbr. (in Sb nur eingeschleppt).

B. subsp. *grandiflora* (Fisch.) Hayek, Großblütige K. — Syn.: var. *grandiflora* (Fisch.) Čelak.; *V. grandiflora* (Fisch.) Jaub. et Spach; *V. segetalis* (Neck.) Garcke subsp. *grandiflora* (Fisch.) Domin; *V. parviflora* Moench var. *grandiflora* (Fisch.) Beck; *V. segetalis* (Neck.) Garcke var. *grandiflora* (Fisch.) Fiek. — Bgl, NÖ, St, Vb. — In den wärmeren Gegenden, bes. im pannon. Gebiet vorherrschend.

18. *Tunica* Boehmer, Felsennelke.

T. saxifraga (L.) Scop., Gewöhnliche F. — Verbr. — Trockenrasen, sandige und steinige Böden, trockenes Ödland, Felsen, in niederen Lagen hfg., bis in die Voralpen ansteigend; bodenvag.

19. *Kohlrauschia* Kunth, Kopfnelke, Nelkenköpfchen.

K. prolifera (L.) Kunth, Sprossende K. — Syn.: *Tunica prolifera* (L.) Scop.; *Dianthus prolifer* L. — Bgl, NÖ, OÖ, St, Kt; eingeschleppt in NTi. — Trockenrasen, sandige und steinige Stellen, auch trockenes Ödland, in niederen Lagen; bodenvag. In Bgl u. NÖ zerstr., bes im pannon. Gebiet; in St u. Kt s. slt.; in OÖ (Leonding) vielleicht nur eingeschleppt; in Ti sicher nur eingeschleppt.

20. *Dianthus* L., Nelke.

Systematik der ganzen Gattung.

Williams F. N., A monograph of the genus *Dianthus* L. Journ. Linn. Soc. London, 29, 1893: 346—478.

Rohweder H., Beiträge zur Systematik und Phylogenie des Genus *Dianthus*, unter besonderer Berücksichtigung der karyologischen Verhältnisse. Botan. Jahrb. f. Syst., 66, 1934: 249—368.

Systematik der Sektion *Armerium*.

Vierhapper F., Über den Formenkreis des *Dianthus Armeria* L. VZBG, 52, 1902: 71—72.

Systematik und Verbreitung der Sektion *Barbulatum*.

Lemperg F., Studies in the Perennial Species of the Genus *Dianthus* L. I. [Sektion *Barbulatum*.] Meddelanden från Göteborgs Botaniska Trädgård, 11, 1936: 71—134.

Vierhapper F., Zur Systematik und geographischen Verbreitung einer alpinen *Dianthus*-Gruppe [*D. alpinus, glacialis, neglectus*]. Sitzber. Akad. Wiss. Wien, m.-n. Kl., Abt. I, 107, 1898: 1057—1170.
Cretzoiu P., Europäische „*Dianthus* ... Sect. *Alpini* ...“-Arten. Pflanzenareale, Reihe 5, Heft 1, 1939: Karte 9 a u. 9 b, Seite 10—11. [Behandelt *D. alpinus* und *D. glacialis*.]

Schrifttum zur Sektion *Eucaryophyllum*.

Kronfeld E. M., Geschichte der Gartennelke. Österr. Gartenzeitung, Wien 1913. 212 Seiten.

Systematik der Sektion *Fimbriatum* (= *Plumaria*).

Vierhapper F., Zur systematischen Stellung des *Dianthus caesius* Sm. ÖBZ, 51, 1901: 361—366, 409—417.
Novák F. A., Notes on the phylogenetical development of European Pinks [= *Dianthi*] of section *Fimbriatum* [= *Plumaria*]. Aus „Sborník klubu přirodovědeckého v Praze“, 4, 1922. 7 Seiten.
— Monografická studie o *Dianthus plumarius* L. Věstník Královske česke společnosti Nauk, tr. II, 1923: 1—42. [Tschechisch, mit englischer Zusammenfassung.]
— Monografická studie o *Dianthus monspessulanus* L. s. l. usw. Spisy vyd. přir. fak. Karel Univ., 1924, č. 21. 50 Seiten. [Enthält u. a. die Erstbeschreibungen mehrerer neuer Formen von *Dianthus Sternbergii* aus den südlichen Kalkalpen.]
— *Dianthus plumarius* (L.). Repert. spec. nov., 22, 1926: 391—395. [Beschreibung der Kleinarten und Formen aus der *Plumarius*-Gruppe (einschl. *D. serotinus*) nebst Bestimmungsschlüssel.]
— *Dianthi fimbriati* europaei. I—IV. Repert. spec. nov., 25, 1928: 38—47, 204—208; 26, 1929: 219—228, 280—285. [Behandelt außer den Arten der vorstehenden Abhandlung auch noch *D. monspessulanus, Sternbergii, gratianopolitanus* u. a]

Systematik der Sektion *Carthusianum*.

Hayek A. v., Bemerkungen über *Dianthus Carthusianorum* L. und verwandte Formen. VZBG, 54, 1904: 406—409. [Beziehungen zu *D. atrorubens* All.]
Hegi G., Systematische Gliederung des *Dianthus Carthusianorum* L. Allg. Botan. Zeitschr., 17, 1911: 11—18.
Rössler W., Zur Kenntnis von *Dianthus capillifrons* (Borb.) Neumayer. Sitzber. Akad. Wiss. Wien, m.-n. Kl., Abt. I, 155, 1949: 173—204.

Gliederung der Gattung.

Sektion 1. *Armerium: D. Armeria.*
Sektion 2. *Barbulatum.*
 Subsektion 2 a. *Asperi: D. deltoides.*
 Subsektion 2 b. *Glauci: D. collinus, chinensis.*
 Subsektion 2 c. *Alpini: D. glacialis, alpinus.*
Sektion 3. *Eucaryophyllum: D. silvestris, Caryophyllus.*
Sektion 4. *Fimbriatum* (= *Plumaria*)*: D. gratianopolitanus* bis *D. superbus.*
Sektion 5. *Carthusianum.*
 Subsektion 5 a. *Macrolepides: D. barbatus.*
 Subsektion 5 b. *Carthusianoides: D. Carthusianorum* bis *D. vaginatus.*

1. *D. Armeria* L., Büschel-N., Rauh-N. — Verbr. — Lichte Wälder, Gebüsche, trockene Grasplätze, von der Ebene bis in die untere Voralpenstufe, zerstr. bis mäßig hfg.; bodenvag.

2. *D. deltoides* L., Heide-N. — Verbr. — Trockene Wiesen, Heiden, Waldränder, gern auf Sand, in niederen Lagen kalkarmer Gegenden hfg. bis zerstr.; kalkfeindlich.

3. *D. collinus* W. K., Hügel-N.*) — Syn.: *D. Seguieri* Vill. subsp. *scaber* Čelak.; *D. Seguieri* Vill. subsp. *collinus* (W. K.) Arcang. — Nom.: Phyt. 5: 73. — NÖ (Marchfeld). — Wiesen. — Hptverbrtg.: OEur.

*) Über den irrtümlich aus Österreich angegebenen *D. silvaticus* Hoppe vgl. Phyt. 5: 73.

4. *D. chinensis* L., China-N. — Als Zierpfl. kult., leicht verwildernd. — Hmt.: OAs.

5. *D. glacialis* Haenke, Gletscher-N. — Alp. v. St, Kt, Sb, Ti (auch OTi); Zentralalpen. — Grasige Triften der alpinen Stufe und Krummholzstufe, zerstr.; kalkfeindlich.

6. *D. alpinus* L., Alpen-N. — Alp. v. NÖ, OÖ, St, Kt, Sb, OTi. — Matten und Wiesen der alpinen Stufe und (bes. oberen) Voralpenstufe der Kalkalpen hfg., in den Zentralalpen nur s. zerstr.; kalkstet.

7. *D. silvester* Wulf., Wilde N. — Syn.: *D. inodorus* (L.) Kern.; *D. Caryophyllus* L. subsp. *silvester* (Wulf.) Rouy et Foucaud. — Kt, Sb, Ti, Vb. — Steinige, buschige Hänge, Felsen, bes. in der Voralpenstufe, doch auch tiefer. — Hptverbrtg.: SEur. — Dazu:

b) var. *uniflorus* Gaud. — Syn.: var. *humilior* Koch; var. *brevicalyx* Beck. — Eine niedrige Hochgebirgsform; sicher in Kt, Sb, Ti, wohl auch in Vb (?).

8. *D. Caryophyllus* L., Garten-N. — Als Zierpfl. kult., zuweilen verw. — Hmt.: SEur.

9. *D. gratianopolitanus* Vill., Pfingst-N. — Syn.: *D. caesius* Sm. — Als Zierpfl. kult. u. stellw. verw. bis eingebürgert, z. B. OÖ, Sb, Vb (mehrfach). — Hmt.: WEur. (bis Böhmen u. Mähren).

10. *D. Sternbergii* Sieber, Dolomit-N. — Syn.: *D. hyssopifolius* Juslen. subsp. *Sternbergii* (Sieber) Mansfeld; *D. monspessulanus* L. subsp. *Sternbergii* (Sieber) Novák; *D. monspessulanus* L. var. *Sternbergii* (Sieber) Parlatore. — Alp. u. Voralp. v. OÖ, St, Kt. — Schuttfluren, steinige Wiesen, sandige Böden, bes. in der Voralpenstufe und Krummholzstufe, stellw. auch tiefer, zerstr.; nur auf Kalk und Dolomit.

11—14 (15). *D. plumarius* L., Feder-N. — Sammelname für die nächsten 4 oder 5 Arten, die einander sehr nahe stehen, aber getrennte Gebiete bewohnen.

11. *D. Hoppeï* Portenschl., Steirische Feder-N. — Syn.: *D. plumarius* L. subsp. *Hoppeï* (Portenschl.) Hegi; *D. plumarius* L. var. *Hoppeï* (Portenschl.) Novák. — Nom.: Phyt. 5: 73. — St, Kt; Gebiet der Zentralalpen und östlich davon. — Felsen und steinige Hänge in der Voralpen- und Bergstufe, s. zerstr.; nur auf Kalk.

12. *D. blandus* (Rchb.) Hayek, Zierliche Feder-N. — Syn.: *D. plumarius* L. subsp. *blandus* (Rchb.) Hegi; *D. Hoppeï* Portenschl. subsp. *blandus* (Rchb.) Neumayer; *D. plumarius* L. var. *blandus* (Rchb.) Gürke. — Syst. u. Nom.: ÖBZ, 91: 237; Phyt. 5: 73. — St, OÖ, Sb; nördl. Kalkalpen. — Felsen, Felsschutt und steinige Hänge der Voralpenstufe, zerstr.; kalkstet. — Auch aus dem Lungau angegeben.

13. *D. Neilreichii* Hayek, Mödlinger Feder-N. — Syn.: *D. plumarius* L. subsp. *Neilreichii* (Hayek) Hegi; *D. plumarius* L. var. *Neilreïchii* (Hayek) Novák. — Nom.: Phyt. 5: 73. — NÖ (Mödlinger Klause und Kleiner Anninger). — An Felsen, s. slt.; Kalk. — Die Angabe aus St (bei Novák) ist wohl irrtümlich.

14. *D. Lumnitzeri* Wiesbaur, Hainburger Feder-N. — Syn.: *D. plumarius* L. subsp. *Lumnitzeri* (Wiesb.) Domin; *D. serotinus* W. K. subsp. *Lumnitzeri* (Wiesb.) Hegi; *D. plumarius* L. var. *Lumnitzeri* (Wiesbaur) Novák. — Nom.: Phyt. 5: 73. — NÖ (Hainburger Berge). — Felsen und steinige Stellen, mßg. hfg.; Kalk. — Sonstige Verbrtg.: Polauer Berge, Kleine Karpathen.

15. *D. serotinus* W. K., Späte Feder-N. — Syn.: *D. plumarius* L. var. *serotinus* (W. K.) Koch. — Davon wächst in Österreich nur:
var. *viridis* Novák. — Syn.: var. *pseudoserotinus* auct. hung. et austr., non (Błocki) Zapałowicz, non *D. pseudoserotinus* Błocki. — Syst. u. Nom.: ÖBZ, 91: 237/238. — NÖ (Marchfeld). — Sandsteppen, mßg. hfg. — Ist im pannonischen Florengebiet streng endemisch.

16. *D. superbus* L., Pracht-N. — Verbr. — Davon wachsen in Österreich folgende zwei Unterarten:

A. subsp. *superbus* (L.). — Syn.: subsp. *eu-superbus* Domin; subsp. *typicus* (A. et G.) Dostál. — Feuchte Wiesen niederer Lagen bis in die untere Voralpenstufe; zerstr. bis mßg. hfg.

B. subsp. *speciosus* (Rchb.) Hayek, Großblütige Pracht-N. — Syn.: var. *grandiflorus* Tausch; var. *alpinus* Herbich; var. *alpestris* Uechtritz; *D. speciosus* Rchb. — Voralp. v. St, Kt, Sb, Vb. Wiesen und Matten der höheren Voralpen bis in die Krummholzstufe, zerstr.; bodenvag.

17. *D. barbatus* L., Bart-N. — St, Kt, OTi; sonst als Zierpfl. kult. und stellw. verw. (z. B. in Vb hfg.) — Wälder, Wiesen und felsige Stellen, von der Bergstufe bis in die alpine Stufe, bes. in der Voralpenstufe; zerstr. — Die Angabe von *D. compactus* Kit. = *D. barbatus* L. var. *compactus* (Kit.) Heuffel aus Österreich ist irrtümlich. Allerdings sollen auf den Alpen von WKt und OTi Formen wachsen, die etwas gegen *D. compactus* Kit. hinneigen. Typischer *D. compactus* Kit. ist beschränkt auf Ost-Karpathen, Siebenbürgen, Banat und Bosnien.

18. *D. Carthusianorum* L., Stein-N., Karthäuser-N. — Verbr. (fehlt Vb). — Davon wachsen in Österreich nachstehende Unterarten (auch die folgenden drei Arten, Nr. 19, 20, 21, werden oft als Unterarten zu *D. Carthusianorum* gestellt):

A. subsp. *Carthusianorum* (L.), Gewöhnliche Steinnelke. — Syn.: subsp. *vulgaris* Gaud.; subsp. *eu-Carthusianorum* Hegi. — Der Typus. — Verbr. (fehlt Vb). — Trockene Wiesen niederer Lagen bis in die Bergstufe, hfg. (im pannon. Gebiet durch *D. Pontederae* vertreten).

B. subsp. *latifolius* (Griseb. et Schenk) Hegi, Voralpen-Steinnelke. — Syn.: subsp. *alpestris* (Neilr.) Neumayer; *D. montivagus* Domin. — Syst. u. Nom.: ÖBZ, 93: 89. — Voralp. v. NÖ, OÖ, St, Sb. — Wiesen der Voralpen bis in die Krummholzstufe, zerstr. bis hfg.

19. *D. capillifrons* (Borb.) Neumayer, Serpentin-Steinnelke. — Syn.: *D. Carthusianorum* L. subsp. *capillifrons* (Borb.) Neumayer; *D. Carthusianorum* L. var. *capillifrons* Borb.; *D. tenuifolius* auct. partim, non Schur. — Syst.: Rössler W., Sitzber. Akad. d. Wiss. Wien, m.-n. Kl.,

Abt. I. 155, 1947: 202. — Nom.: ÖBZ, 91: 236/237. — Bgl (Bernstein, Redlschlag u. andw. im Serpentingebiet), NÖ (Gurhofgraben bei Aggsbach), St (Pernegg, Kraubath-Umgebung). — Nur auf Serpentin bzw. Dunit und Magnesit. Endemit der Ostalpen und ihrer Randgebiete. Nur von den vorgenannten Fundorten bekannt.

20. *D. Pontederae* Kerner, Kleinblütige Steinnelke. — Syn.: *D. Carthusianorum* L. subsp. *Pontederae* (Kerner) Hegi; *D. Carth.* L. var. *Pontederae* (Kerner) Williams. — Syst. u. Nom.: Phyt. 2: 305. — Bgl, NÖ, OÖ. — Trockenrasen und trockene Wiesen, im pannon. Gebiet hfg., sonst s.slt. (Vertritt im größten Teil des pannon. Gebietes den dort fehlenden *D. Carthusianorum;* ist „subendemisch" im pannonischen Florengebiet.)

21. *D. vaginatus* Chaix, Dunkle Steinnelke. — Syn.: *D. Carthusianorum* L. subsp. *vaginatus* (Chaix) Hegi; *D. atrorubens* auct. austr., non All. — WTi, Vb. — Trockene Wiesen und steinige Hänge, bes. der Voralpen, zerstr. bis hfg.; kieselhold. — Die Angaben aus Kärnten, Salzburg usw. sind wohl irrtümlich oder beziehen sich auf Annäherungsformen.

Bastarde.

1 × 2. *D. Armeria* × *D. deltoides* = *D. Hellwigii* Borb. — Syn.: *D. Preissmanni* Hayek. — In Österreich mehrfach, so in Bgl, St.

2 × 6. *D. deltoides* × *D. alpinus* = *D. fallax* Kerner. — Im Botanischen Garten Innsbruck spontan entstanden.

2 × 18. *D. deltoides* × *D. Carthusianorum* = *D. Dufftii* Haussk n. — NTi (Tulfes).

6 × 16. *D. alpinus* × *D. superbus* = *D. oenipontanus* Kerner. — Im Botanischen Garten Innsbruck spontan entstanden.

7 × 18. *D. silvester* × *D. Carthusianorum* = *D. spurius* Kerner. — NTi (mehrfach).

16 × 17. *D. superbus* × *D. barbatus* = *D. Courtoisii* Rchb. — Syn.: *D. Leitgebii* Reichardt; *D. Wolfii* J. Vetter. — NÖ, Vb; in Gärten spontan entstanden.

16 B × 17. *D. superbus* subsp. *speciosus* × *D. barbatus* = *D. Fritschii* L. Keller. — Sb (Mauterndorf).

Namensverzeichnis zur Gattung *Dianthus*.

21. *Cucubalus* L., Hühnerbiß*).

C. baccifer L., Beeren-H. — Verbr. (fehlt Sb, Vb). — Auen und feuchte Gebüsche niederer Lagen, längs der Flußläufe zerstreut.

22. *Silene* L., Leimkraut.

Systematik.

Rohrbach P., Monographie der Gattung *Silene*. Leipzig 1868. 249 Seiten.
Vierhapper F., Systematische Gliederung der *Silene acaulis*. VZBG, 51, 1901: 558—565.
Williams F. N., A revision of the genus *Silene*. Journ. Linnean Soc., 32, 1896: 1—196.

Gliederung der Gattung.

Sektion 1. *Botryosilene*.
- Subsektion 1 a. *Italica: S. italica, nemoralis.*
- Subsektion 1 b. *Nutantes: S. nutans.*
- Subsektion 1 c. *Otiteae: S. multiflora, Otites.*
- Subsektion 1 d. *Sclerocalycinae: S. longiflora.*

Sektion 2. *Dichasiosilene*.
- Subsektion 2 a. *Brachyanthae: S. rupestris.*
- Subsektion 2 b. *Leiocalycinae: S. cretica, linicola, Muscipula.*
- Subsektion 2 c. *Compactae: S. Armeria.*
- Subsektion 2 d. *Macranthae: S. saxifraga, Hayekiana.*
- Subsektion 2 e. *Nanosilene: S. acaulis, exscapa.*

Sektion 3. *Cincinnosilene*.
- Subsektion 3 a. *Dichotomae: S. dichotoma.*
- Subsektion 3 b. *Scorpioideae: S. pendula, gallica.*

Sektion 4. *Pleiogyne* (= *Eudianthe*): *S. Coeli-rosa, oculata.*
Sektion 5. *Conomorpha* (= *Conosilene*)**): *S. conica, conoidea.*
Sektion 6. *Behenantha* (= *Behen*): *S. Csereï, Cucubalus, Willdenowii.*

1. *S. italica* (L.) Pers., Italienisches L. — Eingeschleppt in St, Kt. — Wiesen und Ödland, s. slt. — Hmt.: Mittelmeergebiet, WAs.

2. *S. nemoralis* W. K., Hain-L. — Syn.: *S. italica* (L.) Pers. subsp. *nemoralis* (W. K.) Kotula***).— Nom.: Phyt. 5: 73. — NÖ, St, Kt. — Trokkene Wiesen, Gebüsche, Waldränder, in niederen Lagen; in MSt mßg. hfg., sonst s. zerstr. — Hptverbrtg.: S- u. SOEur.

3. *S. nutans* L., Nickendes L. — Verbr. — Lichte trockene Wälder und Gebüsche, Waldränder, Trockenrasen, in niederen Lagen hfg., bis in die Voralpen ansteigend; bodenvag bis schwach kalkliebend.

---

*) Der Name „Taubenkropf" wird häufiger für *Silene Cucubalus* gebraucht.
**) Die ursprüngliche Schreibweise *Conoimorpha* ist eine unrichtige Wortbildung, ist daher in *Conomorpha* zu verbessern.
***) Kotula 1890, Rouy et Foucaud 1896.

4. *S. multiflora* (Ehrh.) Pers., Vielbütiges L. — Bgl, NÖ. — Feuchte Wiesen des pannon. Geb., slt., am Neusiedler See etwas hfger.

5. *S. Otites* (L.) Wibel, Ohrlöffel-L. — Bgl, NÖ, OÖ, St, WTi. — Trockenrasen und trockene Wiesen niederer Lagen, zerstr., im pannon. Gebiet mßg. hfg.; etwas kalkliebend. — Dazu:

B. subsp. *Pseudo-Otites* (Bess.) Aschers. et Graebn. — Syn.: var. *Pseudo-Otites* (Bess.) Borb. — Syn.: *S. Pseudo-Otites* Bess. — NÖ (Marchfeld).

6. *S. longiflora* Ehrh., Langblütiges L. — Ehedem vorübergehend verwildert in St (Grazer Schloßberg). — Hmt.: SOEur., WAs.

7. *S. rupestris* L., Felsen-L. Alp. (fehlt NÖ, OÖ). — Fels- und Mauerspalten, offene steinige Böden, in der Alpen- u. Voralpenstufe zieml. hfg., stellw. tiefer herabsteigend; kalkfeindlich, kieselhold.

8. *S. cretica* L., Kreta-L., u. zw. var. *annulata* (Thore) Rouy et Fouc. (= subsp. *annulata* [Thore] Hayek), Beringeltes Kreta-L. — Ehedem vorübergehend eingeschleppt in St (Gleichenberg), als Unkraut in Leinfeldern. — Hmt.: WAs. u. Mittelmeergebiet.

9. *S. linicola* Gmel., Flachs-L., Flachsnelke. — OÖ, OstSt, Kt; in NÖ seit Verschwinden der Leinfelder wohl ausgestorben (ehedem bei Wien und Mödling).— Unkraut in Leinfeldern niederer Lagen; slt. u. unbeständig. — Hmt.: Mittelmeergebiet.

10. *S. Muscipula* L., Fliegenfang-L. — Eingeschleppt in St (Graz, 1948, 1949); vgl. Melzer 1954: 106. — Hmt.: Mittelmeergebiet.

11. *S. Armeria* L., Garten-L. — Als Zierpfl. kult., leicht verwildernd, verbr. (fehlt Bgl), kalkmeidend. — Hmt.: SEur.

12. *S. saxifraga* L., Steinbrech-L. — Kt, OTi; südl. Kalkalpen. — Felsen und steinige Hänge der Voralpenstufe, zerstr. bis mßg. hfg. — Sonstige Verbrtg.: Südalpen, Karpaten, Gebirge Südeuropas.

13. *S. Hayekiana* Hand.-Mazz. et Janchen, Karst-L. — Syn.: *S. saxifraga* L. subsp. *Hayekiana* (H.-M. et J.) Graebner; *S. fruticulosa* Rohrbach partim, non Sieber. — SKt; südl. Kalkalpen. — Felsen und steinige Hänge der Voralpenstufe, slt. — Sonstige Verbrtg.: Gebirge SOEur.'s.

14. *S. acaulis* (L.) Jacq., Kalk-Polsternelke. — Davon wächst in Österreich:

subsp. *longiscapa* (Kerner) Hayek. — Alp. (verbr.); nördliche und südliche Kalkalpen, in den Zentralalpen äußerst selten. — Matten und Gesteinsfluren in der alpinen Stufe und Krummholzstufe, hfg.; kalkstet. — Dazu:

b) var. *dianthifolia* Rchb. — Syn.: subsp. *pannonica* Vierh.; Rasse *pannonica* (Vierh.) Graebner; *S. pannonica* (Vierh.) DT. et Sarnth. — Alp. v. SKt, NTi (Kammerspitz im Wattental, Zentralalpen).

15. *S. exscapa* All., Kiesel-Polsternelke. — Syn.: *S. acaulis* (L.) Jacq. subsp. *exscapa* (All.) Vierh. — Alp. (fehlt NÖ, OÖ); Zentralalpen. — Matten und Gesteinsfluren in der alpinen Stufe und Krummholzstufe, hfg.; kieselstet. — Gliedert sich in zwei Unterarten:

A. subsp. *norica* (Vierh.) Schwarz. — Syn.: *S. acaulis* (L.) Jacq. subsp. *norica* Vierh.; *S. norica* (Vierh.) DT. et Sarnth. — Alp. v. St, Kt, Sb, Ti.

B. subsp. *exscapa* (All.) — Syn.: *S. acaulis* (L.) Jacq. subsp. *exscapa* (All.) Vierh. s. str. — Alp. v. WTi, Vb. — Hptverbrtg.: Westalpen, Pyrenäen.

16. *S. dichotoma* Ehrh., Gabel-L. — Verbr. (eingeschleppt bis eingebürgert, fehlt Ti). — Äcker, Ödland, slt. u. meist unbeständig. — Hmt.: SOEur., WAs.

17. *S. pendula* L., Hänge-L. — Als Zierpfl. kult., slt. verw. (NÖ). — Hmt.: Mittelmeergebiet.

18. *S. gallica* L., Französisches L. — Eingeschleppt in NÖ, St, Kt, NTi, Vb. — Äcker, Ödland, zerstr. u. meist unbeständig. — Hmt.: Mittelmeergebiet. — Dazu:

b) var. *quinquevulnera* (L.) Mert. et Koch. — Syn.: *S. quinquevulnera* L.

c) var. *anglica* (L.) Mert. et Koch. — Syn.: *S. anglica* L.

19. *S. Coeli-rosa* (L.) A. Br., Himmelsröschen. — Als Zierpfl. kult., slt. verw. od. eingeschleppt, so in NÖ (Bruck a. d. Leitha). — Hmt.: westl. Mittelmeergebiet.

19*. *S. oculata* (Lindl.) Aschers et Graebn., Rauhes L. — Syn.: *S. aspera* (Poir.) A. Br. — Vorübergehend eingeschleppt in NÖ (Modenapark in Wien). — Hmt.: Nordafrika.

20. *S. conica* L., Kegelfrucht-L. — Bgl, NÖ; slt. eingeschleppt in St u. Sb*). — Sandige Böden, trockenes Ödland, slt. u. meist unbeständig, nur im Marchfeld (NÖ) hfger. — Hmt.: Mittelmeergebiet, WAs.; Kulturbegleiter im atlantischen Europa.

21. *S. conoidea* L. — Eingeschleppt in St (Graz, 1953); vgl. Melzer 1954: 105. — Hmt.: Mittelmeergebiet bis Mittel-Asien und Nord-Indien.

22. *S. Csereï* Baumg., Siebenbürger L. — Eingeschleppt in NÖ (Breitenlee). — Hmt.: Siebenbürgen u. nördliche Balkanländer.

23. *S. Cucubalus* Wibel, (Gewöhnliche) Klatschnelke, Taubenkropf**). — *S. inflata* (Salisb.) Sm.; *S. vulgaris* (Moench) Garcke; *S. venosa* (Gilib.) Aschers.; *S. Cucubalus* Wibel subsp. *vulgaris* (Moench) Becherer; *S. latifolia* (Mill.) Rendle et Britt. (1907), non Poir. (1789); *S. angustifolia* (Mill.) Briq. (1910), non Poir. (1789). — Nom.: Rep. 46: 103. — Verbr. u. hfg. — Trockene Wiesen, auch lichte Wälder, Äcker, Ödland, von der Ebene bis in die Voralpen, s. hfg.; bodenvag bis etwas kalkliebend. — Dazu:

B. subsp. *bosniaca* (Beck) Janchen. — Syn.: *S. inflata* (Salisb.) Sm. subsp. *bosniaca* (Beck) Hegi; *S. vulgaris* (Moench) Garcke subsp. *Antelopum* (Vest) Hayek; *S. Cucubalus* Wibel var. *bosniaca* Beck; *S. venosa* (Gilib.) Aschers. var. *Antelopum* (Vest) Malý;

---

*) Die Angabe für Kärnten bei Hegi ist irrtümlich, da die Orte Guttawitz und Iserau nicht in Kärnten liegen, sondern in West-Preußen.

**) Dieser Name wird mitunter auch für *Cucubalus baccifer* gebraucht.

S. Antelopum (Vest) Steudel; *S. bosniaca* (Beck) Hand.-Mazz. — Nom.: Phyt. 5: 72. — Voralp. v. NÖ, St, Kt. — Hochstaudenfluren und mßg. feuchte lichte Wälder der Voralpenstufe, in St hfg., sonst zerstr.; bodenvag.

24. *S. Willdenowii* Sweet, Alpen-Klatschnelke. — Syn.: *S. alpina* (Lam.) Thomas, non Pallas; *S. Cucubalus* Wibel subsp. *alpina* (Lam.) Dostál; *S. inflata* (Salisb.) Sm. subsp. *alpina* (Lam.) Vaccari; *S. vulgaris* (Moench) Garcke subsp. *alpina* (Lam.) Schinz et Keller; *S. Cucubalus* Wibel var. *alpina* (Lam.) Rohrbach. — Nom.: Phyt. 2: 305; Phyt. 5: 72/73. — Davon wächst in Österreich nur:

subsp. *prostrata* (Gaud.) O. Schwarz. — Syn.: *S. Cucubalus* Wibel subsp. *prostrata* (Gaud.) Becherer. — Alp. (verbr.), bes. Kalkalpen. — Schuttfluren der Krummholzstufe; stellw. tiefer herabgeschwemmt; kalkstet.

Namensverzeichnis zur Gattung *Silene*.

23. ***Heliosperma*** **Rchb., Strahlensame.**

Systematik.

Neumayer H., Einige Fragen der speziellen Systematik, erläutert an einer Gruppe der Gattung *Silene* [nämlich an *Heliosperma*]. ÖBZ, 72, 1923: 276—287.

1. *H. alpestre* (Jacq.) Rchb., Großer St. — Syn.: *Silene alpestris* Jacq. — Alp. u. Voralp. (fehlt Vb, für NTi sehr zweifelhaft). — Feuchter Felsschutt u. feuchte steinige Stellen in der Voralpenstufe und Krummholzstufe, hfg.; kalkhold.

2. *H. quadridentatum* (Murr.) Schinz et Thellung, Kleiner St. — Syn.: *H. quadrifidum* Rchb.; *Silene quadridentata* (Murr.) Pers. — Nom.: Rep. 47: 273; ÖBZ, 91: 235. — Alp. u. Voralp. (hfg.). — Feuchter Felsschutt, Bachgeschiebe, Quellfluren, in der Voralpenstufe und Krummholzstufe, s. hfg., kalkstet. — Dazu:

b) var. *Ronnigeri* Neumayer. — Syn.: *Silene quadridentata* (Murr.) Pers. var. *Ronnigeri* Neumayer. — NÖ, OÖ, St, Kt; zerstr.

3. *H. Veselskyi* Janka, Woll-St. — Syn.: *H. eriophorum* Juratzka; *Silene Veselskyi* (Janka) Neumayer; *Silene quadridenta* (Murr.) Pers. subsp. *Veselskyi* (Janka) Neumayer. — Nom.: Rep. 52: 174; ÖBZ, 93: 223. — Davon wächst in Österreich nur:

subsp. *Heufleri* (Hausmann) Neumayer. — Syn.: *Silene Veselskyi* (Janka) Neumayer subsp. *Heufleri* (Hausmann) Neumayer; *Silene Heufleri* Hausmann. — OTi (Tristach bei Lienz). — Felsige Stellen in relativ niederer Lage.

24. *Melandryum* Röhl., Nachtnelke.

Systematik.

Baker H. G., Stages in invasion and replacement demonstrated by species of *Melandrium*. Journ. Ecol. 36, 1948: 96—119. [Behandelt die „Introgression" von *M. album* in *M. rubrum* (*M. „dioicum"*).]

Gliederung der Gattung.

Sektion 1. *Elisanthe: M. viscosum, noctiflorum.*

Sektion 2. *Eumelandryum: M. album, divaricatum, rubrum.*

1. *M. viscosum* (L.) Čelak., Klebrige N. — Syn.: *Silene viscosa* (L.) Pers. — Bgl, NÖ; fehlt in OÖ, Kt und Ti (Angaben aus diesen Bundesländern sind irrig). — Trockenrasen des pannon. Gebietes zerstr., am Neusiedler See hfg. — Hptverbrtg.: OEur. (bis Böhmen u. Dänemark), W- u. MAs.

2. *M. noctiflorum* (L.) Fries, Acker-N. — Syn.: *Silene noctiflora* L. — Verbr. (in Sb nur vorübergehend eingeschleppt). — Äcker und Ödland, in niederen Lagen, zerstr. bis slt., oft unbeständig.

3. *M. album* (Mill.) Garcke, Weiße N. — Syn.: *M. vespertinum* (Sibth.) Fries; *M. pratense* (Rafn) Roehling; *Lychnis alba* Mill.; *Lychnis arvensis* (Schkuhr) Hoppe; *Lychnis pratensis* Rafn. — Nom.: Rep. 46: 104. — Verbr. — Trockenes Ödland, Gebüsche, Wiesen, bes. in niederen Lagen, s. hfg.

4. *M. divaricatum* (Rchb.) Fenzl, Spreizende N. — Syn.: *M. album* (Mill.) Garcke subsp. *divaricatum* (Rchb.) Le Grande; *M. macrocarpum* (Boiss.) Willk. — Eingeschleppt in NTi (bei Innsbruck mehrfach). — Hmt.: SEur., NAfr. — Wird häufig als Unterart von *M. album* betrachtet.

5. *M. rubrum* (Weigel) Garcke, Rote N. — Syn.: *M. silvestre* (Schkur) Roehling; *M. diurnum* (Sibth.) Fries; *Lychnis silvestris* (Schkuhr) Hoppe; *Lychnis diurna* Sibth.; *Lychnis rubra* (Weigel) Patze, Meyer et Elkan. — Nom.: Phyt. 2: 305; Phyt. 5: 73. — Verbr. — Feuchte, lichte Wälder, feuchte Gebüsche und Wiesen, bes. in der Voralpen- und Krummholzstufe hfg., auch in tieferen Lagen.

Bastard.

3 × 5. *M. album* × *M. rubrum* = *M. dubium* Hampe. — Öfters beobachtet, z. B.: St, Sb, NTi, Vb.

25. *Lychnis* L., Lichtnelke.

Gliederung der Gattung.

Sektion 1. *Eulychnis: L. chalcedonica.*
Sektion 2. *Pseudagrostemma: L. Coronaria.*
Sektion 3. *Coccyganthe: L. Flos-Jovis, L. Flos-Cuculi.*

1. *L. chalcedonica* L., Scharlach-L., Brennende Liebe. — Als Zierpfl. kult., slt. verw. — Hmt.: Sibirien, Rußland.
2. *L. Coronaria* (L.) Desr., Kranz-L., Vexiernelke. — Syn.: *Coronaria tomentosa* A. Br. — Als Zierpfl. kult. und stellw. verw., so in St, Kt, Ti, Vb. — Hmt.: SEur., WAs.
3. *L. Flos-Jovis* (L.) Desr., Jupiter-L., Jupiternelke. — Syn.: *Coronaria Flos-Jovis* (L.) A. Br. — Als Zierpfl. kult., slt. verw. — Hmt.: Südalpen-Täler.
4. *L. Flos-cuculi* L., Kuckucks-L., Kuckucksnelke. — Verbr. — Feuchte Wiesen, von der Ebene bis in die Voralpen, s. hfg.

26. *Viscaria* Bernh., Pechnelke.

Gliederung der Gattung.

Sektion 1. *Euviscaria: V. vulgaris.*
Sektion 2. *Liponeurum: V. alpina.*

1. *V. vulgaris* Bernh., Gewöhnliche P. — Syn.: *V. viscosa* (Grufb.) Aschers. — Verbr. (fehlt Vb). — Trockene Wiesen und Waldränder, von der Ebene bis in die Voralpen, hfg., kalkfeindlich.
2. *V. alpina* (L.) G. Don, Alpen-P. — Alp. v. Kt, Sb, OTi; Zentralalpen. — Felsspalten und Schuttfluren der alpinen Stufe, zerstr.

27. *Agrostemma* L., Kornrade, Rade.

Systematik.

Nathanson A., Saisonformen von *Agrostemma Githago* L. Jahrb. f. wiss. Bot. 53, 1913: 125—152.

A. Githago L., Gewöhnliche K. — Verbr. — Getreidefelder, s. hfg.

8. Ordnung. *Tricoccae,* Wolfsmilchartige.

1. Familie. *Euphorbiaceae,* Wolfsmilchgewächse.

Systematik.

Pax F. und Hoffmann K., in Pfl.fam., 2. Aufl., Bd. 19 c: 11—233. Leipzig 1931.

Gliederung der Familie (Unterfamilie *Crotonoideae*).

Tribus 1. *Acalypheae: Mercurialis, Acalypha, Ricinus.*
Tribus 2. *Euphorbieae: Euphorbia.*

1. *Mercurialis* L., Bingelkraut, Bengelkraut.

Systematik.

Pax F., in Pflanzenreich, Heft 63 (IV 147 VI).

1. *M. perennis* L., Wald-B., Dauer-B. — Verbr. — Schattige, mßg. feuchte Laubwälder, auch Schuttfluren, vom Tiefland bis in die höheren Voralpen hfg.; bodenvag.
2. *M. ovata* Sternbg. et Hoppe, Busch-B., Rundblatt-B. — Syn.: *M. perennis* L. subsp. *ovata* (Sternbg. et Hoppe) Čelak. — Nom.: Phyt. 5: 86. — Bgl, NÖ, St, Kt, OTi. — Trockene lichte Wälder und Gebüsche, vom Tiefland bis in die untere Voralpenstufe, zerstr.; kalkhold. — Hptverbrtg.: SOEur. — Dazu:
   b) var. *longipes* Borbás. — Eine Übergangsform zu *M. perennis*.
3. *M. annua* L., Garten-B., Einjahrs-B. — Verbr. (fehlt Sb, Vb). — Äcker, Gärten und Ödland, bes. in niederen Lagen, s. hfg.; bodenvag.

Bastard.

1 × 2. *M. perennis* × *M. ovata* = *M. Paxii* Graebner. — Selten mit Sicherheit festgestellt; mit *M. ovata* var. *longipes* leicht zu verwechseln.

2. *Acalypha* L., Nesselblatt.

Acalypha virginica L., Virginisches N. — Eingeschleppt in St (Graz 1948); vgl. Melzer 1954: 106. — Hmt.: östl. NAm.

2*. *Ricinus* L., Rizinus, Wunderbaum.

R. communis L., Gewöhnlicher R. — Als Zierpfl. öfters kult., slt. verw. Bisher anscheinend nirgends in Österreich zur Ölgewinnung gebaut. — Hmt.: Tropisch-Afrika.

3. *Euphorbia* L., Wolfsmilch.

Systematik.

Rechinger K. pater, Zwei neue Hybriden. Repert. spec. nov., 22, 1926: 186—187. [*Euphorbia Peisonis* Rechgr. p. = *E. Cyparissias* × *E. salicifolia*, Bgl (Breitenbrunn).]

Rössler L., Vergleichende Morphologie der Samen europäischer *Euphorbia*-Arten. Beihefte Botan. Ctrbl., 62, Abt. B, 1943: 97—174.

Rössler-Hauber L., Zur Kenntnis von *Euphorbia taurinensis* Allioni sensu ampl. Ber. Schweiz. Botan. Ges., 56, 1946: 271—301.

Soó R., Übersicht der ungarischen *Euphorbia*-Hybriden. Botanikai Közlemények, 22, 1924/25: 65—67 und (29).

Thellung A., Die in Europa bis jetzt bekannten *Euphorbia*-Arten der Sektion *Anisophyllum*. Bull. Herb. Boiss., 2. sér., 7, 1907: 741—772.

— *Euphorbia*, sect. *Anisophyllum*. In: Graebner P., Synopsis der mitteleuropäischen Flora, Bd. VII: 423—479. 1917.

Wikus E. und Pignatti S., *Euphorbia indica* Lam. — neu für Österreich. VZBG, 94, 1954: 147—149.

Gliederung der Gattung.

Sektion 1. *Tithymalus.*
- Subsektion 1 a. *Galarrhaei: E. villosa* bis *E. Helioscopia.*
- Subsektion 1 b. *Esulae: E. pannonica* bis *E. exigua.*
- Subsektion 1 c. *Decussatae: E. Lathyris.*

Sektion 2. *Anisophyllum: E. nutans* bis *E. supina.*

1. *E. villosa* W. K., Flaum-W. — Bgl, NÖ, St, Kt, (fehlt OÖ). — Feuchte Wiesen, Sümpfe, Wiesenmoore, in niederen Lagen zerstr.

2. *E. austriaca* Kern., Österreichische W. — Voralp. v. NÖ, OÖ, NSt; nördl. Kalkalpen, Westgrenze: Traun. — Steinige buschige Stellen, Hochstaudenfluren und lichte Wälder der Voralpen bis in die Krummholzstufe, zieml. hfg.; kalkstet. — Endemit der Nordost-Alpen.

3. *E. palustris* L., Sumpf-W. — Verbr. (fehlt Sb, Vb). — Sümpfe, sumpfige Wiesen, feuchte Gebüsche, Röhricht, in niederen Lagen zerstr.; etwas kalkliebend.

4. *E. dulcis* L., Süße W. — Verbr. — Feuchte bis mßg. trockene Wälder, von niederen Lagen bis in die Voralpenstufe, zerstr. bis hfg.; bodenvag bis etwas kalkliebend. — Umfaßt zwei Varietäten:

   a) var. *dulcis* (L.). — Syn.: var. *lasiocarpa* Neilr.; var. *typica* Beck. — Verbr.

   b) var. *purpurata* (Thuill.) Koch. — Syn.: var. *incompta* (Cesati) Hegi et Beger; *E. purpurata* Thuill.; *E. incompta* Cesati; *E. alpigena* Kern. — Verbr. (fehlt Kt?), bes. in höheren Lagen.

5. *E. angulata* Jacq., Kanten-W. — Bgl, NÖ, St, Kt; OÖ?*). — Lichte Wälder und Gebüsche, bes. in der Bergstufe, zerstr. bis mßg. hfg.; kalkliebend.

6. *E. carniolica* Jacq., Krainer W. — SKt (Weißbriach bei Hermagor). — Lichte Wälder und Gebüsche, Bergwiesen, s. slt.

7. *E. verrucosa* L., Warzen-W. — Verbr. — Trockene Wiesen und Gebüsche, in niederen Lagen, mßg. hfg.; kalkliebend.

8. *E. polychroma* Kern., Bunt-W. — Bgl, NÖ, SOSt. (?), Kt. — Trockene Gebüsche und lichte Wälder, in niederen Lagen zerstr.; kalkliebend. — Hptverbrtg.: SO- u. OEur.

9. *E. platyphyllos* L., Breitblatt-W. — Verbr. — Feuchtes Ödland, Äcker, lichte Gebüsche, von der Ebene bis in die Voralpentäler, hfg.

10. *E. stricta* L., Steife W. — Verbr. — Auen, feuchte Gebüsche, feuchtes Ödland, vorwiegend in niederen Lagen, mßg. hfg.

11. *E. Helioscopia* L., Sonnwend-W. — Verbr. — Äcker, Gärten, Ödland, von der Ebene bis in die Voralpenstufe, s. hfg.

12. *E. pannonica* Host, Sand-W., Ungarische W. — Syn.: *E. glareosa* auct. partim, non Pallas. — Nom.: Phyt. 5: 86. — Bgl, NÖ. — Trockenrasen des pannon. Gebietes, fast nur südlich der Donau, slt.

13. *E. Seguieriana* Neck., Steppen-W. — Syn.: *E. Gerardiana* Jacq. — Nom.: Rep. 46: 302. — Bgl, NÖ; OÖ?*). — Felssteppen, Trockenrasen und sandige trockene Wiesen, in den pannon. Ebenen hfg., sonst s. zerstr.

14. *E. virgata* W. K., Ruten-W. — Bgl, NÖ, OÖ, St; eingeschleppt in Sb u. NTi. — Trockene Wiesen, Trockenrasen, Ödland, im pannon. Geb. hfg., anderwärts s. zerstr. — Hptverbrtg.: OEur., W- u. MAs.

*) Nach ganz alten Angaben; in neuerer Zeit nicht gefunden.

15. *E. lucida* W. K., Glanz-W. — Bgl, NÖ. — Feuchte Wiesen und Sümpfe, im pannon. Gebiet zerstr. — Hptverbrtg.: OEur.

16. *E. Esula* L., Scharfe W., Esels-W. — Verbr. (fehlt Vb). — Äcker, Ödland, Grasplätze, von der Ebene bis in die Voralpen, hfg. bis zerstr. — Dazu:

B. subsp. *pinifolia* (Lam.) A. et G. — Syn.: *E. pinifolia* Lam. — NÖ (Marchfeld).

17. *E. Cyparissias* L., Zypressen-W. — Verbr. u. hfg. — Trockene Wiesen, auch Ödland, s. hfg., von der Ebene bis in die Voralpen; bodenvag.

18. *E. salicifolia* Host, Weiden(blatt)-W. — Bgl, NÖ. — Wiesen, Raine, Ödland, im pannon. Gebiet zerstr. — Hptverbrtg.: OEur.

19. *E. saxatilis* Jacq., Felsen-W. — NÖ. — Kalkfelsen und steiniggrusige Stellen, bes. in Schwarzföhrenwäldern, von den Badener Kalkbergen bis in die Voralpen, zerstr. — Hptverbrtg.: illyrische Länder.

20. *E. amygdaloides* L., Mandel(blatt)-W. — Verbr. — Buchenwälder, seltener andere Wälder, von niederen Lagen bis in die Voralpen, hfg. bis zerstr.; kalkliebend.

21. *E. taurinensis* All. (emend. Rössler-Hauber), Turiner W. — Eingeschleppt in St (Bahnhof Werndorf, südl. v. Graz, seit 1948 in Ausbreitung). Vgl. Melzer 1954: 106. — Hmt.: Ober-Italien, Süd-Frankreich.

22. *E. segetalis* L., Saat-W. — Nur nach sehr alten, unbestätigten und von Anfang an zweifelhaften Angaben ehedem im Bgl (Mörbisch) und in Niederösterreich (Dornbach, Pötzleinsdorf, Schloßhof). — In neuerer Zeit nicht wieder gefunden. — Hmt.: Mittelmeergebiet. In sehr warmen Gegenden Mitteleuropas mitunter vorübergehend auf Äckern eingeschleppt.

23. *E. falcata* L., Sichel(blatt)-W. — Verbr. (fehlt Vb, in Sb nur eingeschleppt). — Äcker und Ödland, bes. in niederen Lagen, zerstr., im Osten hfg. — Hauptverbrtg.: Mittelmeergebiet, West-Asien.

24. *E. acuminata* Lam., Spitzblatt-W. — Syn.: *E. falcata* L. subsp. *acuminata* (Lam.) Simk. — Eingeschleppt in NÖ (Groß-Enzersdorf u. Hetzendorf). — Hmt.: SEur., Mittelmeergebiet, WAs.

25. *E. Peplus* L., Garten-W. — Verbr. — Gärten, Äcker und Ödland, von niederen Lagen bis in die Voralpentäler, s. hfg.

26. *E. exigua* L., Kleine W. — Verbr. — Äcker und Ödland, in niederen Lagen zerstr. bis mßg. hfg.; kalkliebend.

27. *E. Lathyris* L., Spring-W., Springwurz. — Als Zierpfl. kult., nicht selten verw., u. zw. wohl in allen Bundesländern (nur aus OÖ bisher keine Angabe). — Hmt.: Mittelmeergebiet, wärmeres Asien.

28. *E. nutans* Lagasca, Nickende W. — Syn.: *E. maculata* L. (sec. Walo Koch*), non auct. europ. plur. — Eingeschleppt in St, Kt. — Eisenbahnanlagen. — Hmt.: N- u. SAm., in SEur. eingebürgert.

29. *E. indica* Lam., Indische W. — Eingeschleppt in Kt (Bahnhof Tainach-Stein, östl. v. Klagenfurt, nach Wikus u. Pignatti 1954). — Hierher gehört vielleicht auch ein Teil der für *E. nutans* angegebenen Fundorte.

---

*) Ber. Schweiz. Bot. Ges., 60, 1950: 319.

30. *E. humifusa* Willd., Liege-W. — Eingeschleppt (Wien u. Graz). — Hmt.: gemäßigtes As., in SEur. eingebürgert.

31. *E. Chamaesyce* L., Niedrige W. — Eingeschleppt in OstSt. (Hatzendorf). — Hmt.: Mittelmeergebiet, WAs.

32. *E. supina* Raf., Flecken-W. — Syn.: *E. maculata* auct. europ., non L. — Nom.: Phyt. 5: 86. — Eingeschleppt in NÖ, St, Kt, Ti. — Hmt.: NAm., in SEur. eingebürgert.

Bastarde.

12 × 13. *E. pannonica* × *E. Seguieriana* = *E. angustifrons* Borb. — Bgl (St. Andrä).

14 × 15. *E. virgata* × *E. lucida* = *E. pseudo-lucida* Schur. — NÖ (Schloßhof).

14 × 17. *E. virgata* × *E. Cyparissias* = *E. Gáyeri* Boros et Soó (1925). — NÖ (Lobau).

15 × 16. *E. lucida* × *E. Esula* = *E. Wágneri* Soó. — NÖ (Drösing).

15 × 17. *E. lucida* × *E. Cyparissias* = *E. Wimmeriana* Wágner*). — NÖ (Drösing).

16 × 17. *E. Esula* × *E. Cyparissias* = *E. pseudo-Esula* Schur. — Syn.: *E. Figerti* Dörfler. — NÖ (mehrfach, bes. im pannon. Gebiet).

16 × 18. *E. Esula* × *E. salicifolia* = *E. paradoxa* Schur. — NÖ (ehemals Prater und Laaer Berg).

17 × 18. *E. Cyparissias* × *E. salicifolia* = *E. peisonis* Rechgr. pater. — Bgl (Breitenbrunn).

Namensverzeichnis zur Gattung *Euphorbia*.

---

*) Botan. Közlem., 20, 1922: 85.

2. Familie. *Buxaceae*, Buchsgewächse.

Buxus L., Buchs(baum).

Verbreitung.

Pax F., *Buxaceae*. Pflanzenareale, Reihe 1, Heft 7, 1927: Karte 70, S. 82.
Podhorsky J., Der Buxbaum, eine „aussterbende" Holzart. Blätter f. Naturkde. u. Naturschutz, 26, 1939: 91—92.
Rohrhofer J., Der Buchsbaum im oberösterreichischen Ennstal. ÖBZ, 83, 1934: 1—16.

B. sempervirens L., (Gewöhnlicher) B. — OÖ (Trattenbachtal u. Umgebg. bei Steyr), Sb (Unken a. d. Saalach, Puch bei Hallein), sonst als Ziergehölz kult., slt. verw. (St, Ti, Vb). — Trockene Gebüsche, Laubmischwälder und felsige Abhänge, in warmen Lagen, s. slt. — Sonstige Verbrtg.: Mittelmeergebiet, WEur. (u. wärmeres MEur.).

3. Familie. *Callitrichaceae*, Wassersterngewächse.

Systematik.

Pax F. und Hoffmann K., in Pfl.fam., 2. Aufl., Bd. 19 c: 236—240. Leipzig 1931.

Callitriche L., Wasserstern.

Systematik.

Jørgensen C. A., Studies on *Callitrichaceae*. Botanisk Tidskrift, 38, 1923: 81—126.
Samuelsson G., Die *Callitriche*-Arten der Schweiz. Veröff. Geobot. Inst. Rübel Zürich, Bd. 3. Festschrift Carl Schröter, 1925: 603—628.
Heine H., *Callitriche cophocarpa* Sendtner. Berichte d. Bayer. Botan. Ges., 30, 1954: 32—37. [*C. cophocarpa* Sendtner (März 1854) hat die Priorität vor *C. polymorpha* Lönnroth (Mai 1854).]

Gliederung der Gattung.

Sektion 1. *Eucallitriche: C. stagnalis* bis *C. hamulata*.
Sektion 2. *Pseudocallitriche: C. hermaphroditica* (= *C. autumnalis*).

1. *C. stagnalis* Scop., Breitblatt-W. — Verbr. (fehlt Bgl). — Stehende und träg fließende Gewässer, bes. in niederen Lagen, zerstr.

2. *C. platycarpa* Kütz., Breitfrucht-W. — Syn.: *C. stagnalis* Scop. subsp. *platycarpa* (Kütz.) Hartman. — Nom.: Phyt. 5: 86. — OÖ, St. — Wie vorige.

3. *C. cophocarpa* Sendtner, Stumpffrucht-W. — Syn.: *C. polymorpha* Lönnroth. — NÖ, OÖ, St, Sb; vielleicht weiter verbr. — Stehende und träg fließende Gewässer, zerstr., noch näher zu verfolgen.

4. *C. verna* L., Frühlings-W. — Syn.: *C. palustris* L. partim. — Verbr. — Stehende und träg fließende Gewässer, von der Ebene bis in die Voralpen, s. hfg. — Von Standortsformen seien folgende stärker abweichende hervorgehoben:

   β) forma *submersa* Glück. — Syn.: *C. angustifolia* Hoppe.

   γ) forma *terrestris* Glück. — Syn.: *C. minima* Hoppe.

5. *C. hamulata* Kütz., Haken-W. — Verbr. (fehlt NÖ). — Stehende und träg fließende Gewässer, von der Ebene bis in die untere Voralpenstufe. zerstr.

6. *C. hermaphroditica* Juslen., Herbst-W. — Syn.: *C. autumnalis* L. — St??, Ti??, Vb?? — Untergetaucht in stehenden und trägfließenden Gewässern. Die Angaben aus Österreich sind alle unbestätigt und sehr unwahrscheinlich. — Sonstige Verbrtg.: Norddeutschland, NEur., NSibirien, NAm.

9. Ordnung. *Hamamelidales*, Zauberhaselartige.

Familie *Platanaceae*, Platanengewächse.

Platanus L., Platane.

P. orientalis L., Ost-P. — Als Zierbaum kult. (slt.). — Hmt.: östl. Mittelmeergebiet.

P. hybrida Brot., Bastard-P., London-P. — Syn.: *P. acerifolia* (Ait.) Willd.; *P. orientalis* L. var. *acerifolia* Ait. — Nom.: Phyt.: 5: 82. — Wahrscheinlich *P. orientalis* × *P. occidentalis*. — Als Zierbaum kult. (hfg.), die weitaus hfgste Platane in Mitteleuropa; in neuerer Zeit slt. als Forstbaum kult., so im Bgl (Bezirk Neusiedl, wenig).

P. occidentalis L., West-P., Amerikanische P. — Als Zierbaum kult. — Hmt.: NAm.